EUL VERLAG

Reihe: Quantitative Ökonomie · Band 161

Herausgegeben von Prof. Dr. Eckart Bomsdorf, Köln, Prof. Dr. Wim Kösters, Bochum, Prof. Dr. Winfried Matthes, Wuppertal, und Prof. Dr. Mark Trede, Münster

Dr. Tobias Wintz

Neuproduktprognose mit Wachstumskurvenmodellen

Prognoseprozess, Modellauswahl und Schätzung

Mit einem Geleitwort von Prof. Dr. Ulrich Küsters, Katholische Universität Eichstätt-Ingolstadt

EUL VERLAG

Bibliografische Information der Deutschen Nationalbibliothek

Die Deutsche Nationalbibliothek verzeichnet diese Publikation in der Deutschen Nationalbibliografie; detaillierte bibliografische Daten sind im Internet über <http://dnb.d-nb.de> abrufbar.

Dissertation, Katholische Universität Eichstätt-Ingolstadt, 2009

ISBN 978-3-89936-915-1
1. Auflage April 2010

JOSEF EUL VERLAG GmbH
Brandsberg 6
53797 Lohmar
Tel.: 0 22 05 / 90 10 6-6
Fax: 0 22 05 / 90 10 6-88
E-Mail: info@eul-verlag.de
http://www.eul-verlag.de

Bei der Herstellung unserer Bücher möchten wir die Umwelt schonen. Dieses Buch ist daher auf säurefreiem, 100% chlorfrei gebleichtem, alterungsbeständigem Papier nach DIN 6738 gedruckt.

Geleitwort

In der vorliegenden Dissertationsschrift von Tobias Wintz wird der Prognoseprozess, die Modellauswahl und Schätzung einer Vielfalt von Wachstumskurvenmodellen aus statistischer Sicht analysiert und eigenständig in erheblichem Umfang weiterentwickelt.

Statistische Wachstumskurvenmodelle werden innerhalb der Betriebswirtschaftslehre vor allem für die Prognose der Absätze von Neuprodukten verwendet, wenn bereits eine kurze Historie von Absatzdaten aus der frühen Phase eines Produktlebenszyklus vorhanden ist. Dementsprechend findet man insbesondere im Marketing eine sehr umfangreiche Literatur zu diesem Thema, die im Wesentlichen auf den frühen Arbeiten von Rogers (1962) und Bass (1969) beruht. Innerhalb des Marketings fand eine intensive Auseinandersetzung vor allem in den 70er und 80er Jahren statt, wobei zahlreiche Spezialmodelle für diverse Anwendungen entwickelt und teilweise auch empirisch angewandt wurden. Bei der Inspektion der Marketingliteratur fallen dabei vor allem folgende Punkte auf:

1. Die Schätzverfahren werden mehr oder weniger ad hoc verwendet, ohne dass man sich auf hinreichende Evidenzen hinsichtlich der relativen Vor- und Nachteile konkurrierender Verfahren stützen kann.

2. Die Auswahl eines adäquaten Modells stützt sich im Regelfall auf eine sehr kleine Menge konkurrierender Modelle, wobei oft keine formalen statistischen Modellselektionsstrategien (Identifikationsstrategie) verwendet werden.

3. Das Hauptmerkmal liegt auf der Analyse von Wachstumskurvenprozessen und weniger auf der Prognose zukünftiger Absätze bzw. Diffusionsraten und -graden.

In der angewandten Statistik wurde der im Marketing zumindest konzeptionell weit verbreitete Ansatz von Wachstumskurvenmodellen vergleichsweise wenig beachtet. Einige der o.a. Probleme wurden zwar von Meade und Islam (siehe Meade 1984,

Meade und Islam 1995a, 1995b und 1998) sowie Young und Ord (1989; Young 1993) in Teilaspekten adressiert, aber nicht in einem einheitlichen Grundgerüst zusammengeführt.

Genau in diese Lücke stößt die Dissertationsschrift von Herrn Wintz, die sich im Wesentlichen auf eine statistische Fundierung von Wachstumskurvenmodellen für prognostische Zwecke konzentriert.

Die Vorgehensweise und Ergebnisse der Dissertationsschrift sind in vielerlei Hinsicht bemerkenswert und wissenschaftlich auch hochgradig ertragreich. Zunächst muss hervorgehoben werden, dass Herr Wintz die umfangreiche Literatur aus Marketing und Statistik präzise recherchiert, aufgearbeitet und hinsichtlich ihrer Stärken und Schwächen analysiert hat. Dadurch konnte er nicht nur zahlreiche Defizite in der vorhanden Literatur identifizieren, sondern auch ein einheitliches Grundgerüst zur Modellauswahl, Schätzung von und Prognose mit Diffusionsmodellen entwickeln, wie man es bisher in der Fachliteratur noch nicht findet.

Im Rahmen dieser Recherchen stellte sich zudem heraus, dass die vorhandene Literatur nur unzureichende Aussagen über die relativen Vor- und Nachteile konkurrierender Schätzverfahren liefert. Sowohl in der Praxis als auch in der anwendungsorientierten Literatur wird zwar oft die Kleinste-Quadrate-Schätzung benutzt, die Ergebnisse von Herrn Wintz zeigen allerdings eindeutig, dass dieses Verfahren unter nahezu allen Umständen gegenüber der Maximum-Likelihood-Methode und der Nichtlinearen-Kleinste-Quadrate-Methode unterlegen ist. Dabei ist es egal, ob die Modelle auf Diffusionsraten oder Diffusionsgrade angewendet werden. Herr Wintz berücksichtigt dabei u.a. auch potentielle Einflussfaktoren wie die Anzahl der verfügbaren Beobachtungen, die Lage des Wendepunktes (ob innerhalb oder außerhalb der Kalibrationsstichprobe), den Penetrationsgrad sowie die Form des Diffusionsmodells.

Sehr bemerkenswert sind die Ergebnisse der Simulationsstudie zur Bewertung von Modellauswahlstrategien. Konzeptionell verfolgt man mit statistischen Identifikationsverfahren das Ziel, den wahren, aber unbekannten Datengenerierungsprozess zu identifizieren. Dahinter steckt die Grundidee, dass man sich von der Schätzung des wahren, aber unbekannten Modells eine erhöhte Prognosegüte verspricht. Bei kleinen Stichprobenumfängen rechnet man zwar mit einer erhöhten Fehlspezifikationsrate; allerdings unterstellt man, dass ohne diesen Identifikationsschritt die Prognosen noch schlechter ausfallen. Diese implizite Grundannahme lässt sich bei Wachstumskurven so nicht länger stützen. Herr Wintz fand u.a. heraus, dass das wahre und bei Simulationsstudien ja auch bekannte Modell häufig durch flexible Wachstumskurvenmodelle dominiert wird. Überraschend ist, dass das Bass-Modell trotz seiner Dominanz in der Marketing-Literatur oft nur mäßige Prognoseergebnisse liefert.

Herr Wintz verwendet sowohl bei seinen Simulationsdesigns als auch bei der Auswertung der Ergebnisse eine Reihe von sorgfältig ausgesuchten Merkmalen, die jenseits dessen liegen, was man im Regelfall in der Literatur findet. Wohl bedacht wird beispielsweise, dass man bei der Schätzung und Prognose der Modelle das Sättigungsniveau nicht kennen kann; dementsprechend werden im Gegensatz zu einigen Arbeiten bei der Modellierung und Schätzung grundsätzlich keine Informationen über das Sättigungsniveau verwendet. Ebenso wird die Ähnlichkeit von Modellfamilien berücksichtigt. Beispielsweise kann bei kleinen Stichproben gerade aufgrund der Vielzahl konkurrierender Modelle das Phänomen auftreten, dass eine Identifikationsmethodik nicht den wahren Datengenerierungsprozess, sondern nur einen ähnlichen Prozess diagnostiziert. An mehreren Stellen berichtet Herr Wintz hier aber über Simulationsergebnisse, die die bisherigen Erwartungen und Annahmen nahezu auf den Kopf stellen. Beispielsweise ergibt die Simulationsstudie, dass die von einem symmetrischen Datengenerierungsprozess erzeugten Zeitreihen in nur 8% aller Fälle auch am besten von einem symmetrischen Modell angepasst werden. Dies offenbart eine Schwäche der bis dato üblichen statistischen Modellidentifikationsmethodologie, die nur selten so deutlich wie in dieser Arbeit zutage tritt.

Aus den grundlegend neuen Erkenntnissen zur Modellauswahl und -schätzung können auch Hersteller von Prognosesoftware einen unmittelbaren praktischen Nutzen ziehen. Die Ergebnisse ermöglichen es, sowohl bei den Wachstumskurvenmodellen als auch bei den Schätzverfahren eine aus praktischer Sicht nützliche positive Auswahl zu treffen.

Ingolstadt, im März 2010 Prof. Dr. Ulrich Küsters

Vorwort

Die vorliegende Arbeit ist überwiegend in meiner Zeit als wissenschaftlicher Mitarbeiter am Lehrstuhl für Statistik und Quantitative Methoden an der Wirtschaftswissenschaftlichen Fakultät Ingolstadt der Katholischen Universität Eichstätt-Ingolstadt entstanden.

Für die nachhaltige Unterstützung bei der Erstellung dieser Arbeit möchte ich mich bei meinem Doktorvater Herrn Prof. Dr. Ulrich Küsters bedanken. Dabei gilt mein Dank nicht nur der unmittelbaren Betreuung des Promotionsvorhabens. Bereits während des Studiums hat er in seinen Veranstaltungen die fachlichen Grundlagen gelegt, die diese Arbeit überhaupt erst ermöglicht haben. In vielen Gesprächen und durch zahlreiche Anregungen und Hinweise hat er den Fortschritt der Arbeit gefördert. Besonders möchte ich ihm dafür danken, dass er stets an einen erfolgreichen Abschluss der Arbeit geglaubt hat.

Herrn Prof. Dr. Klaus D. Wilde gilt mein Dank für die wertvollen Hinweise im Rahmen des Koreferates.

Danken möchte ich ebenfalls den ehemaligen Kollegen und Weggefährten Andrea Bartl, Dr. Oliver Vogt, Dr. Claudia Becker, Ella Bäumler, Stefan Scholze, Johannes Börner, PD Dr. Reinhard Weber, Dr. Philipp Ulbrich, die mir stets mit Rat und Tat zur Seite standen. Besonderer Dank gebührt Bernhard Brandel für die Unterstützung bei der Lösung der Differentialgleichung des Bass-Modells.

Ebenfalls danke ich Prof. David Schmittlein, MIT Sloan School of Management, Prof. Nigel Meade, Imperial College London und Prof. Towhidul Islam, University of Guelph für die Bereitstellung von Vergleichsdaten und weiterführenden Detailinformationen.

Außerdem danke ich meiner Familie, insbesondere meinen Eltern, die mich immer wieder motiviert und unterstützt haben.

Meiner Freundin Claudia danke ich für die langjährige Geduld, ihr Verständnis für die vielen durchgearbeiteten Wochenenden und nicht zuletzt dafür, dass Sie mich immer bestärkt hat, den eingeschlagenen Weg weiter zu gehen.

Erlangen, im März 2010 Tobias Wintz

Inhaltsverzeichnis

Abbildungsverzeichnis

Tabellenverzeichnis

I Einleitung

Seit der grundlegenden Arbeit von Rogers (1962) zur Verbreitung innovativer Neuprodukte am Markt und der Vorstellung des bedeutendsten Modells zur Beschreibung derartiger Diffusionsprozesse durch Bass (1969) hat sich das Forschungsgebiet mit einer nahezu unüberschaubaren Vielfalt von Modellen und Ansätzen weiterentwickelt. Dabei liegt der Schwerpunkt allerdings auf der deskriptiven und normativen Analyse der Marktdurchdringung von Neuprodukten. Für die ursprünglich auch von Bass (1969) intendierte Neuproduktprognose wurde bislang kein einheitliches Vorgehen definiert. Die bestehenden Modelle und Verfahren stehen weitgehend isoliert und ohne vergleichende Bewertung hinsichtlich ihrer Prognosegüte nebeneinander.

Diese Arbeit möchte Ansatzpunkte zur Beantwortung der wesentlichen offenen Fragen zu Anwendungssituationen und -gebieten, Modellselektion, Auswahl eines geeigneten Schätzverfahrens sowie Chancen und Grenzen der Anwendbarkeit aufzeigen. Dazu werden bestehende Konzepte zur Anwendung von Wachstumskurvenmodellen in den Prognosekontext eingeordnet und ein Prognoseprozess unter Berücksichtigung der Besonderheiten der Prognose mit Wachstumskurvenmodellen definiert. Dieser Prognoseprozess soll einen einheitlichen Rahmen für Prognosen mit Wachstumskurven bieten und Anwendern als Leitfaden dienen. Anhand von Simulationsstudien werden Untersuchungen zur Verbesserung von Modellauswahl und -schätzung vorgenommen.

Im Anschluss an die Einleitung wird in Teil II als Grundlage für die weitere Untersuchung ein Überblick über die unterschiedlichen Modelle und die zugrundeliegende Diffusionstheorie gegeben. Neben der Einführung in die Diffusionstheorie enthält dieser Teil eine allgemeine Einführung zu Diffusions- und Wachstumskurvenmodellen. Des Weiteren werden Herleitung und Eigenschaften der grundlegenden Modelle zur Abbildung von Diffusionsverläufen dargestellt sowie Erweiterungen und Ergänzungen dieser Grundmodelle erörtert. Die Vielzahl der Modelle wird systematisiert und die verschiedenen Möglichkeiten zur anwendungsspezifischen Erweiterung der Grundmodelle dargestellt.

Der folgende Teil III ordnet die in Teil II vorgestellten Modelle zunächst in den Prognosekontext ein. Es werden Zielsetzungen und Relevanz sowie die Anwendungsgebiete von Wachstumskurven zur Neuproduktprognose erörtert. Zentrales Element von Teil III sowie der gesamten Arbeit bildet die Definition eines Prognoseprozesses für Neuproduktprognosen mit Wachstumskurvenmodellen. Dazu wird der bekannte Prognoseprozess, dessen Grundlagen auf Box und Jenkins (1970) zurückgehen, den Besonderheiten der Neuproduktprognose angepasst. Schwerpunktthemen dabei sind Modellauswahl und Modellselektionsstrategien, Modellschätzung sowie Prognoseevaluation. Die wenigen in der Literatur beschriebenen isolierten Ansätze zur Modellselektion sowie zur Auswahl eines geeigneten Schätzverfahrens werden diskutiert, bewertet und ggf. in den Prognoseprozess eingeordnet.

In Teil IV wird im Anschluss an die Darstellung des gesamten Prognoseprozesses das Thema Modellschätzung vertieft. Da bislang in der Literatur keine Klarheit über das am besten geeignete Schätzverfahren vorliegt, werden die wichtigsten konkurrierenden Verfahren im Rahmen einer Studie miteinander verglichen. Neben der Frage, ob sich ein Schätzverfahren generell als überlegen erweist, ist dabei vor allem von Interesse, welche Schätzverfahren für bestimmte Zeitreihentypen bzw. Anwendungssituationen besonders geeignet sind. Im Rahmen der Untersuchung werden simulierte Daten verwendet, da empirische Daten zum einen nicht in der notwendigen Anzahl verfügbar sind und zum anderen die Gefahr bestünde, dass die Ergebnisse der Untersuchung durch die Modellauswahl kontaminiert würden.

Teil V widmet sich nach der Modellschätzung dem zweiten, aber umso größeren ungelösten Problemfeld der Neuproduktprognostik, der Modellauswahl. Da die verfügbaren Zeitreihen im Kontext der Neuproduktprognose in den meisten Fällen sehr kurz sind und die Identifikation eines eindeutigen Präferenzmodells nicht zulassen, ist die Modellauswahl regelmäßig mit hoher Unsicherheit behaftet. Gleichzeitig ist der Einfluss der Modellauswahl auf die Prognose wegen der zum Teil deutlich divergierenden Verlaufsformen der Modelle jedoch erheblich. Ebenfalls im Rahmen einer Simulationsstudie – damit der wahre Datengenerierungsprozess bekannt ist – werden unterschiedliche Ansätze zur Modellauswahl analysiert. Als Ansatzpunkte zur Verringerung der hohen Unsicherheit und des Prognoserisikos werden neben der Prognosegüte von Einzelmodellen die Effekte von Prognosekombinationen auf die Prognosegüte untersucht.

In der Schlussbetrachtung (Teil VI) werden die wichtigsten Erkenntnisse der Arbeit zusammengefasst, offene Punkte und weiterer Forschungsbedarf thematisiert sowie ein Ausblick auf erwartete zukünftige Entwicklungen auf dem Forschungsgebiet Neuproduktprognosen mit Wachstumskurvenmodellen gegeben.

II Wachstumskurven zur Modellierung der Diffusion von Neuprodukten – Ein Modellüberblick

Bei der Einführung neuer Produkte am Markt tritt regelmäßig ein Prozess auf, den Rogers grundlegend erstmals im Jahre 1962 darstellte. Zu Beginn der Markteinführung wird das Neuprodukt von einer relativ kleinen Käuferschicht erstmals erworben. Im Anschluss erweitert sich der Käuferkreis sukzessive. Dieser als Diffusion bezeichnete Prozess wird in Abschnitt II-1 detailliert vorgestellt. Daneben enthält dieser Abschnitt eine allgemeine Einführung zu Diffusions- und Wachstumskurvenmodellen. In Abschnitt II-2 werden Herleitung und Eigenschaften der grundlegenden Modelle zur Abbildung von Diffusionsverläufen dargestellt. Erweiterungen und Ergänzungen dieser Grundmodelle werden in Abschnitt II-3 erörtert.

1 Grundlagen zur Verbreitung von Neuprodukten am Markt

1.1 Diffusion von Neuprodukten

Bei zahlreichen Markteinführungen insbesondere von langlebigen Konsumgütern oder auch Dienstleistungen lässt sich beobachten, dass ein Produkt, ausgehend von einem kleinen Käufer- oder Nutzerkreis zum Verkaufsstart, in immer größere Bevölkerungskreise vordringt. Diese Art der Entwicklung spiegelte sich während der letzten Jahre in der Verbreitung beispielsweise von Digitalkameras, Memory Sticks, DVDs, Fotohandys, Flachbildschirmen etc. wider. Ein weiteres prominentes Beispiel sind die Nutzerzahlen des Internets. Zu Beginn als reines Netzwerk für den wissenschaftlichen Austausch konzipiert und einer entsprechend kleinen Nutzerschicht zugänglich, fand das Internet Ende der 1990er Jahre eine zunehmende Verbreitung und entwickelte sich zum Massenmedium (vgl. Abbildung II-1).

Die bedeutendste grundlegende Darstellung und Analyse dieser Phänomene bei der Verbreitung von neuen Produkten und Technologien stammt von Rogers (1962). Er definiert die Verbreitung von Innovationen (Diffusion) wie folgt (Rogers 1983, S. 5):

> *„Diffusion is the process by which an innovation is communicated through certain channels over time among the members of a social system."*

Diffusion beschreibt also den Prozess der Kommunikation und der daraus resultierenden Ausbreitung einer Innovation - im Kontext dieser Arbeit eines Neuproduktes - unter den Mitgliedern eines sozialen Systems im Zeitablauf. Dieser Prozess bildet den Untersuchungsgegenstand der Diffusionsforschung. Der damit eng verbundene individuelle Prozess der Übernahme- bzw. Ablehnungsentscheidung der einzelnen Mitglieder des sozialen Systems wird in der Adoptionstheorie behandelt. In den folgenden Abschnitten werden die Begriffe „Innovation und Neuprodukt" abgegrenzt, Adoption als individueller Entscheidungsprozess und Diffusion als die aggregierte Betrachtung der Einzelentscheidungen dargestellt.

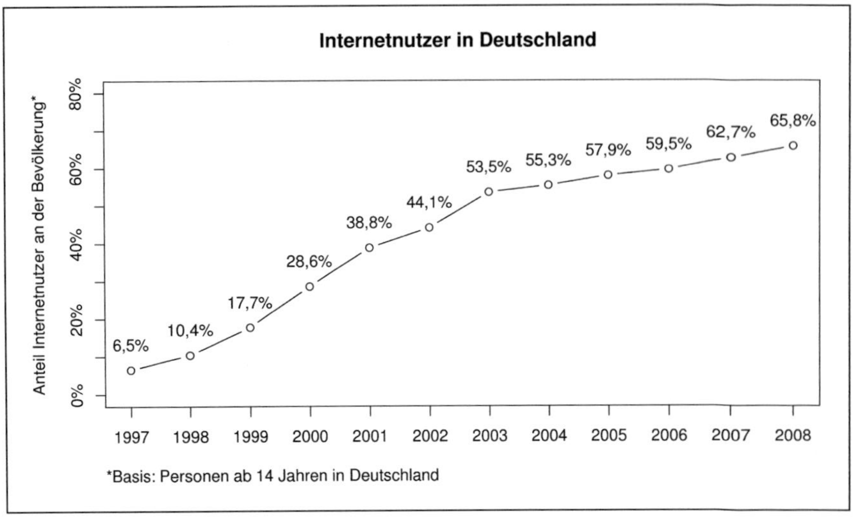

Abbildung II-1: Internetnutzerzahlen in Deutschland
Quelle: v. Eimeren und Frees (2008), ARD/ZDF-Online-Studie

1.1.1 Erörterung der Begriffe Innovation und Neuprodukt

Der Begriff des Neuproduktes bezieht sich im Rahmen dieser Arbeit auf innovative Produkte und Dienstleistungen, die erstmalig auf einem Markt eingeführt werden. Entscheidend ist der innovative Charakter, d.h. es werden ausschließlich Neuprodukte, die Innovationen darstellen, betrachtet.

Innovationen sind wichtige Träger der wirtschaftlichen Entwicklung sowohl auf volkswirtschaftlicher Ebene als auch für das einzelne Unternehmen. Für die entwickelten westlichen Industrieländer sind Innovationen essentiell, um die internationale Wettbewerbsfähigkeit gegenüber Schwellenländern zu sichern, da diese über erhebliche Kostenvorteile insbesondere bei den Lohnkosten verfügen (Meffert 2000, S. 374).

Dem einzelnen Unternehmen sichern Innovationen Wettbewerbsvorteile, die sich in messbaren wirtschaftlichen Erfolgsgrößen ausdrücken. Innovative Produkte bzw. Prozesse bilden die Grundlage für langfristiges Wachstum und Ertragsstärke von Unternehmen. Der durch die einzelne Innovation erzielte Wettbewerbsvorteil ist in dynamischen Märkten im Regelfall nur temporärer Natur, da die Wettbewerber durch eigene Innovationen oder durch Imitation danach streben, den erreichten Vorteil zunichte zu machen. Die kontinuierliche Entwicklung von innovativen Produkten oder Prozessen ist daher für Unternehmen der entscheidende Faktor für den Ausbau bzw. Erhalt der eigenen Wettbewerbsposition und ein wichtiges Differenzierungsmerkmal.

Für den bereits verwendeten Innovationsbegriff existiert in der betriebswirtschaftlichen Literatur eine Vielzahl von unterschiedlichen Definitionen. Dabei liegt der Fokus auf unterschiedlichen Aspekten, hinsichtlich des Grundverständnisses herrscht jedoch weitgehend Einigkeit.

Die erste grundlegende Betrachtung von Innovationen im ökonomischen Kontext wird Anfang des 20. Jahrhunderts von Schumpeter in seinem Werk „Theorie der wirtschaftlichen Entwicklung“ vorgenommen. Schumpeter spricht in diesem Zusammenhang von Innovationen als der „Durchsetzung neuer Kombinationen“. Als Bezugsobjekte nennt Schumpeter neue Güter, (Produktions-)Methoden, Absatz- und Beschaffungsmärkte sowie organisatorische Maßnahmen (Schumpeter 1912, 1931, S. 100f.).

Schumpeters Definition hat mit nachfolgenden Definitionen gemein, dass einerseits ein signifikanter Neuigkeitsgrad und andererseits die Durchsetzung am Markt oder innerhalb einer Organisation Innovationen charakterisieren. So definiert Hauschildt (2004, S. 7): „Innovationen sind im Ergebnis qualitativ neuartige Produkte oder Verfahren, die sich gegenüber dem vorhergehenden Zustand merklich – wie immer das zu bestimmen ist – unterscheiden“. Die Definition von Afuah (2003, S. 13) legt dagegen den Schwerpunkt auf die Durchsetzung bzw. Vermarktung: „Innovation is the use of knowledge to offer a new product or service. It is invention + commercialization“. Innovationen kennzeichnen also vor allem die Neuartigkeit und der wirtschaftliche (kommerzielle) Bezug. Der kommerzielle Bezug grenzt die Innovation auch von der reinen Invention ab. Der Begriff der Invention (Erfindung) als Vorstufe zur Innovation bezeichnet die Lösung einer naturwissenschaftlichen oder technischen Problemstellung ohne explizite Berücksichtigung ökonomischer Kriterien (Specht und Möhrle 2002, S. 116f.).

Die aufgeführten Definitionen des Innovationsbegriffs legen eine differenzierte Betrachtung von Innovationen anhand verschiedener Dimensionen nahe (z.B. Meffert 2000, S. 375ff., Hauschildt 2004, S. 7ff.). Im Folgenden sollen die Dimensionen Innovationsobjekt („Was ist neu?“), Innovationsintensität („Wie sehr neu?“) und die subjektive Dimension („Neu für wen?“) betrachtet werden.

Innovationsobjekt: Was ist neu?

Hinsichtlich des Innovationsobjektes wird in der Literatur allgemein zwischen Produkt- und Prozessinnovationen differenziert. Bei Produktinnovationen handelt es sich um nach vorangehender Forschung und Entwicklung erstmalig am Markt eingeführte Produkte, die den Kunden neuartige Anwendungs- bzw. Verwendungsmöglichkeiten bieten und/oder aus Sicht des Herstellers neue Technologien zum Einsatz bringen

(Specht und Möhrle 2002, S. 244). Im Regelfall sind Produktinnovationen für den Kunden sichtbar und beeinflussen dessen Einschätzung von Produkt und Anbieter.

Prozessinnovationen kennzeichnen hingegen neuartige Faktorkombinationen, die es dem Anbieter ermöglichen, eine bestimmte Leistung zu geringeren Kosten, qualitativ hochwertiger, sicherer oder schneller zu erbringen (Hauschildt 2004, S. 11). Ein Beispiel für eine derartige Prozessinnovation aus dem Bereich der Kunststoff- und Metallverarbeitung bildet das so genannte Lasersintern, das es ermöglicht, komplexe 3-dimensionale Strukturen direkt aus pulverförmigen Ausgangsstoffen (Metall, Kunststoff) herzustellen und somit zumindest partiell klassische Verfahren wie Schmieden und Schweißen substituiert. Prozessinnovationen treten nicht selten in Kombination mit Produktinnovationen auf, da zur Herstellung neuer Produkte vielfach auch innovative Fertigungsverfahren eingesetzt werden. Die teilweise neben Produkt- und Prozessinnovationen in der Literatur genannten Sozialinnovationen (Gruppenarbeit etc.) können ebenfalls unter Prozessinnovationen subsumiert werden, da die betrieblichen Abläufe, d.h. die Faktorkombinationen auch hier innovativ verändert werden (Meffert 2000, S. 374). Weil Prozessinnovationen vornehmlich die innerbetriebliche Leistungserstellung betreffen, sind sie für den Kunden vielfach nicht unmittelbar sichtbar (Specht und Möhrle 2002, S. 98). Mittelbar profitieren die Kunden eventuell von günstigeren Preisen oder höherer Qualität.

Innovative Dienstleistungen nehmen eine gewisse Sonderstellung ein, da im Regelfall der Prozess der Leistungserstellung (Prozessinnovation) den wesentlichen Teil der angebotenen Leistung ausmacht. Demzufolge fallen bei Dienstleistungsinnovationen Produkt- und Prozessinnovation zusammen (Hauschildt 2004, S. 12). Ein anschauliches Beispiel dafür ist die von Diensten wie Skype angebotene Voice-over-IP-Telefonie. Dabei wird die technische Produktinnovation durch eine neuartige Faktorkombination ermöglicht.

Da diese Arbeit auf die Analyse und Prognose des Absatzes von Neuprodukten fokussiert, werden im Folgenden reine anbieterinterne Prozessinnovationen nicht betrachtet.

Der Begriff Neuprodukt kennzeichnet im Rahmen dieser Arbeit innovative Sachgüter und Dienstleistungen, die erstmalig am Markt eingeführt werden.

Innovationsgrad / Intensität: Wie sehr neu?

Liegt eine Innovation vor, stellt sich regelmäßig die Frage nach dem Ausmaß ihrer Neuartigkeit. Dichotome Ansätze unterscheiden den Neuigkeitsgrad zwischen den beiden Extremen inkrementeller Veränderungen einerseits und radikaler Veränderungen gegenüber den bestehenden Produkten und Prozessen andererseits. Hinsichtlich der Terminologie werden in der Literatur, neben der genannten, weitere dichotome Unterscheidungen getroffen; eine Übersicht findet sich bei Hauschildt (2004, S. 15).

Inkrementelle Innovationen stellen den Regelfall in etablierten Produkt-Markt-Feldern dar (Borchert et al. 2003, S. 16). Produkte und Prozesse werden schrittweise verändert, um Kundennutzen bzw. Leistungsumfang, Qualität, Fertigungskosten etc. zu verbessern. Inkrementelle Innovationen erweitern die bestehende Technologie- bzw. Marktkompetenz eines Unternehmens bzw. einer ganzen Branche. Konkurrierende Produkte fallen zwar gegenüber inkrementellen Innovationen zurück, bleiben jedoch zumindest für einen begrenzten Zeitraum und Umfang weiterhin wettbewerbsfähig (Afuah 2003, S. 30). Ein Beispiel für eine typische inkrementelle Innovation aus Kundensicht ist die erstmalige Einführung einer Benzin-Direkteinspritzung in der automobilen Großserienfertigung durch Mitsubishi im Jahr 1996.

Radikale Innovationen zeichnen sich durch einen großen Abstand zu bestehenden Produkten und Dienstleistungen aus. Bestehende Produkte verlieren durch das auftreten radikaler (Basis)-Innovationen ihre Wettbewerbsfähigkeit oder es entstehen völlig neue Märkte für bislang nicht existierende Produktkategorien. Radikale Innovationen sind „Competence Destroying", d.h. bestehendes technologisches oder marktorientiertes Wissen wird beim Auftreten von radikalen Innovationen schnell wertlos (Afuah 2003, S. 15). Ein prominentes Beispiel für eine weitgehend radikale Innovation ist die nahezu vollständige Ablösung der konventionellen durch die digitale Fotografie.

Problematisch an der theoretischen Unterscheidung in radikale und inkrementelle Innovationen ist jedoch, dass in der Realität eine eindeutige Abgrenzung selten möglich ist und stattdessen ein Kontinuum an möglichen Neuigkeitsgraden besteht. Zur genaueren Differenzierung des Neuigkeitsgrades können einfache Ordinalskalen, technikspezifische Scoring-Modelle und multidimensionale Ansätze in Verbindung mit Checklisten bzw. Scoring-Modellen herangezogen werden (Hauschildt 2004, S. 15ff.). Die Verfahren sind insbesondere zum Vergleich verschiedener Innovationen nützlich; die absolute Aussagekraft ist jedoch beschränkt.

Hinsichtlich des Neuigkeitsgrades von Innovationen liegt der Schwerpunkt in dieser Arbeit auf Neuprodukten, die einen weitgehend radikalen Charakter haben, d.h. auf neuen Produkten und Dienstleistungen, die neue Produktkategorien bilden bzw. bestehende Produktkategorien substituieren.

Subjektive Dimension: Neu für wen?

Die Wahrnehmung der Neuerungen, die eine Innovation bewirkt, ist in hohem Maße subjektgebunden, d.h. „innovativ ist das, was für innovativ gehalten wird“ (Hauschildt 2004, S. 22). Dabei können die Perspektiven des Anbieters eines Produktes, der jeweiligen Branche und der Kunden bzw. Märkte unterschieden werden. Aus Sicht des anbietenden Unternehmens liegt eine Innovation vor, wenn das Unternehmen ein neues Verfahren oder einen neuen Prozess erstmalig nutzt bzw. erstmalig ein bestimmtes Produkt herstellt. Als maßgeblich für die Einschätzung des Unternehmens bietet sich die Beurteilung des Managements an (Hauschildt 2004, S. 22f.). Analog gilt dies für gesamte Branchen, in denen Produkte oder Prozesse erstmalig eingeführt werden.

Im Kontext dieser Arbeit steht die Wahrnehmung einer Innovation durch den Kunden bzw. den Markt im Mittelpunkt der Betrachtung, da die Einschätzung der Marktteilnehmer für den Erfolg oder Misserfolg eines neu eingeführten Produktes entscheidend ist. Rogers (1983, S. 11) stellt in seiner Definition des Innovationsbegriffs insbesondere auf die Wahrnehmung ab: „An innovation is an idea, practice or object that is perceived as new by an individual (...)“.

Dabei ist der empfundene Neuigkeitsgrad nicht feststehend, sondern kann durch gezielte Marketing-Maßnahmen beeinflusst werden. Außerdem ist für die Wahrnehmung einer Neuerung durch die Marktteilnehmer auch die geographische Marktabgrenzung von Bedeutung, da neue Produkte vielfach nicht auf der ganzen Welt gleichzeitig, sondern nacheinander in unterschiedlichen Ländern / Regionen eingeführt werden. Ein Produkt, das in Europa neu am Markt auftritt, kann in den USA bereits weit verbreitet sein. Ein Beispiel für derartiges Vorgehen sind Kinofilme, die vielfach in Europa erst mit Verzögerung vermarktet werden.

1.1.2 Adoption – Individueller Übernahmeprozess

Der Begriff Adoption bezeichnet im Rahmen der Diffusionsforschung die individuelle Übernahme einer bestimmten Innovation durch ein Mitglied des sozialen Systems innerhalb dessen die Diffusion erfolgt. Bei langfristigen Gebrauchsgütern spricht man bereits beim Erstkauf, bei Verbrauchsgütern beim Wiederholungskauf von einer positiven Adoptionsentscheidung (Borchert et al. 2003, S. 21).

Die Adoptionsentscheidung der Individuen findet nicht zu einem singulären Zeitpunkt statt, es handelt sich vielmehr um einen Adoptionsprozess, dessen Verlauf und Dauer von verschiedenen personen-, produkt- und umweltbedingten Einflussgrößen abhängt. Rogers (1983, S. 163ff.) identifiziert fünf idealtypische Phasen des Adoptionsprozesses von der ersten Information über ein Neuprodukt bis zur endgültigen Adoption: 1) Bewusstseinsphase, 2) Meinungsbildung, 3) Entscheidung, 4) Implementierung, 5) Bestätigung. Weithin durchgesetzt hat sich jedoch die davon geringfügig abweichende, in Abbildung II-2 dargestellte Einteilung des Adoptionsprozesses (Kaas 1973, S. 15):

- **Bewusstseinsphase**: Der potenzielle Adopter erlangt Kenntnis von einer Innovation und deren Verfügbarkeit.

- **Interessensphase**: Während der Interessensphase erwägen potenzielle Adopter den Kauf bzw. die Verwendung eines innovativen Produktes und informieren sich gezielt über die Neuerung.
- **Bewertungsphase**: Anhand der gewonnen Informationen werden Vor- und Nachteile der Innovation abgewogen.
- **Versuchsphase**: Die Neuerung wird – sofern möglich und erwünscht – von den potenziellen Adoptern gestestet.
- **Entscheidungsphase**: Als Resultat dieses Testes trifft das Wirtschaftssubjekt die Entscheidung zur Adoption oder Ablehnung.

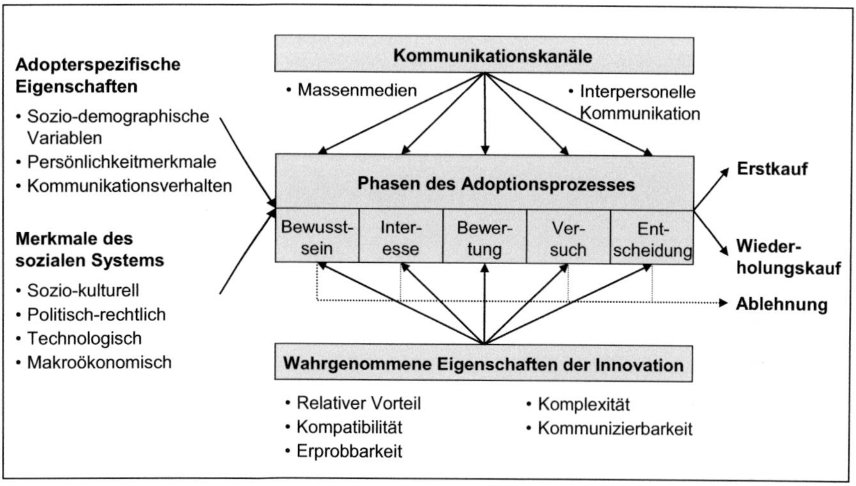

Abbildung II-2: Adoptionsprozess bei Neuprodukten
Quelle: Darstellung in Anlehnung an Meffert (2000, S. 419)

Eine Ablehnungsentscheidung kann dauerhaft oder temporär sein. Vertagt der Kunde die endgültige Adoptionsentscheidung auf die nächste Generation einer Produktkategorie und durchläuft er den Adoptionsprozess zu einem späteren Zeitpunkt erneut, wird dies als „Leapfrogging“[1] bezeichnet (Borchert et al 2003, S. 22).

Intensität und zeitlicher Ablauf des individuellen Adoptionsprozesses sind zum großen Teil von der subjektiven Wahrnehmung der Neuerung durch die Marktteilnehmer abhängig. Während sich einige Innovationen innerhalb weniger Jahre am Markt durchsetzen und in weiten Bevölkerungskreisen Verbreitung finden wie beispielsweise Digitalkameras, benötigen andere Innovationen wie z.B. elektronische Rauchmelder für Privathaushalte sehr lange, um einen hohen Verbreitungsgrad zu erzielen. Rogers (1983, S. 210ff.) unterscheidet in seinem in der Literatur weit verbreiteten Ansatz fünf innovations- bzw. produktspezifische Eigenschaften von Innovationen, deren wahrgenommene Ausprägung den Adoptionsprozess beeinflussen:

- Der **relative Vorteil** bezeichnet den zusätzlichen Nutzen, den ein Neuprodukt dem Individuum gegenüber dem vorherigen Zustand bzw. gegenüber bisher verwendeten Produkten und Leistungen bietet. Neben ökonomischen Kriterien kann sich der relative Vorteil auf das soziale Ansehen, zusätzlichen Komfort und Zufriedenheit beziehen. Entscheidend ist, dass nicht der objektive, sondern der subjektiv wahrgenommene Vorteil einer Neuerung ausschlaggebend ist. Zusatznutzen kann insbesondere auch durch das Vorhandensein von positiven Netzeffekten entstehen; dabei erhöht eine stärkere Verbreitung per se den Nutzen. Dies ist z.B. bei Telekommunikationsinnovationen wie Handy-Netzen oder dem Internet der Fall (Borchert et al. 2003, S. 27f.).
- Die **Kompatibilität** zielt ab auf das Ausmaß, in dem eine Neuerung den soziokulturellen Werten, dem bestehenden Erfahrungshorizont und den existierenden Bedürfnissen sowie den vorhandenen Produkten und Dienstleistungen angepasst ist.

[1] Leapfrogging: Überspringen bzw. Auslassen von Entwicklungsstufen.

- **Komplexität** drückt den wahrgenommenen Schwierigkeitsgrad einer Innovation hinsichtlich der Dimensionen Verständnis und Anwendung aus. Einfaches Verständnis und Anwendung werden als positive Einflussfaktoren für die Adoption angesehen.
- Die **Erprobbarkeit** einer Innovation ist ein wichtiger Aspekt zur Reduktion der vom Kunden wahrgenommenen Unsicherheit (Risiko der Adoption). Die Erprobung kann durch Testen des Produktes im Geschäft, Ausleihen des Produktes, Kauf mit Rückgaberecht etc. erfolgen. Ein wichtiger Aspekt dabei ist die Teilbarkeit von Innovationen, d.h. inwieweit ein Produkt beispielsweise im Business-to-Business Geschäft zuerst im Rahmen eines Pilotprojekts in einem kleinen Teil des Unternehmens implementiert werden kann, bevor eine Einführung im Gesamtunternehmen erfolgt. Entscheidend für eine Produkterprobung ist, dass für den Kunden im Verhältnis zur endgültigen Adoption nur ein geringer Aufwand entsteht und ein Ausstieg jederzeit möglich ist.
- Die **Wahrnehmbarkeit** einer Innovation für die Marktteilnehmer beschreibt, in welchem Ausmaß eine Innovation und ihr Nutzen für den Außenstehenden erkennbar sind. Dabei kann zwischen unmittelbarer Sichtbarkeit und Kommunizierbarkeit unterschieden werden. Deutlich wahrnehmbare Innovationen (z.B. Digitalkameras) bewirken i.d.R. eine starke interpersonelle Kommunikation, die den Adoptionsprozess positiv beeinflusst. Bei immateriellen Innovationen wie beispielsweise Dienstleistungen beschränkt sich die Wahrnehmbarkeit im Regelfall auf die Kommunizierbarkeit.

Nach Rogers (1983) erfolgt die Adoption von Innovationen um so schneller, je größer der relative Vorteil, die Kompatibilität, die Erprobbarkeit sowie die Wahrnehmbarkeit ausgeprägt sind und je geringer die Komplexität einer Innovation ist. In der Literatur wird vielfach auch das wahrgenommene Risiko als separate Eigenschaft von Innovationen genannt (Borchert et al. 2003, S. 23). Das wahrgenommene Risiko ist jedoch kein überschneidungsfreies Kriterium, da die fünf genannten Eigenschaften von Innovationen das wahrgenommene Risiko zu einem Großteil bestimmen. So reduzieren beispielsweise gründliche Erprobbarkeit und geringe Komplexität das Risiko, während hochkomplexe, wenig kompatible und nicht erprobbare Neuprodukte für den potenziellen Käufer mit einem deutlich höheren Risiko behaftet sind.

Neben den spezifischen Eigenschaften einer Innovation ist der Ablauf des Adoptionsprozesses von einer Reihe adopterspezifischer Faktoren abhängig. Dazu zählen neben soziodemographischen Variablen wie Alter, Einkommen, Bildungsniveau und sozialer Status, Persönlichkeitsmerkmale wie Einstellung gegenüber Neuerungen, Risikobereitschaft und Intelligenz sowie Variablen, die das Kommunikationsverhalten betreffen, wie die Größe der persönlichen Netzwerke, Weltoffenheit, Kontaktfreude, Aufgeschlossenheit, Mediennutzungsverhalten etc. Diese Eigenschaften determinieren die Innovationsbereitschaft bzw. Innovationsfreudigkeit eines Individuums (Rogers 1983, S. 261f., Litfin 2000, S. 35, Bähr-Seppelfricke 1999, S. 12). Indirekt wird durch diese Faktoren auch die Innovationsneigung bestimmt, wenn das Adoptionssubjekt aus Personenmehrheiten wie Gruppen (einschließlich Familien) oder auch Unternehmen bzw. Unternehmensteilen besteht.

Der Zeitpunkt der Übernahme ein und derselben Innovation ist in Abhängigkeit von den genannten Kriterien adopterindividuell. In seinen Untersuchungen hat Rogers (1983, S. 43ff.) beobachtet, dass die tatsächlichen Übernahmezeitpunkte vielfach normalverteilt bzw. approximativ normalverteilt sind. In Abhängigkeit vom Adoptionszeitpunkt relativ zum Mittelwert $\bar{x}$ hat Rogers die Adopter in fünf Kategorien eingeteilt: Innovatoren (erste ~2,5% der Adopter), Frühadopter (~13,5%), frühe Mehrheit (~34%), späte Mehrheit (~34%) und Nachzügler (~16%).[2] Abbildung II-3 zeigt die idealtypische Verteilung der Adoptionszeitpunkte und die Adopterkategorien. Als Kri-

[2] Diese zeitliche Einteilung basiert auf der Gesamtheit aller Wirtschaftssubjekte, die eine Innovation letztendlich übernehmen. Dauerhafte Nicht-Adopter sind nicht berücksichtigt.

terium zur Abgrenzung der Kategorien verwendet Rogers die empirische Standardabweichung s der Normalverteilung. Frühe Mehrheit und späte Mehrheit liegen in einer $1s$-Umgebung um den Mittelwert. Die Innovatoren liegen außerhalb einer $2s$-Umgebung; für die Nachzügler wird auf eine weitere Unterteilung verzichtet. Im Folgenden werden die einzelnen Adopterkategorien in Form von idealtypischen Charakterisierungen dargestellt.[3]

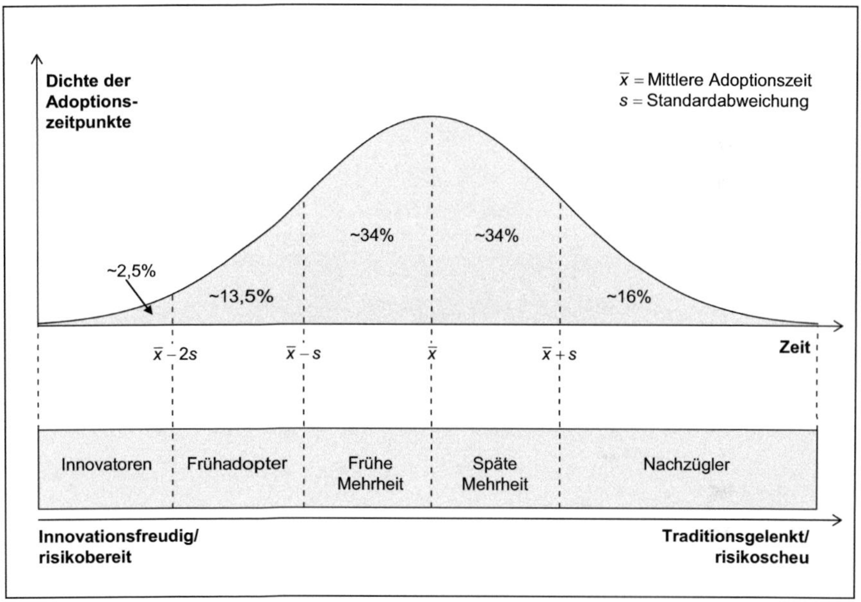

Abbildung II-3: Adopterkategorien und Verteilung der Adoptionszeitpunkte
Quelle: Darstellung in Anlehnung an Meffert (2000, S. 420)

Innovatoren zeichnen sich durch eine große Innovationsfreude aus. Sie sind aktiv auf der Suche nach Informationen über Neuerungen, haben eine starke Exposition gegen-

[3] Dieser Ansatz impliziert, dass nicht alle Kriterien auf jedes Mitglied einer Kategorie zutreffen, sondern vielmehr ein typisches Mitglied einer Kategorie beschrieben wird.

über den Massenmedien und verfügen über große persönliche Netzwerke. Da sie als Erstadopter nicht auf die subjektive Bewertung einer Innovation durch Mitglieder ihres sozialen Umfelds zurückgreifen können, müssen sie bereit sein, ein gewisses Risiko einzugehen. **Frühadopter** übernehmen Neuerungen frühzeitig, sind aber vorsichtiger als Innovatoren und greifen daher bei ihrer Entscheidung auf erste subjektive Bewertungen der Innovatoren in ihrem Umfeld zurück. Frühadopter verfügen über große soziale Netzwerke, in denen sie als respektierte Meinungsführer agieren. Die **frühe Mehrheit** trifft die Adoptionsentscheidung mit Bedacht und unter Berücksichtigung der Bewertungen von Innovatoren und Frühadoptern. Die frühe Mehrheit ist Neuerungen generell positiv gegenüber eingestellt und übernimmt diese eher als der Durchschnitt. Die **späte Mehrheit** nimmt eine skeptische Haltung ein und kann sich erst zu einer Adoption durchringen, wenn über die Hälfte der potenziellen Adopter die Innovation bereits gestestet und übernommen hat. Der zunehmende soziale Druck zur Adoption ist ein wesentlicher Entscheidungsfaktor. Die Gruppe der Nachzügler steht Neuerungen grundsätzlich misstrauisch gegenüber. Ihr Verhalten ist in hohem Maße traditionsgelenkt und sie übernehmen eine Innovation nur, wenn sie die Innovation ebenfalls als bereits traditionell akzeptieren oder der soziale Druck so stark geworden ist, dass eine Nicht-Adoption erhebliche Nachteile zur Folge hat (Rogers 1983, S. 247ff., Kotler und Bliemel 1999, S. 557).

Allerdings ist diese Einteilung nicht unabhängig von der betrachteten Innovation. Ein Adopter kann durchaus für eine bestimmte Produktkategorie eine hohe Innovationsbereitschaft aufweisen und zur Gruppe der Innovatoren zählen, während er auf anderem Gebiet Nachzügler ist. Den Marketing-Manager stellt dies vor die Herausforderung, den für eine bestimmte Produktkategorie innovationsbereitesten Teil einer Zielgruppe für die Erstansprache auszuwählen (Kotler und Bliemel 1999, S. 557).

Auch Organisationen (insbesondere Unternehmen) unterscheiden sich hinsichtlich ihrer Neigung, Innovationen zu übernehmen und lassen sich dementsprechend kategorisieren. Als Einflussgrößen werden in diesem Fall das Umfeld (Progressivität und Rentabilität der Branche), interne Faktoren (Größe, Rentabilität, Veränderungsdruck) und die Eigenschaften der Führungskräfte (Bildungsniveau, Alter, Weltoffenheit) genannt (Kotler und Bliemel 1999, S. 559).

Die Kommunikationskanäle, mit denen sich Informationen über die Existenz einer Neuerung und Erfahrungen anderer mit dieser Innovation verbreiten, haben ebenfalls einen starken Einfluss auf den Adoptionsprozess. Rogers (1983, S. 17f.) unterscheidet Massenmedien und interpersonelle Kommunikation als die beiden grundlegenden Typen von Kommunikationskanälen. Während die interpersonelle Kommunikation den persönlichen Austausch von Individuen eines sozialen Systems beschreibt, umfasst der Begriff Massenmedien alle Kommunikationsmittel wie Radio, Fernsehen, Zeitungen und Zeitschriften sowie das Internet, die sich an eine große Zahl von Empfängern richten. Moderne Instrumente des One-to-One-Marketing stellen vor diesem Hintergrund den Versuch dar, die Reichweite der massenmedialen Kommunikation mit der Vertrauenswürdigkeit der persönlichen Kommunikation zu verbinden. Die Kommunikationskanäle sind unterschiedlich bedeutsam für die Adoptionsentscheidung je nach Phase des Adoptionsprozesses, der Adopterkategorie, der Art des Neuproduktes und des Risikos der Entscheidung.

Massenmedien sind besonders effektiv, um schnell bei einer großen Zahl von Individuen Bewusstsein für eine Innovation zu schaffen. In der Bewertungsphase des Adoptionsprozesses kommt hingegen dem persönlichen Einfluss anderer Mitglieder des sozialen Systems eine stärkere Bedeutung zu. Der Einfluss interpersoneller Kommunikation ist bei Frühadoptern geringer als bei späteren Adopterkategorien (Innovatoren sind, da Erfahrungen vorheriger Adopter noch nicht vorliegen, auf Massenmedien und auf eventuell vorliegende objektive Vergleichstests angewiesen). Bei Neuprodukten deren Eigenschaften (wie z.B. bei Dienstleistungen) schwer erkennbar sind oder bei Entscheidungen, die ein hohes wirtschaftliches Risiko bergen, ist die interpersonelle Kommunikation generell wichtiger als bei risikoarmen Entscheidungen (Rogers 1983, S. 17f., S. 21).

Wirtschaftssubjekte treffen ihre Adoptionsentscheidung nicht als isolierte Individuen. Sie sind Mitglied eines sozialen Systems, dessen Struktur die Rahmenbedingungen für den Adoptionsprozess setzt. Diese Rahmenbedingungen können sich auf soziokulturelle, politisch-rechtliche, makroökonomische und technologische Aspekte beziehen (Borchert et al. 2003, S. 24). Soziale Systeme können im hier betrachteten Zusammenhang Mitglieder eines Unternehmens oder einer Branche, die Gesellschaft eines Landes oder auch der gesamte Weltmarkt sein.

Eine besondere Rolle bei der Adoptionsentscheidung nehmen Meinungsführer in einer Gesellschaft bzw. einem sozialen System ein, da sie einen großen Einfluss auf die anderen Mitglieder des Systems ausüben, d.h. ihre Bewertung einer Innovation bestimmt wesentlich Erfolg bzw. Misserfolg einer Innovation (Rogers 1983, S. 27ff.).

Ein weiterer wichtiger Faktor ist der Grad der Homogenität des sozialen Systems. Sind die Mitglieder eines sozialen Systems in hohem Maße verschiedenartig bezüglich der oben genannten adopterspezifischen Kriterien, stellt dies eine Kommunikationsbarriere dar; sind sie aber sehr gleichartig hinsichtlich der Wahrnehmung einer Innovation kann auch daraus wiederum eine Adoptionsbarriere entstehen, da eine fruchtbare interpersonelle Kommunikation, bei der eine Innovation aus unterschiedlichen, auch konträren Perspektiven betrachtet wird, möglicherweise unterbleibt. Optimal für den Adoptionsfortgang wäre dementsprechend eine große Heterogenität hinsichtlich der Wahrnehmung der Innovation und starke Homogenität bezüglich aller weiteren Merkmale (Rogers 1983, S. 274ff.). In diesem Fall würde die heterogene Wahrnehmung eine intensive Diskussion und Kommunikation der Innovation anregen, während die große Ähnlichkeit im Hinblick auf die weiteren Merkmale die generelle Neigung zur Kommunikation zwischen den Individuen befördern würde.

1.1.3 Diffusion – Aggregierte Betrachtung der individuellen Adoptionsprozesse

Während der Begriff Adoption den individuellen Entscheidungsprozess kennzeichnet (Mikroebene), beschreibt der Diffusionsbegriff die zeitliche Ausbreitung einer Innovation in einem sozialen System (Makroebene). Die Adoptionsentscheidungen werden nicht auf individueller Ebene, sondern im Aggregat betrachtet. Untersuchungsgegenstand der Diffusionsforschung ist dementsprechend die Entwicklung der Adopterzahl bzw. des Adopteranteils im Zeitablauf, d.h. Fragen nach der Übernahmegeschwindigkeit oder der Zeitdauer bis zum Erreichen eines bestimmten Verbreitungsgrades stehen im Mittelpunkt des Interesses (Borchert et al. 2003, S. 25).

Die Multiplikation der in Abbildung II-3 dargestellten Dichtefunktion der Adoptionszeiten mit dem Marktsättigungsniveau, d.h. mit der letztendlich erreichten kumulierten Gesamtzahl der Adopter, ergibt approximativ die ebenfalls glockenförmige, nicht-kumulierte Diffusionskurve (Diffusionsrate). Wird die Diffusionsrate integriert, so resultiert die S-förmige Diffusionskurve der kumulierten Adopterzahl (Diffusionsgrad). Neben der absoluten Anzahl der Adopter können Diffusionsrate und -grad auch deren Anteil an der Grundpopulation ausdrücken (relative Diffusionsrate bzw. relativer Diffusionsgrad, der auch als Penetrationsrate bezeichnet wird). In Abbildung II-4 werden Diffusionsrate und Diffusionsgrad zur Verdeutlichung dieses Sachverhaltes gemeinsam dargestellt.

Von einer Produktlebenszyklus-Darstellung unterscheidet sich die nicht-kumulative Diffusionskurve grundlegend dahingehend, dass nur Erstkäufe, aber keine Wiederholungs- oder Ersatzkäufe abgebildet werden, da Adoption im Gegensatz zum Produktlebenszyklus-Konzept nur auf den erstmaligen Kauf abstellt (Meffert 2000, S. 418).

Anhand von Abbildung II-4 kann der Ablauf der Diffusion gut illustriert werden. Kurz nach Einführung am Markt wird ein innovatives Neuprodukt vielfach nur von einer kleinen, hauptsächlich durch Massenmedien aktivierten, Konsumentengruppe (Innovatoren) adoptiert. Bei positiven Erfahrungen dieser Erstkäufer mit dem Produkt wird der Diffusionsprozess durch zusätzliche positive Mund-zu-Mund-Kommunikation beschleunigt. Die Mund-zu-Mund-Kommunikation wird mit steigender kumulierter Adopterzahl zunehmend stärker und es baut sich ein gewisser sozialer Druck zur Adoption auf (Rogers 1983, S. 234ff.).

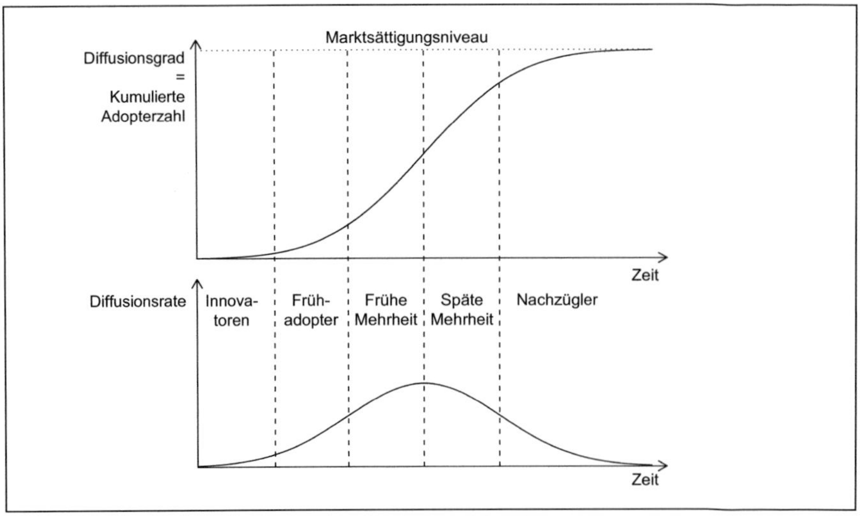

Abbildung II-4: Diffusionsrate und Diffusionsgrad
Quelle: In Anlehnung and Meade und Islam (2006)

Besonders stark tritt der soziale Druck zur Adoption bei neuen Informations- und Kommunikationstechnologien in Form von sich mit zunehmendem Verbreitungsgrad verstärkenden positiven Netzeffekten auf (z.B. Albers und Litfin 2001). Zu Beginn der Markteinführung haben derartige Technologien, wie beispielsweise E-Mail, üblicherweise nur einen kleinen Nutzerkreis und bieten dementsprechend auch nur einen limitierten Nutzen, da nur wenige Personen per E-Mail erreicht werden können. Je mehr Nutzer hinzugewonnen werden, desto größer wird der Nutzen der Technologie für den einzelnen, weil das Netz der Nutzer zunehmend enger wird. Für Nicht-Adopter wird der Druck zur Adoption gleichzeitig immer stärker, da sie ansonsten von wesentlichen Informationen abgeschnitten werden. Bei Innovationen mit positiven Netzeffekten ist vielfach eine linksschiefe nicht-kumulierte Diffusionskurve zu beobachten. Nach schleppendem Anlauf tritt, sobald eine gewisse kritische Masse erreicht ist, eine selbsttragende Verbreitung (so genannter „Take-off") der Innovation ein (Rogers 1983, S. 243f., Borchert et al. 2003, S. 27f.).

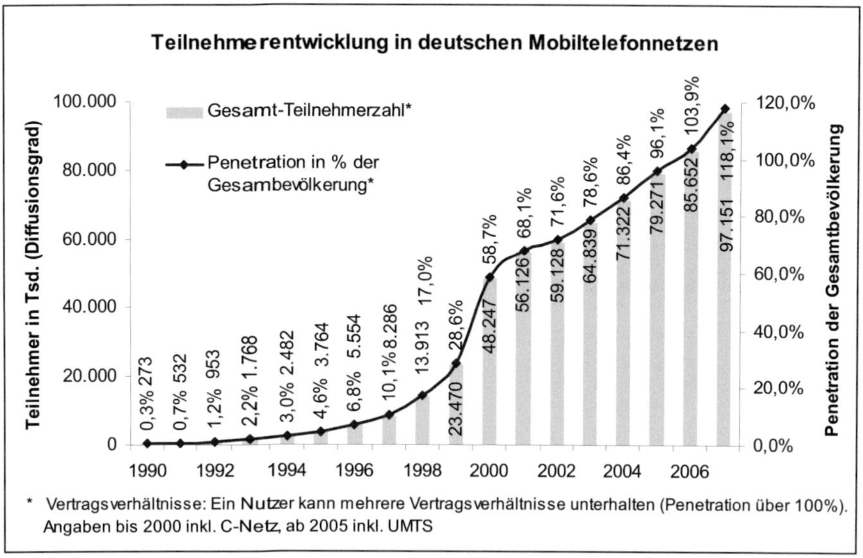

Abbildung II-5: Teilnehmerentwicklung in deutschen Mobiltelefonnetzen
Quelle: Bundesnetzagentur 2008

Abbildung II-5 zeigt als Beispiel für einen derartigen Diffusionsverlauf die Entwicklung der Mobilfunk-Teilnehmerzahlen in Deutschland. Daran wird deutlich, dass empirisch beobachtete Diffusionskurven erheblich von der von Rogers (1983, S. 243ff.) postulierten idealtypischen Normalverteilung abweichen können. Neben teilweise deutlichen Unterschieden bezüglich des Diffusionsverlaufes hin zu links- oder rechtsschiefen Verläufen unterscheiden sich die Kurven auch bezüglich ihrer Diffusionsgeschwindigkeit (Steigung der kumulierten Diffusionskurve) erheblich. Insbesondere ist vielfach zu beobachten, dass Nachfolgetechnologien eine schnellere Verbreitung finden als Vorgängertechnologien. Beispiele dafür sind die Ablösung des Schwarz-Weiß-Fernsehens durch das Farbfernsehen oder die Ablösung der Schmalfilmkamera durch die Videokamera. Generell haben sich die Zeiten, welche Innovationen zu ihrer Verbreitung benötigen, in den letzten Jahrzehnten erheblich verkürzt. Während das

Telefon noch 40 Jahre benötigte, um 10 Millionen Nutzer zu erreichen, war diese Zahl beim Internet bereits nach zwei Jahren erreicht (Borchert et al. 2003, S. 27).

Einen wichtigen Beitrag zur Erklärung der unterschiedlichen Diffusionsverläufe liefern Robertson (1967, 1971) sowie Gatignon und Robertson (1985). Sie unterscheiden inkrementelle, dynamisch inkrementelle sowie radikale Innovationen und identifizieren für diese Innovationstypen einen positiven Zusammenhang zwischen Neuigkeitsgrad einer Innovation und dem Ausmaß der stattfindenden interpersonellen Kommunikation bzw. dem Ausmaß in dem Verhaltensänderungen erfolgen. Zusätzlich stellen sie einen negativen Zusammenhang zwischen dem Ausmaß der interpersonellen Kommunikation und der Diffusionsgeschwindigkeit fest. Für die 3 Innovationstypen ergeben sich folgende Erkenntnisse:

- *Inkrementelle Innovationen* (z.B. einneues Waschmittel): Es findet keine besonders intensive Kommunikation zwischen den Wirtschaftssubjekten statt; eine Verhaltensänderung ist nicht erforderlich. Die Diffusionsgeschwindigkeit ist bereits zu Beginn hoch und der Diffusionsgrad folgt am ehesten einer modifizierten Exponentialfunktion mit Sättigungsniveau (vgl. Abschnitt II-2.3).
- *Dynamisch inkrementelle Innovationen* (z.B. schnurloses Telefon): Interpersonelle Kommunikation der Individuen und Verhaltensänderungen im Zuge der Adoption sind deutlich erkennbar.
- *Radikale Innovationen* (z.B. Neueinführung des Fernsehens): Interpersonelle Kommunikation vor der Adoptionsentscheidung und Verhaltensänderungen haben eine erhebliche Bedeutung; dementsprechend ist die Diffusionsrate anfangs gering.

Wegen der erforderlichen Verhaltensänderungen und der vorangehenden Kommunikationsprozesse ist bei dynamisch inkrementellen und radikalen Innovationen am ehesten ein glockenförmiger Verlauf der Diffusionsrate bzw. ein S-förmiger Verlauf des Diffusionsgrades zu erwarten. Das bereits in Abschnitt II-1.1.1 skizzierte Grundproblem der Zuordnung einer Innovation auf die Innovationstypen bleibt allerdings weiter bestehen.

1.2 Einführung zu Diffusions- und Wachstumskurvenmodellen

Diffusionsmodelle dienen zur quantitativen Modellierung des Diffusionsverlaufs von Neuprodukten. Es erfolgt eine formalisierte Betrachtung der Verbreitung eines Neuproduktes im Zeitablauf innerhalb der Gruppe der potenziellen Adopter. Da Modellbildung stets die Reduktion der komplexen Realität auf die wichtigsten Elemente und Einflussgrößen bedeutet, gehen die in Abschnitt II-1.1.2 dargestellten Faktoren für Adoption und Diffusion nur in beschränktem Umfang in die Modelle ein.

Es werden 3 Arten von Diffusionsmodellen unterschieden (Parker 1994):

1. Erstkauf-Diffusionsmodelle (auf aggregierter Ebene).
2. Wiederholungskaufmodelle, die den gesamten Konsumprozess mit Erst-, Ersatz- und Mehrfachkäufen berücksichtigen.
3. Modelle zur Modellierung der Adoptionsentscheidung auf individueller Ebene.

Im Folgenden werden die 3 Modellarten einführend dargestellt, wobei der Schwerpunkt, wie auch in der gesamten Arbeit, auf den Erstkauf-Diffusionsmodellen liegt. Die 2. Modellkategorie stellt genau genommen keine Diffusionsmodelle dar, da diese Modelle den Konsumprozess und nicht den Diffusionsprozess zum Gegenstand haben. Abbildung II-6 illustriert die vorgenommene Einteilung der Modelle.

Im Gegensatz zu Diffusionsmodellen, die explizit auf die Modellierung des Adoptionsverhaltens innerhalb eines sozialen Systems gerichtet sind, bezeichnet der Begriff Wachstumskurvenmodell zunächst allgemein mathematische Funktionen (i.d.R. S-förmig) zur Beschreibung von Wachstumsprozessen. Im Kontext der Diffusionsforschung dienen Wachstumskurven als mathematische Repräsentationen von verhaltenswissenschaftlich fundierten Diffusionsmodellen (Meade und Islam 2001). Während einige Modelle wie beispielsweise das Bass-Modell (vgl. Abschnitt II-2.2) verhaltenswissenschaftliche Aspekte explizit in der Funktionsform berücksichtigen, werden andere Wachstumskurven bzw. auch Verteilungsfunktionen ohne verhaltenswissenschaftliche Grundlage verwendet.

Um den skizzierten Widerspruch zu vermeiden, wird im Rahmen dieser Arbeit jede Wachstumskurve bzw. allgemein jede Funktion, die zur Beschreibung von Diffusionsverläufen verwendet werden kann, als Diffusionsmodell bezeichnet und dies unabhängig davon, ob verhaltenswissenschaftliche Aspekte explizit in der Funktionsform berücksichtigt werden.

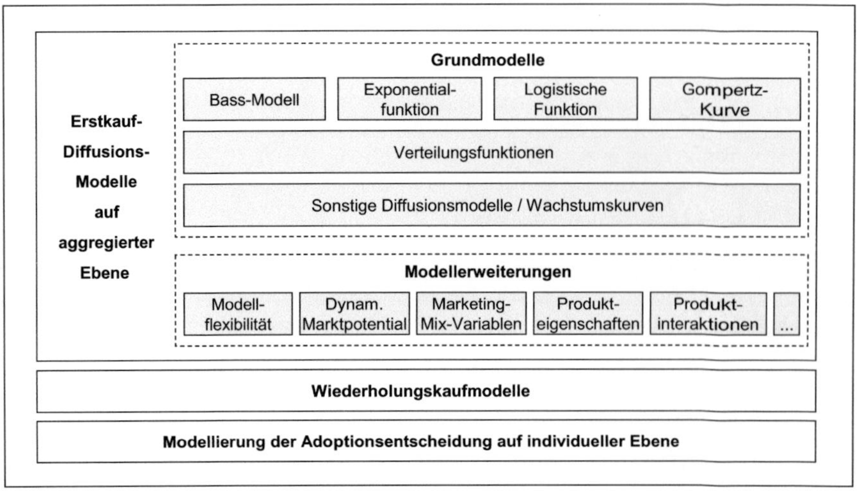

Abbildung II-6: Modellsystematik von Diffusionsmodellen

1.2.1 Erstkauf-Diffusionsmodelle

Erstkauf-Diffusionsmodelle betrachten Erstkäufe (Adoptionen) eines innovativen Neuproduktes auf aggregierter Ebene. Zum einen heißt dies, dass nicht die individuelle Adoptionsentscheidung modelliert wird, sondern die aggregierten Auswirkungen der individuellen Entscheidungen. Zum anderen behandeln die Modelle den Diffusionsprozess, also die zeitliche Entwicklung von Diffusionsrate (Anzahl der Adopter pro Periode) bzw. Diffusionsgrad (kumulierte Zahl der Adopter) und nicht den Konsumprozess. Daraus folgt unmittelbar, dass mit Erstkauf-Diffusionsmodellen nicht Absatzzahlen, sondern Adoptionszahlen analysiert werden, d.h. Erstkäufe einer Einheit des betrachteten Neuproduktes durch ein Wirtschaftssubjekt (Meade und Islam 2001, Mahajan et al. 1993). Die Modellierung des Übergangs vom Nicht-Adopter zum Adopter wird dabei gewöhnlich als dauerhaft und unumkehrbar modelliert (Meade und Islam 2001).

Per Definition wird im Rahmen der Modelle eine ganze Neuproduktkategorie unabhängig vom Anbieter betrachtet (Mahajan et al. 1993). Die zugrundeliegende Diffusionstheorie stellt tendenziell auf radikale Innovationen ab (deren Abgrenzung wie bereits beschrieben nicht unproblematisch ist), die eine Produktkategorie neu bilden oder bestehende Produktkategorien zumindest teilweise substituieren. Innerhalb der Produktkategorien variieren die unterschiedlichen Angebote der Hersteller nur geringfügig und werden i.d.R. vom Konsumenten nicht in der Weise als Innovation wahrgenommen, dass ein eigenständiger Diffusionsprozess ausgelöst wird. Beispielsweise hat sich die in den letzten Jahren zu beobachtende Diffusion von Digitalkameras auf die Produktkategorie, nicht aber auf Angebote bestimmter Hersteller oder Modelle bezogen, da die einzelnen Hersteller die Radikalinnovation „Digitale Photographie" nur durch inkrementelle Innovationen weiter verbessert haben.

Diffusionsrate und Diffusionsgrad werden, wenn möglich, in Prozent der potenziellen Adopter (im Konsumgüterbereich typischerweise Haushalte), die mindestens eine Einheit des Neuproduktes besitzen, modelliert. So wird sichergestellt, dass tatsächlich nur Erstkäufe betrachtet werden. Die theoretische Sättigungsgrenze des Diffusionsgrades beträgt in diesem Fall 100%, die tatsächliche Sättigungsgrenze liegt aber im Regelfall darunter, da manche Haushalte ein Produkt nie übernehmen (z.B. Fernseher). Die kumulative Diffusionskurve strebt monoton steigend gegen diese Sättigungsgrenze. Der Vorteil einer Modellierung in Prozent der Haushalte liegt darin, dass Veränderungen der Haushaltszahlen beispielsweise aufgrund von Bevölkerungswachstum implizit berücksichtigt werden (Meade und Islam 2001).

In der Literatur findet sich eine Vielzahl unterschiedlicher Diffusionsmodelle für Erstkäufe zu deren Systematisierung u.a. die folgenden Kriterien verwendet werden können (in Anlehnung an Mahajan et al. 1993, Mertens und Falk 2004):

- *Wendepunkt und Symmetrie*: Der Wendepunkt des Diffusionsgrades kann hinsichtlich Lage und Funktionswert voll flexibel, eingeschränkt flexibel oder fix sein. Bezüglich des Verlaufs der Funktion um diesen Wendepunkt ist zwischen symmetrischen und asymmetrischen Verläufen zu unterscheiden.
- *Endogenes vs. exogenes Modell*: Es ist zu differenzieren, ob neben der Zeit exogene Variablen in die Modelle einfließen oder nicht. Dazu zählen Marketing-Mix-Variablen (z.B. Preis, Werbeaufwand, Distributionswege) sowie Produkt- und Marktcharakteristika.
- *Variables vs. konstantes Marktpotenzial*: Die Modelle können dahingehend abgegrenzt werden, ob ein im Zeitablauf konstantes oder variables Sättigungsniveau unterstellt wird.
- Daneben wird unterschieden, ob die Modelle die Interaktionen zu anderen Produkten, mögliche Angebotsrestriktionen und Veränderungen des geographischen Diffusionsraums berücksichtigen.

Endogene Modelle mit fixem oder nur beschränkt flexiblem Wendepunkt werden zur Gruppe der Grundmodelle zusammengefasst. Innerhalb dieser Grundmodelle werden neben den vier bedeutendsten Modellen (Bass-Modell, Exponentialfunktion, logistische Funktion und Gompertz-Kurve) Verteilungsfunktionen zur Beschreibung des Diffusionsverlaufs und sonstige Diffusionsmodelle / Wachstumskurven unterschieden (vgl. Abbildung II-6 sowie Abschnitt II-2). Erweiterungen dieser Grundmodelle hinsichtlich der Modellflexibilität, der Dynamisierung des Marktpotenzials, der Einbeziehung von Marketing-Mix-Variablen und Produkteigenschaften sowie der Interaktion verschiedener Produkte werden in Abschnitt II-3 thematisiert. Daneben werden in der Literatur zahlreiche andere Modellerweiterungen behandelt; im Rahmen dieses Modellüberblicks soll sich jedoch auf die oben genannten wichtigsten Erweiterungen beschränkt werden.

Die verschiedenen Verfahren zur Schätzung der Modelle werden in Teil III der Arbeit thematisiert. Ebenfalls in diesem Zusammenhang werden die unterschiedlichen Annahmen und empirischen Ergebnisse hinsichtlich der Fehlerstruktur der Modelle behandelt, insbesondere die Annahme unabhängig, identisch verteilter Fehler (i.i.d.) im Vergleich zu alternativen Strukturen des Fehlerterms wie beispielsweise autoregressiven Fehlern (vgl. Abschnitt III-7.2). Die Modelle in den folgenden Abschnitten II-2 und II-3 werden daher zunächst ohne Fehlerterm aufgeführt.

1.2.2 Wiederholungskaufmodelle

Einer direkten Anwendung von Erstkauf-Diffusionsmodellen auf den Konsumprozess, der auch Ersatz- und Mehrfachkäufe beinhaltet, fehlt die theoretische Fundierung, da Diffusionsmodelle per Definition nur Erstkäufe betrachten. Ein weiteres wesentliches Problem ist, dass Konsumprozesse per se keine theoretische Sättigungsgrenze haben, Diffusionsmodelle hingegen schon (Meade und Islam 2001). Dennoch werden Diffusionsmodelle bzw. Wachstumskurven teilweise direkt auf Absatzzahlen angewendet, wenn die Verlaufsform der Daten dies sinnvoll erscheinen lässt. Theoretisch besser fundiert sind Modelle, die Ersatz- und Mehrfachkäufe explizit modellieren bzw. die Absatzdaten um Ersatz- und Mehrfachkäufe bereinigen. Diese Wiederholungskaufmodelle basieren auf den Erstkauf-Diffusionsmodellen und werden in Abschnitt II-3.6 näher betrachtet.

1.2.3 Modelle zur Modellierung der Adoptionsentscheidung auf individueller Ebene

Im Gegensatz zu Diffusionsmodellen für aggregierte Erstkäufe einer Produktkategorie versuchen Mikroebenen-Diffusionsmodelle, den individuellen Adoptionszeitpunkt zu modellieren. Die Aggregation dieser individuell modellierten Entscheidungen ergibt die aggregierte Diffusionskurve. Entscheidend für den individuellen Adoptionszeitpunkt sind die bereits in Abschnitt II-1.1.2 dargestellten adopter- und innovationsspezifischen Eigenschaften sowie der Informationsfluss und die Struktur innerhalb des sozialen Systems (insbesondere Homogenität vs. Heterogenität). Diffusionsmodelle auf individueller Ebene bestehen grundsätzlich aus drei Elementen (Roberts und Lattin 2000): Einer Nutzenfunktion zur Bestimmung des individuellen Nutzens einer potenziellen Adoptionsentscheidung, einem Verfahren zur Aktualisierung dieser Nutzenfunktion im Zeitablauf und einer nutzen-abhängigen Auswahlwahrscheinlichkeit. Den Unterschied zu gewöhnlichen Dicrete-Choice-Modellen bildet die Aktualisierung, die im Regelfall anhand Bayesianischer Update-Verfahren erfolgt. Die Erhebung von Informationen zu individuellen Adoptionsentscheidungen (v.a. der entscheidungsrelevanten Attribute und deren Gewichtung in der Nutzenfunktion) ist sehr aufwendig und steht einer breiten empirischen Anwendung einer Modellierung auf der Mikroebene entgegen. Dementsprechend liegen in der Literatur nur wenige empirische Anwendungen vor (z.B. Split-Hazard-Modelle bei Litfin (2000) bzw. Sinha und Chandrashekaran (1992)). Roberts und Lattin (2000) stellen in ihrer Übersichtsarbeit zu dieser Thematik Makro- und Mikroebenen-Diffusionsmodelle vergleichend dar und verweisen auf die Existenz hybrider Modellformen. So kann in Makro-Modellen die Heterogenität der Adopter durch die Betrachtung einer diskreten Zahl von heterogenen Adoptergruppen, welche die Phasen des Adoptionsprozesses (states) unterschiedlich schnell durchlaufen, berücksichtigt werden („Multistate-Flow Models"), während bei Mikromodellen die Zahl der berücksichtigten adopterspezifischen Kriterien stark limitiert werden kann („Restricted-Parameter Individual-Diffusion Models"). Einheitliche theoretische Grundlage für Makro- und Mikroebenen-Diffusionsmodelle bilden Hazard-Raten. Modelle zur Modellierung der Adoptionsentscheidung auf individueller Ebene stehen nicht im Fokus dieser Arbeit und sollen daher im Weiteren nicht näher betrachtet werden. Reviews zu Mikroebenen-Diffusionsmodellen finden sich neben Roberts und Lattin (2000) bei Parker (1994), Mahajan et al. (1993) sowie Sinha und Chandrashekaran

(1992). Der Begriff Diffusionsmodell kennzeichnet im Folgenden durchgängig Makroebenen-Diffusionsmodelle.

1.2.4 Anwendungsgebiete von Diffusionsmodellen

Es werden drei grundsätzliche Anwendungsgebiete von Diffusionsmodellen unterschieden (z.B. Mahajan et al. 1993, Parker 1994):

- *Prognosen des Diffusionsverlaufs*: Typische Fragestellungen bei der Prognose des Diffusionsverlaufs von Neuprodukten sind Ausprägung und Zeitpunkt des Maximums der Diffusionsrate (entspricht dem Wendepunkt der kumulativen Diffusionskurve) sowie die Höhe des Sättigungsniveaus. Hinsichtlich der Anwendungssituation ist zwischen Prognosen 1) vor Markteinführung, 2) Prognosen anhand erster Beobachtungen und 3) Prognosen nach der Markteinführungsphase zu unterscheiden. Besonders schwierig bei der Prognose mit Diffusionsmodellen ist die Modellauswahl, d.h. aus der Vielzahl unterschiedlicher Modelle muss ein geeignetes Modell ausgewählt werden. Dies ist ex post vergleichsweise einfach, ex ante bei wenigen verfügbaren Beobachtungen jedoch sehr schwierig. Da die Prognose mit Diffusionsmodellen im Fokus dieser Arbeit steht, werden solche Fragestellungen in Teil III ausführlich behandelt.

- *Deskriptive Anwendung*: Die ex-post Beschreibung und Erklärung des Diffusionsverlaufs sowie die Überprüfung von Hypothesen z.B. hinsichtlich des Einflusses von Produktattributen bilden ein weiteres bedeutendes Anwendungsfeld.

- *Normative Anwendung*: Im Fokus der normativen Anwendung von Diffusionsmodellen steht die Ableitung von Marketingstrategien für die Neuprodukteinführung basierend auf empirischen Erfahrungen aus der Vergangenheit. Typische Fragestellungen sind die Gestaltung von Preis und Werbung im Zeitablauf und unter Berücksichtigung des Wettbewerbsumfeldes sowie die Planung des optimalen Zeitpunktes für Nachfolgeprodukte etc.

Da die deskriptive und normative Anwendung von Diffusionsmodellen nicht den Schwerpunkt dieser Arbeit bildet, werden diese Anwendungsfelder im Folgenden nicht weiter behandelt. Einen umfassenden Überblick zu diesen Themengebieten geben z.B. Mahajan et al. (1993) und Lilien et al. (1992).

In der Literatur findet sich eine große Zahl von Beispielen für innovative Neuprodukte, deren Verbreitung mit Diffusionsmodellen untersucht wurde. Dazu zählen insbesondere Autos, chemische Produkte, Computer, Düngemittel, Fernsehtechnologien, Haushaltsgeräte, landwirtschaftliche Maschinen, Medikamente und Medizintechnik, Telekommunikationsgüter und Unterhaltungselektronik allgemein. Übersichten finden sich z.B. bei Lilien et al. (2000), van den Bulte (2000), Meade und Islam (1998). So vielfältig die betrachteten Produkte sind, ist doch zu erkennen, dass der Schwerpunkt der Analysen auf langlebigen Konsum- und Investitionsgütern liegt. Bedingt wird dies zum einen dadurch, dass bei diesen Gütern der Konsumprozess über einen gewissen Zeitraum approximativ als Adoptionsprozess betrachtet werden kann. Zum anderen sind Informationen zum Verbreitungsgrad dieser Produkte zum Teil in der amtlichen Statistik verfügbar. Anwendungsfelder und -situationen für Prognosen mit Diffusionsmodellen werden in Teil III dieser Arbeit eingehend thematisiert.

2 *Grundmodelle*

Die Gruppe der Grundmodelle bilden endogene Diffusionsmodelle mit fester Sättigungsgrenze, deren einzige unabhängige Variable die Zeit t ist (vgl. Abschnitt II-1.2.1). Die diesen Modellen zugrunde liegenden Annahmen lassen sich wie folgt zusammenfassen (in Anlehnung an Mahajan et al. 1993):[4]

- Der Diffusionsprozess läuft als binärer Prozess (ohne Berücksichtigung der einzelnen Stufen des Adoptionsprozesses) innerhalb einer homogenen Population ab.
- Jeder Adopter nimmt genau eine Adoption vor (Mehrfach- und Ersatzkäufe werden nicht berücksichtigt).
- Das Marktpotenzial (Gesamtzahl der Adopter) bleibt im Zeitablauf konstant, ebenso wie die anderen Modellparameter.
- Der Wendepunkt der kumulierten Diffusionskurve ist nicht bzw. nur eingeschränkt flexibel.
- Der Diffusionsprozess ist vollständig unabhängig von anderen Innovationen.
- Tatsächliche bzw. wahrgenommene Eigenschaften einer Innovation bleiben über den gesamten Diffusionszeitraum hinweg gleich.
- Der geographische Diffusionsraum bleibt konstant.
- Es treten keine Angebotsrestriktionen auf (u.a. bleiben die zum Teil in der Einführungsphase auftretenden Kapazitätsengpässe unberücksichtigt).

[4] Die aufgeführten Annahmen stellen den engen theoretischen Rahmen der Grundmodelle dar. In Abschnitt II-3 werden diese strengen Annahmen durch Erweiterungen der Grundmodelle selektiv gelockert.

- Der Einfluss von Marketing-Mix-Variablen ist implizit in den Modellparametern enthalten (Marketing-Mix-Variablen gehen nicht in die Modelle ein).
- Produkt- und Marktcharakteristika werden ebenfalls nur implizit berücksichtigt.

Den Grundmodellen werden die weitverbreitesten und bekanntesten Diffusionsmodelle wie das Modell von Bass (1969), die logistische Funktion (Mansfield 1961) und die modifizierte Exponentialfunktion (Fourt und Woodlock 1960) zugerechnet. Die gemeinsame Basis für diese Modelle bildet das im folgenden Abschnitt II-2.1 dargestellte allgemeine Diffusionsmodell. Ebenfalls zu den Grundmodellen zählt mit der Gompertz-Kurve die bekannteste asymmetrische Wachstumskurve (z.B. Hendry 1972).

Neben diesen in Literatur und Praxis bedeutendsten Diffusionsmodellen werden in Abschnitt II-2.6 Verteilungsfunktionen, die zur Modellierung von Diffusionsverläufen verwendet werden, behandelt. In Abschnitt II-2.7 wird ohne Anspruch auf Vollständigkeit eine Auswahl weiterer Grundmodelle aus der Literatur vorgestellt.

2.1 Das allgemeine Diffusionsmodell

Ausgangspunkt des allgemeinen Diffusionsmodells bilden Hazard-Raten. Hazard-Raten-Modelle dienen originär zur statistischen Untersuchung von Ausfallzeiten (z.B. Kalbfleisch und Prentice 1980, Cox und Oakes 1984, Greene 2003, S. 790ff.). Übertragen auf den Anwendungsfall der Diffusion von Neuprodukten wird die Adoption als das Ausfall-Ereignis betrachtet. Sei die Zeit bis zur Adoption T eine stetige Zufallsvariable mit der Dichtefunktion $f(t)$ und der Verteilungsfunktion $F(t)=P(T\leq t)$. Während $F(t)$ der Wahrscheinlichkeit entspricht, dass die Adoption bis zum Zeitpunkt t erfolgt, kennzeichnet die Überlebensfunktion $S(t)=1-F(t)$ die Wahrscheinlichkeit, dass eine Adoption bis zu Zeitpunkt t nicht stattfindet. Dann drückt die Hazard-Rate

$$h(t)=\lim_{\Delta t\to 0}\frac{P\left[\text{Adoption findet statt in}\left(\text{t,t+}\Delta\text{t}\right)\middle|T>t\right]}{\Delta t}$$

bzw. nach Übergang auf eine stetige Betrachtung

$$h(t)=\frac{f(t)}{S(t)}=\frac{f(t)}{1-F(t)}$$

die bedingte Wahrscheinlichkeit zum Kauf eines Neuproduktes zum Zeitpunkt t unter der Bedingung, dass zuvor noch nicht gekauft wurde, aus (Roberts und Lattin 2000, Bass 1969).

Sei m die Gesamtzahl der letztlich erreichten Adopter (Marktsättigungsniveau), dann gilt für die kumulierte Zahl der Adopter $X(t)$ bis zum Zeitpunkt t

$$X(t)=m\cdot F(t) \quad \Leftrightarrow \quad \frac{X(t)}{m}=F(t)$$

und für $x(t)=\frac{dX(t)}{dt}$

$$x(t)=m\cdot f(t) \quad \Leftrightarrow \quad \frac{x(t)}{m}=f(t).$$

Daraus folgt durch Umformen und Einsetzen mit

$$f(t)=h(t)\cdot(1-F(t))$$

$$\frac{x(t)}{m}=h(t)\cdot\left(1-\frac{X(t)}{m}\right)$$

das allgemeine Diffusionsmodell für die Diffusionsrate

$$x(t)=\frac{dX(t)}{dt}=h(t)\cdot(m-X(t))$$

(Mahajan und Peterson 1985). Die Anzahl der Adoptionen in Periode t entspricht dem nicht ausgeschöpften Marktpotenzial $m-X(t)$ multipliziert mit der Hazard-Rate $h(t)$, welche Verlauf und Geschwindigkeit des Diffusionsprozesses determiniert.

Die in den folgenden Abschnitten dargestellten Modelle (Bass-Modell, logistische Funktion, modifizierte Exponentialfunktion und Gompertz-Kurve) lassen sich auf das allgemeine Diffusionsmodell zurückführen und unterscheiden sich lediglich hinsichtlich der Hazard-Rate (Ausnahme Gompertz-Kurve). Das Sättigungsniveau wird einheitlich mit m bezeichnet; es gilt stets $m > 0$.

2.2 Das Bass-Modell

Das von Bass (1969) vorgestellte und für langlebige Gebrauchsgüter angewandte Modell hat den wesentlichen Impuls zu einer umfangreichen Diffusionsforschung im Marketing gegeben (Mahajan et al. 1993). Das Bass-Modell basiert auf der bei Rogers (1962) beschriebenen Diffusion von Innovationen und neuen Produkten in sozialen Systemen. Bass (1969) nimmt an, dass potenzielle Adopter von zwei Kommunikationsarten beeinflusst werden, den Massenmedien einerseits und der interpersonellen Kommunikation andererseits. Der Einfluss der Massenmedien wird von Bass als externer Einfluss und die interpersonelle Kommunikation als interner Einfluss bezeichnet. Die fünf Adopterkategorien von Rogers fasst Bass zu „Innovatoren" und „Imitatoren" zusammen.

Analog zu Rogers (1983, S. 201) trifft Bass die Annahme, dass Innovatoren lediglich von den Massenmedien (externer Einfluss) in ihrer Adoptionsentscheidung beeinflusst werden und ihre Adoptionsentscheidung unabhängig von anderen Mitgliedern des sozialen Systems treffen. Für Imitatoren unterstellt Bass hingegen, dass die Adoptionsentscheidung ausschließlich auf interpersonelle Kommunikation und sozialen Druck (interner Einfluss) der bisherigen Adopter (Innovatoren + Imitatoren) hin erfolgt. Da die kumulierte Anzahl der Adopter stetig zunimmt, wird der soziale Druck mit zunehmendem Diffusionsverlauf immer stärker. Abbildung II-7 verdeutlicht die Kommunikationsstruktur im Bass-Modell.

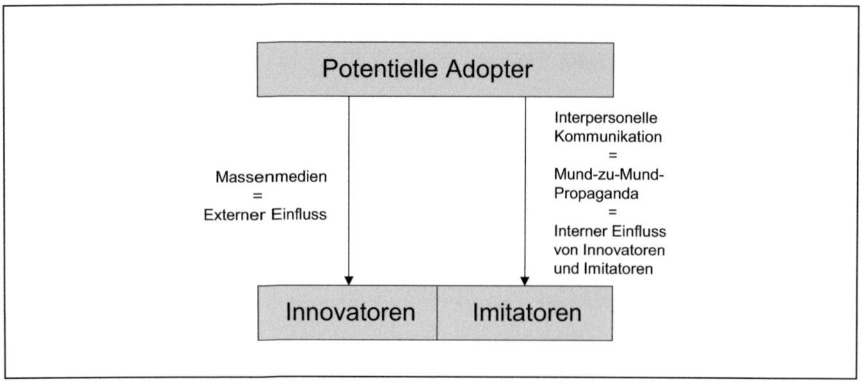

Abbildung II-7: Kommunikationsstruktur im Bass-Modell
Quelle: In Anlehnung an Mahajan et al. (1993)

Tanny and Derzko (1988) wenden ein, dass die Kommunikationsstruktur für Imitatoren im Bass-Modell nicht richtig abgebildet werde. Die Autoren argumentieren, dass Imitatoren im Gegensatz zum Bass-Modell nicht nur internem, sondern auch dem externem Einfluss von Massenmedien unterliegen. Trotz theoretischer Plausibilität soll diese Erweiterung nicht näher betrachtet werden, da sich bei empirischen Analysen das so erweiterte Modell entweder auf das gewöhnliche Bass-Modell reduziert oder keine (plausiblen) Parameterschätzer resultieren (Tanny und Derzko 1988).

Bass unterstellt, dass die Hazard-Rate eine linear steigende Funktion in Abhängigkeit vom Anteil der bereits erfolgten Adoptionen $X(t)$ in Relation zum Sättigungsniveau m ist. Mit zunehmendem Verbreitungsgrad einer Innovation nimmt die Hazard-Rate

$$\begin{aligned} h(t) &= p + q \cdot F(t) \\ &= p + q \cdot \frac{X(t)}{m} \end{aligned}$$

mit $p > 0$ (Innovationskoeffizient oder Koeffizient des externen Einflusses) und $q > 0$ (Imitationskoeffizient oder Koeffizient des internen Einflusses) linear zu.

Durch Einsetzen der Hazard-Rate in das allgemeine Diffusionsmodell resultiert die Differentialgleichung des Bass-Modells

$$x(t)=\frac{dX(t)}{dt}=\left(p+q\cdot\frac{X(t)}{m}\right)\cdot(m-X(t))$$

$$=\underbrace{p\cdot(m-X(t))}_{\text{Innovation}}+\underbrace{\frac{q}{m}X(t)(m-X(t))}_{\text{Imitation}}$$

mit $x(t)$ - Erstkäufe zum Zeitpunkt t (Diffusionsrate)
$X(t)$ - Kumulierte Erstkäufe bis zum Zeitpunkt t (Diffusionsgrad)
m - Letztliche Gesamtzahl der Adopter (Sättigungsniveau).

Der Term $p(m-X(t))$ bezieht sich auf den Teil der Adoptionen, die von Innovatoren getätigt werden, welche ihre Adoptionsentscheidungen unabhängig von der Anzahl der bereits erfolgten Adoptionen treffen. Die Zahl der Individuen, die das Neuprodukt noch nicht adoptiert haben $m-X(t)$ wird mit dem konstanten Innovationskoeffizienten (Koeffizient des externen Einflusses) p multipliziert. Der Term $q\frac{X(t)}{m}(m-X(t))$ beschreibt hingegen die Zahl der von Imitatoren getätigten Adoptionen. Das verbleibende Marktpotenzial $m-X(t)$ wird mit dem Faktor $q\frac{X(t)}{m}$ multipliziert, der mit steigendem Diffusionsgrad $X(t)$ zunimmt. So wird der mit dem Verbreitungsgrad zunehmende sozialen Druck zur Adoption berücksichtigt. Der Imitationskoeffizient q wird dabei durch den Diffusionsgrad skaliert. Das Modell unterstellt, dass zu Beginn des Diffusionsprozesses $(t=0)$ eine gewisse Anzahl von Innovatoren das Neuprodukt erstmalig kauft, da gilt $x(t=0)=pm$.

Die Herleitung der analytischen Lösung für die Differentialgleichung des Bass-Modells wird im Anhang A.1 dargestellt. Für die in den folgenden Abschnitten erörterten Modelle wird auf die explizite Herleitung der Lösung verzichtet, da das Vorgehen ähnlich ist.

Die analytische Lösung der Differentialgleichung entspricht der in Tabelle II-1 wiedergegebenen Wachstumskurve für den Diffusionsgrad $X(t)$; durch Differenzieren erhält man die Funktion für die Diffusionsrate $x(t)$. Mit einer weiteren Differenzierung lassen sich die Ausprägungen von Diffusionsgrad und -rate zum Zeitpunkt des Maximums der nicht-kumulativen Diffusionskurve ermitteln. Das Maximum der Diffusionsrate fällt per Definition zeitlich mit dem Wendepunkt des Diffusionsgrades zusammen. Zusätzlich haben Mahajan et al. (1990) eine Formel für die Zahl der Adopter (kumuliert und nicht kumuliert) getrennt nach Innovatoren und Imitatoren aufgestellt.

Beschreibung	**Funktion**
Kumulierte Anzahl der Adopter zum Zeitpunkt t (Diffusionsgrad): Einfaches Bass-Modell	$X(t)=m\left[\frac{1-\exp(-(p+q)t)}{1+\frac{q}{p}\exp(-(p+q)t)}\right]$
Diffusionsrate zum Zeitpunkt t	$x(t)=m\left[\frac{p(p+q)^2\exp(-(p+q)t)}{(p+q\exp(-(p+q)t))^2}\right]$
Zeitpunkt des Maximums der Diffusionsrate bzw. Wendepunkt des Diffusionsgrades	$t^*=-\frac{1}{p+q}\ln\left(\frac{p}{q}\right)$
Maximum der Diffusionsrate	$x(t^*)=\frac{1}{4q}(p+q)^2$
Kumulierte Anzahl der Adopter am Wendepunkt	$X(t^*)=m\left[\frac{1}{2}-\frac{p}{2q}\right] \quad \Rightarrow \quad X(t^*)\leq\frac{1}{2}m$
Kumulierte Anzahl der Innovatoren zum Zeitpunkt t	$X_1(t)=m\frac{p}{q}\ln\left[\frac{1+\frac{q}{p}}{1+\frac{q}{p}\exp(-(p+q)t)}\right]$
Kumulierte Anzahl der Imitatoren zum Zeitpunkt t	$X_2(t)=X(t)-X_1(t)$

Tabelle II-1: Übersicht Bass-Modell
Quelle: Mahajan et al. (1993)

Die kumulative Diffusionskurve in Abbildung II-8 zeigt den S-förmigen Verlauf des Bass-Modells. Die glockenförmige, nicht-kumulative Kurve der Diffusionsrate beginnt auf dem Niveau pm der initialen Adopter und strebt nach Durchlaufen des Maximum zum Zeitpunkt t^* gegen Null. Anhand der nicht-kumulativen Diffusionskurve ist deutlich zu erkennen, dass das Bass-Modell auf dem Intervall $\left[0\,;2t^*\right]$ symmetrisch um Maximum bzw. Wendepunkt verläuft. Der Wendepunkt ist beschränkt flexibel und für den Funktionswert der kumulativen Diffusionsfunktion am Wendepunkt gilt $X\left(t^*\right) \leq \frac{1}{2}m$.

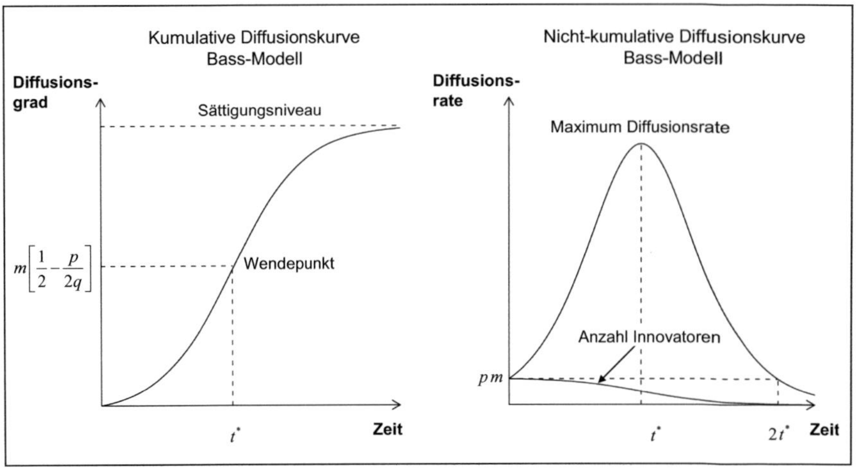

Abbildung II-8: Bass-Modell: Kumulative und nicht-kumulative Diffusionskurve
Quelle: in Anlehnung an Mahajan et al. (1993)

Anhand von Abbildung II-8 wird deutlich, dass die Innovatoren des Bass-Modells im Gegensatz zu Rogers (1983, S. 241ff.) nicht ausschließlich die ersten Adopter einer Innovation sind. Innovatoren treten im Bass-Modell über den gesamten Lebenszyklus hinweg auf. Genau genommen ist daher die Bezeichnung Innovatoren und Imitatoren im Bass-Modell irreführend, sie soll aber als weithin anerkannte Konvention beibehalten werden. Hinsichtlich der Bezeichnung der Modellparameter wird der Empfehlung von Lekvall und Wahlbin (1973) dahingehend gefolgt, dass im Weiteren nur noch die Bezeichnungen „Koeffizient des internen Einflusses“ anstelle von Imitationskoeffizient bzw. „Koeffizient des externen Einflusses“ verwendet werden.

Weitere Repräsentationsformen des Bass-Modells sind in Tabelle II-2 aufgeführt. Darunter eine bereits von Bass (1969) vorgeschlagene autoregressive Modellversion, die den Vorteil hat, dass sie im Gegensatz zu den anderen Repräsentationen mit linearer Regression schätzbar ist. Dazu wird das Modell gemäß $\frac{dX(t)}{dt} \approx X_t - X_{t-1}$ und $X(t) \approx X_{t-1}$ diskretisiert. Die ebenfalls aufgeführte Extended Logistic schließt die modifizierte Exponentialfunktion $(c_2 = 0)$ und die logistische Funktion $(c_1 = 0)$ unmittelbar als Spezialfälle ein (vgl. Abschnitte II-2.3 und II-2.4.). Nachteil dabei ist jedoch, dass 4 anstelle von 3 Parametern erforderlich sind. Beide Modellversionen erfüllen die Differentialgleichung des Bass-Modells nicht mehr.

Bezeichnung	**Funktion**	**Parameter**	**Kommentar**
Autoregressives Bass-Modell	$X_t - X_{t-1} = pm + (q-p)X_{t-1} - \frac{q}{m}X_{t-1}^2$	$p,q > 0$	Bass (1969). Mit linearer Regression schätzbar.
Extended Logistic	$X(t) = \frac{m - c_1 \exp(-bt)}{1 + c_2 \exp(-bt)}$	$b = p + q$ $c_1, c_2 \geq 0$	Meade (1984). Schließt Spezialfälle unmittelbar ein.

Tabelle II-2: Weitere Repräsentationen des Bass-Modells

2.3 Fourt & Woodlock-Modell – Exponentialfunktion

Das von Fourt und Woodlock (1960) vorgestellte Diffusionsmodell basiert auf einer modifizierten Exponentialfunktion mit Sättigungsniveau. Die modifizierte Exponentialkurve nimmt bei abnehmender Steigung streng monoton bis zum Sättigungsniveau zu und hat dementsprechend keinen Wendepunkt. Übereinstimmend zu den Überlegungen von Gatignon und Robertson (1985) (siehe Abschnitt II-1.1.3) wurde es von

Fourt und Woodlock zur Modellierung der Marktdurchdringung von Lebensmittelprodukten, d.h. für Produkte, die keinen extensiven Entscheidungsprozess oder eine wesentliche Verhaltensänderung erfordern, angewandt. Das Fourt & Woodlock-Modell entspricht einem Bass-Modell ohne internen Einfluss $(q=0)$, d.h. es handelt sich um ein reines Innovationsmodell. Für die Herleitung kann wiederum auf das allgemeine Diffusionsmodell zurückgegriffen werden; die Hazard-Rate $h(t)=c$ wird als konstant angenommen mit $c>0$; dabei entspricht c dem Parameter p des Bass-Modells. Die Auflösung der Differentialgleichung

$$\frac{dX(t)}{dt}=c(m-X(t))$$

ergibt die modifizierte Exponentialfunktion (Modified Exponential)

$$X(t)=m(1-\exp(-ct))$$

mit $c>0$ und $X(0)=0$ bzw. mit einem weiterem Parameter das z.B. von Meade (1984) verwendete 3-parametrische Modell

$$X(t)=m-d\exp(-ct)$$

mit $c,d>0$ und $X(0)=m-d$. Durch Ableiten der Lösung und Einsetzen in die Differentialgleichung lässt sich leicht zeigen, dass beide Repräsentationen die zugrundeliegende Differentialgleichung erfüllen.

2.4 Mansfield-Modell – Logistische Funktion

Im Gegensatz zum Fourt & Woodlock-Modell ist das von Mansfield (1961) auf industrielle Güter (z.B. Stapler, Diesellokomotiven etc.) angewandte Modell ein reines Imitationsmodell ohne externen Einfluss. Dies impliziert die Annahme, dass zu Beginn des Diffusionsverlaufs mindestens ein Adopter/Innovator gegeben sein muss, was bedeutet $X(t=0)>0$. Die Hazard-Rate des Mansfield-Modells lautet $h(t)=\frac{b}{m}\cdot X(t)$, wobei b dem Parameter q des Bass-Modell entspricht. Für die Differentialgleichung ergibt sich

$$\frac{dX(t)}{dt} = \frac{b}{m} X(t)(m - X(t)).$$

Im Originalartikel von Mansfield (1961) wird allerdings eine dem Bass-Modell entsprechende Differentialgleichung verwendet. Erst eine Vereinfachung führte Mansfield zur logistischen Funktion anstelle des Bass-Modells.

Die Lösung der Differentialgleichung resultiert in der logistischen Funktion

$$X(t) = \frac{m}{1 + \exp(c - b \cdot t)}$$

mit $b, c > 0$. Die logistische Funktion hat einen S-förmigen, symmetrischen Verlauf um den an der Stelle $t^* = c/b$ fixen Wendepunkt mit dem Funktionswert $X(t^*) = 0{,}5m$. Weitere in der Literatur verwendete Repräsentationen des Mansfield-Modells werden in Tabelle II-3 aufgelistet.

Bezeichnung	**Funktion**	**Parameter**	**Kommentar**
Einfache logistische Funktion	$X(t) = \frac{m}{1 + c^* \exp(-b \cdot t)}$	$b, c^* > 0$, $c^* = e^c$	Meist verwendete Repräsentation (vgl. z.B. Meade 1984).
Linearisierte logistische Funktion	$\ln\left(\frac{X(t)}{m - X(t)}\right) = \tilde{c} + bt$	$b > 0$, $\tilde{c} < 0$ $\tilde{c} = -c$	Blackman (1974), Fisher-Pry (1971). Beidseitige Logarithmierung
Reziproke logistische Funktion	$\frac{1}{X(t)} = \mu + \delta \exp(-bt)$	$\mu = 1/m > 0$, $\delta = c^*/m > 0$	Beweley und Griffiths (2003)
Autoregressive logistische Funktion	$X_t - X_{t-1} = \frac{b}{m} X_{t-1}(m - X_{t-1})$	$b > 0$	Meade und Islam (1998)

Tabelle II-3: Weitere Modellrepräsentationen der Logistischen Funktion

2.5 Gompertz-Kurve

Wie das Mansfield-Modell ist auch die Gompertz-Kurve in der Anwendung als Diffusionsmodell ein Modell mit rein internem Einfluss. Die Modelle unterscheiden sich jedoch durch den asymmetrischen Verlauf der Diffusionskurve. Grundlegende Anwendungen der Gompertz-Kurve als Diffusionsmodell finden sich bei Hendry (1972) sowie Harrison und Pearce (1972). Die Hazard-Rate für die Gompertz-Kurve ist $h(t)=b\cdot X(t)$, wobei b den Parametern q/m des Bass-Modells entspricht. Der asymmetrische Verlauf wird durch den Logarithmus bedingt; die resultierende Differentialgleichung lautet

$$\frac{dX(t)}{dt}=b\,X(t)(\ln m-\ln X(t)).$$

Nach Lösung der Differentialgleichung ergibt sich die Gompertz-Kurve

$$X(t)=m\cdot\exp(-c\cdot\exp(-b\cdot t))$$

mit $b,c>0$. Der Wendepunkt der Gompertz-Kurve liegt fix an der Stelle $t^*=-\ln(1/c)/b$ bei $X(t^*)=e^{-1}m\approx 0{,}37m$. Eine zu den Grundlagen der Diffusionstheorie inhaltlich konsistente Begründung für die Anwendung des Logarithmus in der Differentialgleichung existiert nicht. Da aber in der Praxis vielfach Diffusionsverläufe zu beobachten sind, deren Wendepunkte bereits vor der Hälfte des Sättigungsniveaus erreicht werden, sprechen insbesondere empirische Gründe für die Verwendung der Gompertz-Kurve (Meade 1984). Weitere Modellformen der Gompertz-Kurve werden in Tabelle II-4 aufgeführt.

Bezeichnung	**Funktion**	**Parameter**	**Kommentar**
Linearisiertes Gompertz-Modell	$-\ln\left(-\ln\left(\frac{X(t)}{m}\right)\right)=\tilde{c}+bt$	$b>0$, $\tilde{c}=-\ln(c)$, $X(t)>0$	Young und Ord (1989), Young (1993)
Log-Gompertz-Modell	$\ln(X(t))=\tilde{m}-c\exp(-bt)$	$b,c>0$, $\tilde{m}=\ln(m)$, $X(t)>0$	Beweley und Griffiths (2003)

Autoregressive Gompertz-Kurve	$X_t - X_{t-1} = bX_{t-1}\left(\ln(m) - \ln(X_{t-1})\right)$	$b > 0$	Meade und Islam (1998)

Tabelle II-4: Weitere Modellrepräsentationen der Gompertz-Kurve

Abbildung II-9 illustriert die unterschiedlichen Verlaufsformen der vier bislang betrachten Grundmodelle: Bass-Modell, Exponentialfunktion, logistische Funktion und Gompertz-Kurve. Alle vier Modelle sind so parametrisiert, dass sie für $t = 3$ durch $X(3) = 0{,}05$ und für $t = 25$ durch $X(25) = 0{,}9$ verlaufen; das Sättigungsniveau ist einheitlich auf $m = 1$ gesetzt. Die durchgängig konkave Form der modifizierten Exponentialfunktion und der asymmetrische Verlauf der Gompertz-Kurve sind deutlich zu erkennen. Das Bass-Modell liegt im hier betrachteten Beispiel zwischen logistischer Funktion und Gompertz-Kurve.

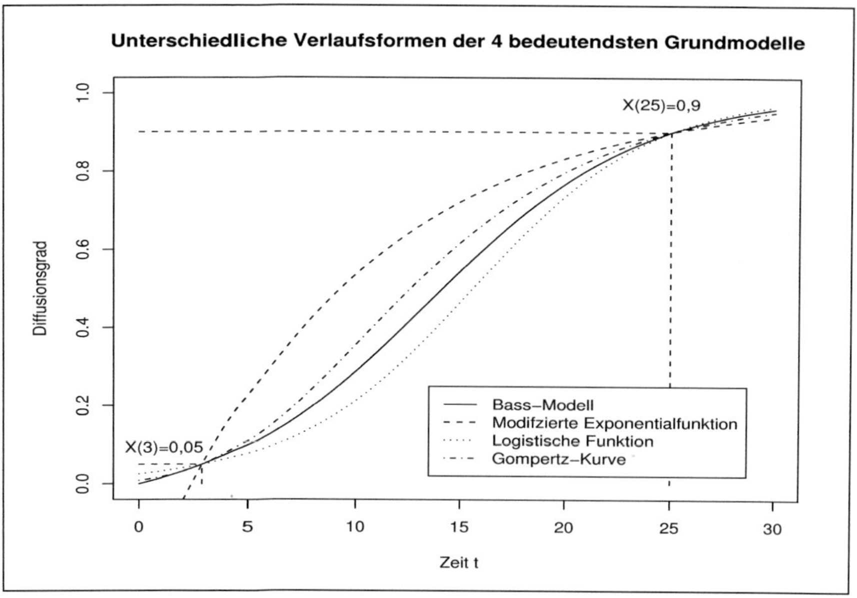

Abbildung II-9: Verlaufsformen der 4 bedeutendsten Grundmodelle im Vergleich

2.6 Verteilungsfunktionen zur Beschreibung des Diffusionsverlaufs

Die von Rogers (1962) postulierte Normalverteilung der Adoptionszeiten und die daraus abgeleitete idealtypische Kategorisierung der Adopter legen die Verwendung der Normalverteilungsfunktion als Modell zur Beschreibung der Diffusion von Neuprodukten nahe. Generell eignen sich Verteilungsfunktionen aufgrund ihres mehrheitlich S-förmigen Verlaufs zur Modellierung von Diffusionsprozessen. Neben der Normalverteilung finden in der Literatur auch die Log-Normalverteilung (Bain 1963) und die Weibull-Verteilung (Sharif und Islam 1980) als Modelle für die Marktdurchdringung von Neuprodukten Verwendung. Im Gegensatz zum bereits dargestellten Bass-Modell und seinen Spezialfällen logistische Funktion und modifizierte Exponentialfunktion mangelt es den Verteilungsfunktionen an einer verhaltenswissenschaftlichen Fundierung. Kommunikationseffekte werden nicht explizit in den Modellen berücksichtigt.

Normalverteilung und Log-Normalverteilung

Obwohl von Rogers (1962) für die Verteilung der Adoptionen unterstellt, ist die Normalverteilung als Modell zur Beschreibung von Diffusionsverläufen nicht weit verbreitet. Eine der wenigen Anwendungen findet sich bei Stapleton (1976), der die Substitution von Vorgänger- durch Nachfolgertechnologien untersucht. Der Grund für die geringe Verbreitung dürfte insbesondere darin liegen, dass für die S-förmige Verteilungsfunktion der Normalverteilung keine analytische Lösung existiert. Damit ist die Verwendung der Normalverteilung als Wachstumskurve komplizierter als beispielsweise die Verwendung der Logistischen Funktion, die eine ähnliche Verlaufsform hat. Für eine Verwendung als Wachstumskurve wird die Normalverteilung zum Modell

$$X(t) = m \int_{\infty}^{t} \frac{1}{\sqrt{2\pi\sigma^2}} \exp\left(-\frac{(y-\mu)^2}{2\sigma^2} \right) dy$$

mit den Parametern $\mu, \sigma > 0$ modifiziert. Aus den Eigenschaften der Normalverteilung folgt unmittelbar, dass die Parameter μ und σ die Lage bzw. Form des Kurvenverlaufs bestimmen. Entsprechend den Eigenschaften der Normalverteilung verläuft das Modell symmetrisch um den bei $t^* = \mu$ liegenden Wendepunkt mit dem Funktionswert $X(t^*) = 1/2m$.

Die bereits von Bain (1963) zur Beschreibung der Marktdurchdringung von Gebrauchsgütern wie beispielsweise Farbfernsehern verwendete Log-Normalverteilung unterliegt bei der Anwendung denselben Einschränkungen wie die Normalverteilung. Angepasst für den Gebrauch als Wachstumskurve lautet das Log-Normalverteilungsmodell

$$X(t) = m\int_0^t \frac{1}{y\sqrt{2\pi\sigma^2}} \exp\left(-\frac{(\ln(y)-\mu)^2}{2\sigma^2}\right) dy$$

mit $\sigma > 0$. Die Dichtefunktion der Log-Normalverteilung verläuft linksschief um den Wendepunkt an der Stelle $t^* = \exp(\mu - \sigma^2)$; es gilt folglich für $\sigma \to 0 \Rightarrow X(t^*) \to 0{,}5m$ und für $\sigma \to \infty \Rightarrow X(t^*) \to 0$.

Weibull-Verteilung

Die Anwendung der Weibull-Verteilung zur Modellierung der Verbreitung von Innovationen und neuen Technologien geht auf Sharif und Islam (1980) zurück, die mit einem Weibull-Modell technologische Substitutionsprozesse untersuchen. Im Unterschied zum Normalverteilungs- und Log-Normalverteilungsmodell hat die Weibull-Verteilung den Vorteil, dass eine explizite Verteilungsfunktion existiert. Die Multiplikation der Verteilungsfunktion mit dem Sättigungsniveau m ergibt das Wachstumsmodell

$$X(t) = m\left(1 - \exp\left(-\left(\frac{t}{\alpha}\right)^{\beta}\right)\right)$$

mit $\alpha > 0$, $\beta > 0$. Dabei ist α der Lageparameter, während β die Form des Kurvenverlaufs determiniert. Für $\beta > 1$ hat die Funktion einen S-förmigen Verlauf. In diesem Fall liegt der Wendepunkt mit dem Funktionswert $X\left(t^*\right) = m - m\exp\left(-\frac{\beta - 1}{\beta}\right)$ an der Stelle $t^* = \exp\left(\ln\left(\frac{\beta - 1}{\beta}\right) \big/ \beta\right)\alpha$. Daraus folgt, dass das Modell hinsichtlich des Wendepunktes beschränkt flexibel ist und es gilt für $\beta = 1 \Rightarrow X\left(t^*\right) = 0$ und für $\beta \to \infty \Rightarrow X\left(t^*\right) = m\left(1 - e^{-1}\right) \approx 0{,}63m$. Für $\beta = 1 \big/ \left(\ln\left(0{,}5\right) + 1\right) \approx 3{,}26$ verläuft das Weibull-Modell symmetrisch um den Wendepunkt. Aufgrund dieser weitgehenden Flexibilität kann mit dem Weibull-Modell eine Vielzahl von unterschiedlichen Diffusionsverläufen modelliert werden. Um eine Parameterschätzung mit linearer Regression zu ermöglichen, greifen Sharif und Islam (1980) auf die linearisierte Modellform

$$\ln\left(\ln\left(\frac{m}{m - X(t)}\right)\right) = \beta\ln(\alpha) + \beta\ln(t)$$

mit $\alpha, \beta > 0$ und $t > 0$ zurück.

2.7 Sonstige Diffusionsmodelle / Wachstumskurven

Neben den weitverbreiteten Grundmodellen und den auf Verteilungsfunktionen basierenden Modellen existiert eine Vielzahl von Wachstumskurvenmodellen zur Beschreibung von Diffusionsverläufen. In diesem Abschnitt wird ein kurzer Überblick über eine Auswahl weiterer in der Literatur behandelter Modelle gegeben. Während ein Teil der in diesem Abschnitt vorgestellten Modelle wie das Floyd-Modell, das Modell von Jeuland, das log-logistische Modell und die lokale logistische Funktion Modifikationen der bekannten Grundmodelle sind, stellen andere Modelle (Sharif-Kabir-, erweitertes Riccati-Modell) Kombinationen von bereits eingeführten Modellen dar. Ebenfalls behandelt werden das Modell von Sharma et al. und das log-reziproke Modell.

Floyd-Modell

Das von Floyd (1968) vorgeschlagene Modell

$$\ln\left(\frac{X(t)}{m-X(t)}\right)+\frac{m}{m-X(t)}=c+bt$$

mit $b>0$ hat für $X(t)$ einen S-förmigen, asymmetrischen Funktionsverlauf mit einem fixen Funktionswert $X(t^*)=1/3m$ am Wendepunkt. Hinsichtlich der rechtsschiefen Verlaufsform von $X(t)$ ähnelt das Modell der Gompertz-Kurve. Das Floyd-Modell hat jedoch im Vergleich zur Gompertz-Kurve den gravierenden Nachteil, dass $X(t)$ nur numerisch aus dem Modell abgeleitet werden kann. Die Differenzierung der Modell-Funktion von Floyd ergibt die Differentialgleichung

$$\frac{dX(t)}{dt}=\frac{b}{m^2}X(t)(m-X(t))^2.$$

An der Differentialgleichung ist zu erkennen, dass es sich beim Floyd-Modell um ein Modell mit rein internem Einfluss handelt. Der Koeffizient des internen Einflusses ist jedoch nicht wie beim Mansfield-Modell konstant, sondern wird durch $\omega(t)=b/m(m-X(t))$ repräsentiert. Anhand der Ableitung von $\omega(t)$ kann gezeigt werden, dass der interne Einfluss im Zeitablauf abnimmt (Mahajan und Peterson 1985).

Das aus der Differentialgleichung durch Diskretisierung hergeleitete diskrete, autoregressive Floyd-Modell lautet

$$X_t-X_{t-1}=\beta X_{t-1}(m-X_{t-1})^2$$

mit $\beta=b/m^2>0$ (Meade und Islam 1998).

Sharif-Kabir-Modell

Das Modell von Sharif und Kabir (1976) stellt eine gewichtete Kombination des Floyd-Modells und der logistischen Funktion in der Repräsentation von Blackman (1974) dar. Das Modell erhält durch die gewichtete Kombination einen beschränkt flexiblen Verlauf mit den beiden Ausgangsmodellen als Grenzfällen. Das Modell lautet dementsprechend

$$(1-\sigma)\ln\left(\frac{X(t)}{m-X(t)}\right)+\sigma\left[\ln\left(\frac{X(t)}{m-X(t)}\right)+\left(\frac{m}{m-X(t)}\right)\right]=c+bt$$

$$\Leftrightarrow \ln\left(\frac{X(t)}{m-X(t)}\right)+\sigma\left(\frac{m}{m-X(t)}\right)=c+bt$$

mit $0\leq\sigma\leq 1$. Für $\sigma=0$ ergibt sich die logistische Funktion und für $\sigma=1$ das Floyd-Modell. Für den Funktionswert am Wendepunkt gilt gemäß den Ausgangsmodellen $1/3m\leq X\left(t^*\right)\leq 0{,}5m$ in Abhängigkeit von σ. Das Modell kann sowohl symmetrisch als auch nicht-symmetrisch um den Wendepunkt verlaufen. Da eine direkte Schätzung des Parameters σ schwierig ist, haben Sharif und Kabir ein heuristisches Verfahren zur Ex-ante-Bestimmung von σ entwickelt (Details dazu bei Sharif und Kabir 1976). Neben dieser Problematik lässt sich wie beim Floyd-Modell $X(t)$ nicht analytisch ermitteln. Daher ist es auch in diesem Fall sinnvoll, über die Ableitung

$$\frac{dX(t)}{dt}=\frac{bX(t)\left(m-X(t)\right)^2}{m\left[m-X(t)(1-\sigma)\right]}$$

ein diskretes autoregressives Modell

$$X_t-X_{t-1}=\frac{\beta X_{t-1}\left(m-X_{t-1}\right)^2}{m-(\sigma-1)X_{t-1}}$$

mit $\beta=b/m>0$ und $0\leq\sigma\leq 1$ zu bilden (Meade und Islam 1998). Anhand der Differentialgleichung lässt sich wiederum zeigen, dass das Sharif-Kabir-Modell wie die

Ausgangsmodelle (logistische Funktion und Floyd-Modell) nur internen Einfluss berücksichtigt. Der Koeffizient des internen Einfluss entspricht dem Ausdruck $\omega(t)=\frac{b(m-X(t))}{m-X(t)(1-\sigma)}$, dessen Ableitung nach $X(t)$ einen mit der Zeit zurückgehenden bzw. konstanten internen Einflusses indiziert.

Jeuland-Modell

Das von Jeuland (1981) entwickelte Modell

$$\frac{dX(t)}{dt}=\left(p+q\cdot\frac{X(t)}{m}\right)\cdot(m-X(t))^{1+\gamma}$$

ist eine Erweiterung und Generalisierung des Bass-Modells. Für die Parameter gilt $p,q>0$ und $\gamma>-1$. Das Jeuland-Modell umfasst als Spezialfälle das Bass-Modell $(\gamma=0)$, das Floyd-Modell $(\gamma=1$ und $p=0)$ sowie das Mansfield-Modell $(\gamma=0$ und $p=0)$. Der Modellverlauf kann dementsprechend sowohl symmetrisch als auch asymmetrisch sein. Für den Wendepunkt gilt wie beim Bass-Modell $0\leq X(t^*)\leq 0{,}5m$ (Mahajan et al. 1993). Da die Differentialgleichung keine analytische Lösung hat, wird das Modell als diskretes autoregressives Modell

$$X_t=\left(p+q\cdot\frac{X_{t-1}}{m}\right)\cdot(m-X_{t-1})^{1+\gamma}$$

verwendet (Meade und Islam 1998).

Log-logistisches Modell

In seiner langfristigen Prognose des Automobilbestandes und Straßenverkehrs im Vereinigten Königreich verwendet Tanner (1978) die sogenannte Log-logistische Funktion.

Dabei geht die Zeit logarithmisch transformiert in die Logistische Funktion aus II-2.4 ein und es resultiert das Modell

$$X(t) = \frac{m}{1 + c\exp(-b\ln(t))}$$

mit $b, c > 0$. Der Wendepunkt der Funktion befindet sich an der Stelle $t^* = e^{-\frac{\ln\left(\frac{1+b}{c(b-1)}\right)}{b}}$ und hat den Funktionswert $X(t^*) = \frac{1}{2}\frac{b-1}{b}m$; für $b \leq 1$ existiert kein Wendepunkt. Daraus folgt, dass der Wendepunkt der Funktion stets vor der Hälfte des Sättigungsniveaus m erreicht wird; für $b \to \infty$ gilt $X(t^*) = \frac{1}{2}m$. Der Funktionsverlauf um diesen Wendepunkt ist asymmetrisch und rechtsschief.

Lokale logistische Funktion

Das von Meade (1985, 1988) sowohl mit adaptiven als auch mit festen Parametern vorgestellte lokale logistische Modell basiert auf der Überlegung, anstelle eines globalen Modells die letzte verfügbare Beobachtung als Ausgangspunkt für die Prognose zu verwenden. Daher liefert die lokale logistische Funktion möglicherweise bessere Prognosen als eine globale logistische Funktion, die eventuell nur eine schlechte Anpassung an die letzten Beobachtungen erreicht. Da zukünftige Werte i.d.R. stärker von der letzten Beobachtung abhängen – es sei denn, es handelt sich um einen Ausreißer – als von weiter zurückliegenden Werten, erscheint eine Verankerung der Prognose auf der letzte Beobachtung sinnvoll. Dementsprechend stellt die lokale logistische Funktion – im Gegensatz zu den meisten anderen hier vorgestellten Modellen – eindeutig auf prognostische Anwendungen ab.

Meade und Islam (1995a) leiten die lokale logistische Funktion ausgehend von der bekannten Differentialgleichung der logistischen Funktion her und lösen diese unter der Bedingung, dass für eine h-stufige Prognose ausgehend von der letzten realisierten Beobachtung $X_r(t)$ gilt

$$E\left[X(t+h)\middle|X(t)=X_r(t)\right]\geq X_r(t).$$

Die Lösung der Differentialgleichung für $X(t):=X_r(t)$ und die Überführung in ein diskretes autoregressives Modell ergibt

$$X_t=\frac{mX_{t-1}}{X_{t-1}+(m-X_{t-1})\exp(-b)}$$

mit $b>0$. Die lokale logistische Funktion verläuft symmetrisch um den Wendepunkt, dessen Funktionswert wie beim globalen Logistischen Modell $X(t^*)=0{,}5m$ beträgt.

Erweitertes Riccati-Modell

Levenbach und Reuter (1976) verwenden die Riccati-Gleichung

$$\frac{X_t-X_{t-1}}{X_{t-1}}=a+bX_{t-1}+c\frac{1}{X_{t-1}}$$

zur Prognose von Wachstumsprozessen. Es lässt sich leicht zeigen, dass diese Gleichung die modifizierte Exponentialfunktion und die logistische Funktion als Spezialfälle einschließt. Kendall et al. (1983) ergänzen die obige Gleichung um den Term $d\ln(X_{t-1})$ zum erweiterten Riccati-Modell

$$\frac{X_t-X_{t-1}}{X_{t-1}}=a+bX_{t-1}+c\frac{1}{X_{t-1}}+d\ln(X_{t-1})$$

mit $b,c>0$ und $a+b+c=0$. Der zusätzliche Term $d\ln(X_{t-1})$ bewirkt dabei, dass die Funktion zusätzlich die Gompertz-Kurve als Grenzfall umfasst (Young 1993). Entsprechend dieser Kombination der Modelle kann das erweiterte Riccati-Modell symmetrisch oder asymmetrisch verlaufen.

Modell von Sharma, Basu und Bhargava (SBB)

Das von Sharma et al. (1993) verwendete Diffusionsmodell wird durch die Differenzengleichung

$$X_t = X_{t-1}\exp\left(b - cX_{t-1}\right)$$

mit $b > 0$ repräsentiert. Das Modell zeichnet sich dadurch aus, dass es Wachstumsprozesse sowohl mit als auch ohne Sättigungsniveau modellieren kann. Daher eignet es sich auch für schnell voranschreitende Wachstumsprozesse, deren Sättigungsgrenze ggf. zum Zeitpunkt der Modellbildung noch nicht abzusehen ist. Bei existierender Sättigungsgrenze gilt für den Parameter c ebenfalls $c > 0$ andernfalls ist c negativ. Das nicht explizit im Modell enthaltene Sättigungsniveau lässt sich ableiten über den Zusammenhang $m = b/c$. Der Funktionswert des Wendepunktes liegt innerhalb des Intervalls $\left(0{,}43m\,;0{,}5m\right)$ (Islam 1996). Es existiert zusätzlich eine 3-parametrische Modellvariante in der die Anzahl der Initialadopter zu Beginn des Diffusionsprozesses explizit berücksichtigt wird (Details bei Sharma et al. 1993).

Log-reziprokes Modell

McCarthy und Ryan (1976) verwenden das Log-reziproke Modell zur Modellierung der Haushaltsausstattung mit Fernsehgeräten. Die Wachstumskurve dieses asymmetrischen Modells lautet

$$X(t) = m\exp\left(-\frac{1}{bt}\right)$$

mit $b > 0$. Der Wendepunkt des Modells wird bereits bei $X\left(t^*\right) = me^{-2} \approx 0{,}135m$ zum Zeitpunkt $t^* = \frac{1}{2b}$ erreicht. Das log-reziproke Modell ist folglich von den bereits betrachteten Modellen mit fixem Wendepunkt das Modell, dessen Wendepunkt am ehesten erreicht wird. Es ist daher tendenziell geeignet für Neuprodukte, deren Verbreitung relativ schnell startet, d.h. nur in geringem Umfang interpersonelle Kommunikation für eine positive Adoptionsentscheidung erfordert.

3 *Erweiterungen und Ergänzungen der Grundmodelle*

3.1 Modellflexibilität / Funktionsflexibilität

Die bislang betrachteten Modelle sind hinsichtlich der beiden charakteristischen Eigenschaften Wendepunkt und Symmetrie von $X(t)$ nicht oder nur eingeschränkt flexibel. So ist beispielsweise beim Bass-Modell der Funktionswert des Wendepunktes zwar flexibel, allerdings nur zwischen $X(t)=0$ und $X(t)=0{,}5m$. Hinsichtlich der Symmetrie der Modelle – d.h. wird das Modell am Wendepunkt gespiegelt oder nicht – sind die bislang betrachteten Modelle in der Mehrzahl eindeutig symmetrisch oder asymmetrisch. Mahajan et al. (1993) argumentieren zu Recht, dass Diffusionsmodelle sowohl unter theoretischen als insbesondere auch unter empirischen Gesichtspunkten in der Lage sein sollten, den Wendepunkt von $X(t)$ zu jedem Zeitpunkt des Diffusionsprozesses zu modellieren. Daneben sollten die Modelle idealerweise symmetrische wie asymmetrische Verläufe des Diffusionsgrades abbilden können. Im Folgenden werden zunächst flexible Modelle betrachtet, für die keine analytische Lösung der Differentialgleichung existiert. Daran anschließend werden flexible Modelle mit analytischer Lösung vorgestellt.

3.1.1 Flexible Diffusionsmodelle ohne analytische Lösung

Non-Uniform-Influence-Modell

Das Non-Uniform-Influence-Modell (NUI-Modell) von Easingwood et al. (1983) ist eine Erweiterung des Bass-Modells mit weitgehend flexibler Verlaufsform. Anknüpfungspunkt für das NUI-Modell ist die Intensität des internen Einflusses. Während im Bass-Modell der von den einzelnen Adoptern ausgehende interne Einfluss über den gesamten Diffusionsprozess als gleich und konstant angenommen wird, berücksichtigt das NUI-Modell sowohl im Zeitablauf zu- als auch abnehmende interpersonelle

Kommunikation.[5] Beide Varianten werden durch theoretische Überlegungen zum Verhalten der Adopter gestützt. So unterstellt Rogers (1983, S. 241ff.), dass frühe Adopter stärker sozial integriert sind und daher an interpersoneller Kommunikation in höherem Maße teilnehmen als Personen, die zu einem späteren Zeitpunkt die Adoptionsentscheidung treffen. Andererseits wird argumentiert, dass spätere Adopter ein Neuprodukt vor allem übernehmen, weil zu diesem Zeitpunkt Informationen über das Produkt weit verbreitet sind und das Produkt flächendeckend verfügbar ist (Bundgaard-Nielsen 1976). Im NUI-Modell wird der Koeffizient des internen Einflusses durch eine Funktion des Diffusionsgrades $X(t)$

$$\omega(t) = q\left(X(t)/m\right)^{\alpha}$$

mit α als Konstante abgebildet. Ersetzen des Koeffizienten des internen Einflusses q im Bass-Modell durch $\omega(t)$ ergibt das NUI-Modell

$$\frac{dX(t)}{dt} = p\left(m - X(t)\right) + q\left(\frac{X(t)}{m}\right)^{\delta}\left(m - X(t)\right)$$

mit $p, q > 0$ und dem Non-Uniform-Influence-Faktor $\delta = \alpha + 1 \geq 0$. Für den zeitlich variablen Koeffizienten des internen Einflusses gilt daher auch

$$\omega(t) = q\left(X(t)/m\right)^{\delta - 1}.$$

Das NUI-Modell entspricht für $\delta = 1$ dem Bass-Modell, Werte von $\delta \neq 1$ kennzeichnen die Existenz eines nicht einheitlichen internen Einflusses. Durch Ableiten von $\omega(t)$ lässt sich leicht zeigen, dass für $0 \leq \delta < 1$ der Koeffizient des internen Einflusses mit zunehmendem Fortschritt der Diffusion abnimmt, für $\delta > 1$ zunimmt und für $\delta = 1$

[5] Die Intensität des internen Einflusses wird üblicherweise nicht explizit gemessen, sondern resultiert implizit aus der Modellschätzung.

konstant ist. Eine analytische Lösung für Lage und Funktionswert des Wendepunktes existiert nicht. Es lässt sich aber durch numerische Betrachtung zeigen, dass der Funktionswert des Wendepunktes zwischen 0% und 100% des Sättigungsniveaus flexibel ist und die Funktion symmetrisch und asymmetrisch verlaufen kann (Easingwood et al. 1983). Abbildung II-10 illustriert die Flexibilität des NUI-Modells in Abhängigkeit von δ. Ohne externen Einfluss $(p=0)$ entspricht das NUI-Modell dem im Folgenden dargestellten Nonsymmetric-Responding-Logistic-Modell.

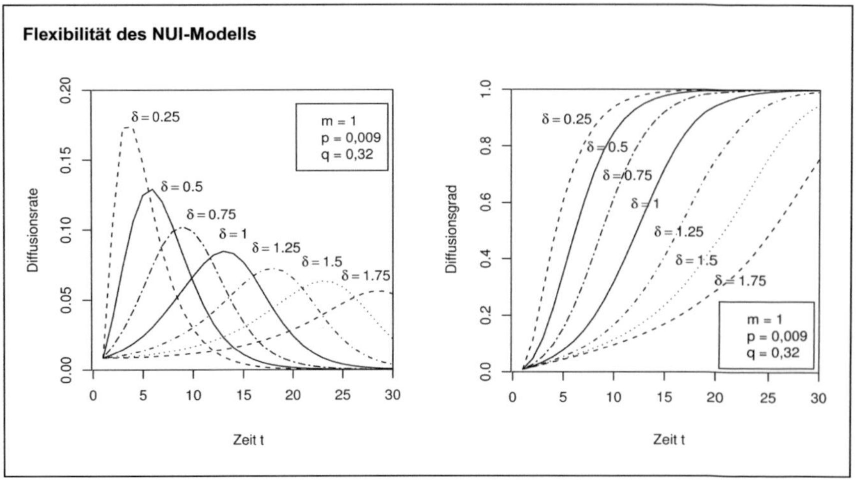

Abbildung II-10: Flexibilität des NUI-Modells

Nonsymmetric-Responding-Logistic-Modell

Das Nonsymmetric-Responding-Logistic-Modell (NSRL) von Easingwood et al. (1981) ist eine flexible Erweiterung des Mansfield-Modells, d.h. ein Modell mit ausschließlich internem, allerdings flexiblem Einfluss. Die Modellgleichung lautet dementsprechend

$$\frac{dX(t)}{dt}=q\left(\frac{X(t)}{m}\right)^{\delta}\left(m-X(t)\right)$$

mit $q > 0$ und $\delta \geq 0$. Wie das NUI-Modell berücksichtig das Modell zunehmenden, abnehmenden und konstanten internen Einfluss; für den flexiblen Wendepunkt gilt ebenfalls $0 \leq X\left(t^*\right) \leq m$. Da sowohl für das NUI- als auch für das NSRL-Modell keine analytische Lösung für $X(t)$ existiert, werden die Modelle in diskretisierter, autoregressiver Form angewendet.

3.1.2 Flexible Diffusionsmodelle mit analytischer Lösung

Neben NUI- und NSRL-Modell gewährleistet auch das ursprünglich von v. Bertalanffy (1957) für biologische Wachstumsprozesse entwickelte generalisierte logistische Modell und das FLOG-Modell von Bewley und Fiebig (1988) eine vollständige Flexibilität des Wendepunktes.

Generalisierte logistische Funktion (Bertalanffy-Modell)

Das Modell von v. Bertalanffy (1957) unterstellt wie die Modelle von Easingwood et al. (1981, 1983) einen im Zeitablauf veränderlichen Koeffizienten des internen Einflusses (Mahajan und Peterson 1985, Mahajan et al. 1993). Der Koeffizient q des Mansfield-Modells wird substituiert durch

$$\omega(t) = \frac{\frac{q}{\theta - 1}\left(1 - \left(\frac{X(t)}{m}\right)^{\theta - 1}\right)}{1 - \frac{X(t)}{m}}$$

mit θ als Konstante. Durch Differenzieren lässt sich zeigen, dass der interne Einfluss $\omega(t)$ im Zeitablauf abnimmt bzw. für $\theta = 2$ konstant ist; im Unterschied zum NUI- und NSRL-Modell kann eine Zunahme des internen Einflusses nicht abgebildet werden. Einsetzen von $\omega(t)$ in das Mansfield-Modell resultiert in der Differentialgleichung

$$\frac{dX(t)}{dt}=\frac{qm}{1-\theta}\left(\frac{X(t)}{m}\right)^{\theta}\left(1-\left(\frac{X(t)}{m}\right)^{1-\theta}\right).$$

Die Integration der Differentialgleichung liefert die analytische Lösung

$$X(t)=m\left(1-\exp\left(-\left(c+qt\right)\right)\right)^{1/(1-\theta)}$$

mit $q,\theta\geq 0$ und $\theta\neq 1$. Der Wendepunkt von $X(t)$ liegt bei $t^{*}=-\frac{c+\ln(1-\theta)}{b}$ und hat den Funktionswert $X(t^{*})=m\theta^{\frac{1}{1-\theta}}$. Für $\theta\to\infty$ strebt der Wendepunkt gegen 100% des Sättigungsniveaus, für $\theta=0$ entspricht das Modell der modifizierten Exponentialfunktion und hat dementsprechend keinen Wendepunkt $\left(X(t^{*})=0\right)$. Für $\theta\to 1$ hat der Wendepunkt den Funktionswert $X(t^{*})=me^{-1}\approx 0{,}37$. Dabei entspricht nicht nur der Wendepunkt dem der Gompertz-Kurve, sondern es lässt sich auch zeigen, dass für $\theta\to 1$ als Grenzwert die Gompertz-Kurve resultiert (Details bei Mahajan und Peterson 1985). Für $\theta=2$ ergibt sich die logistische Funktion mit konstantem internem Einfluss. Insgesamt subsumiert das Bertalanffy-Modell folglich die modifizierte Exponentialfunktion, die logistische Funktion und die Gompertz-Kurve.

Nelder-Modell

Das von Nelder (1962, 1971) propagierte Modell stellt eine Reparametrisierung des Modells von v. Bertalanffy mit $\phi=\theta-1$ dar. Daraus folgt die Differentialgleichung

$$\frac{dX(t)}{dt}=\frac{q}{\phi}X(t)\left(1-\left(\frac{X(t)}{m}\right)^{\phi}\right)$$

mit $\phi\geq -1$ und $\phi\neq 0$ sowie $q>0$. Durch Lösung der Differentialgleichung ergibt sich für den Diffusionsgrad

$$X(t)=\frac{m}{\left[1+\phi\exp\left(-(c+qt)\right)\right]^{1/\phi}}.$$

Vielfach wird die generalisierte logistische Funktion in der Repräsentation

$$X(t)=\frac{m}{\left[1+c^{*}\exp(-qt)\right]^{1/\phi}}$$

mit $c^{*}=\phi\exp(-c)$ verwendet, die jedoch die Ausgangsdifferentialgleichung nicht mehr direkt erfüllt (z.B. Meade und Islam 1998). Einen interessanten Ansatz verfolgt Harvey (1984) mit einer linearisierten Version der generalisierten Logistischen Funktion.

Harvey-Modell

Das Harvey-Modell (Harvey 1984)

$$\ln\left(X_t-X_{t-1}\right)=\beta_0+\beta_1 t+\beta_2\ln\left(X_{t-1}\right)$$

mit $\beta_0=\ln\left(\frac{qc^{*}}{\phi m^{\phi}}\right)$, $\beta_1=-q$ und $\beta_2=\ln(1+\phi)$ hat die Besonderheit, dass es sowohl autoregressive Variablen als auch die Zeit t als erklärende Variable beinhaltet. Es lässt sich zeigen, dass das Harvey-Modell wiederum logistische Funktion, Gompertz-Kurve und modifizierte Exponentialfunktion als Spezialfälle subsumiert (Young 1993).

FLOG-Modell

Das von Bewley und Fiebig (1988) eingeführte flexible, logistische Wachstumsmodell (FLOG) basiert wie das NSRL-Modell auf einem zeitlich variablen internen Einfluss. Während Easingwood et al. (1981) den Koeffizienten des internen Einflusses als Funktion des Diffusionsgrades $X(t)$ modellieren, wird im FLOG-Modell eine explizite

Funktion der Zeit t verwendet. Der Koeffizient des internen Einfluss wird dargestellt als

$$\omega(t) = b\left[(1+kt)^{1/k}\right]^{\mu-k}.$$

Die Ableitung $\frac{d\omega(t)}{dt}$ zeigt, dass der interne Einfluss wie beim NSRL-Modell im Zeitablauf abnehmen $(\mu/k < 1)$, konstant bleiben $(\mu/k = 1)$ oder ansteigen $(\mu/k > 1)$ kann. Einsetzen von $\omega(t)$ als Koeffizient des internen Einfluss in die Differentialgleichung des Mansfield-Modells ergibt

$$\frac{dX(t)}{dt} = b\left[(1+kt)^{1/k}\right]^{\mu-k} \frac{X(t)}{m}\left(m - X(t)\right).$$

Als Lösung dieser Differentialgleichung resultiert die flexible logistische Funktion

$$X(t) = \frac{m}{1+\exp\left(-c - bt(\mu,k)\right)}$$

mit $t(\mu,k)$ als Transformation der Zeit. Analog zur einfachen logistischen Funktion ist auch die flexible logistische Funktion als Transformation

$$\ln\left(\frac{X(t)}{m - X(t)}\right) = c + bt(\mu,k)$$

darstellbar. Jedoch handelt es sich nicht um eine tatsächliche Linearisierung, da $t(\mu,k)$ weiterhin eine nicht-lineare Funktion ist. Für beide Repräsentationen existiert neben der allgemeinen Transformation $(k \neq 0, \mu \neq 0)$ eine Reihe von Spezialfällen, die in Tabelle II-5 aufgeführt werden.

Modell	Transformation	Parameter
Generelles FLOG-Modell	$t(\mu,k)=\frac{(1+kt)^{\mu/k}-1}{\mu}$	$k \neq 0, \mu \neq 0$
IPT (Inverse Power Transformation)	$t(\mu,k)=(1+kt)^{1/k}-1$	$k \neq 0, \mu = 1$
LIPT (Log Inverse Power Transformation)	$t(\mu,k)=\frac{1}{k}\ln(1+kt)$	$k \neq 0, \mu \to 0$
ELOG (Exponential Logarithmic)	$t(\mu,k)=\frac{\exp(\mu t)-1}{\mu}$	$k \to 0, \mu \neq 0$
Box-Cox-Transformation	$t(\mu,k)=\frac{(1+t)^{\mu}-1}{\mu}$	$k = 1, \mu \neq 0$

Tabelle II-5: Transformationen im FLOG-Modell
Quelle: Bewley und Fiebig (1988)

Als Spezialfälle umfasst das FLOG-Modell für $\mu,k=1$ die einfache logistische Funktion und für $k=1, \mu \to 0$ die Log-Logistische Funktion mit $t(\mu,k)=\ln(t)$. Der Wendepunkt von $X(t)$ kann beliebige Werte zwischen 0% und 100% des Sättigungsniveaus annehmen. Für Werte von $\mu<0$ sind jedoch nur Wendepunkte von $X(t^*)<0{,}5m$ möglich.

Bewley und Fiebig (1988) zeigen ebenfalls, dass die ELOG-Variante – obwohl das FLOG-Modell prinzipiell eine logistische Funktion ist – für $\mu<0$ eine gute Näherung der Gompertz-Kurve darstellt. Damit deckt das FLOG-Modell von der Verlaufsform her ein sehr breites Spektrum ab. Dieser Vorteil zieht jedoch den Nachteil einer hohen Parameterzahl nach sich. So erhöht sich zwar die Anpassungsgüte des Modells, für prognostische Zwecke ist die Eignung eines 5-parametrischen Modells (allgemeines FLOG-Modell) bei wenigen Beobachtungen jedoch sehr fraglich. Eine Möglichkeit zur Parameterreduktion kann jedoch bereits durch die Abkehr vom allgemeinen

FLOG-Modell zu einer seiner Varianten erzielt werden. Als Auswahlkriterium empfehlen Bewley und Griffiths (2003) die Likelihood des Modells.

Außerdem plädieren Bewley und Fiebig (1988) sowie Bewley und Griffiths (2003) für die externe Vorgabe des Sättigungsniveaus m. Dies ist jedoch dahingehend kritisch, da oftmals das Untersuchungsinteresse gerade auf die Ausprägung des Sättigungsniveaus m zielt. Für $\mu < 0$ bietet das FLOG-Modell jedoch eine Besonderheit in Form des so genannten internen Sättigungsniveaus $X^I = \left[1 + \exp\left(-c + b/\mu\right)\right]^{-1}$. Wegen der Bedingung $\mu < 0$ kann ein internes Sättigungsniveau nur beim allgemeinen FLOG-Modell sowie den ELOG- und Box-Cox-Repräsentationen auftreten. Jedoch hängt die tatsächliche Existenz davon ab, ob der (geschätzte) Parameter μ die Bedingung $\mu < 0$ tatsächlich erfüllt. In diesem Fall bildet das extern vorgegebene Sättigungsniveau m lediglich eine obere Schranke für das interne Sättigungsniveau. Es existiert somit eine modellimmanente Möglichkeit, die Schätzung des Sättigungsniveaus zu restringieren.

3.2 Dynamisierung des Marktpotenzials

Bei den bislang dargestellten Modellen wird ein über den gesamten Produktlebenszyklus konstantes Sättigungsniveau m der letztlich erreichten Adopterzahl unterstellt. Diese Annahme ist offensichtlich aus theoretischer wie auch praktischer Sicht wenig plausibel, da sich die endgültige Anzahl der Adopter aus unterschiedlichen Gründen im Laufe des Produktlebenszyklus verändern kann (Mahajan et al. 1993). So kann sich beispielsweise durch gesellschaftliche Veränderungen die Zahl der Einpersonenhaushalte (als Adoptionssubjekte) im Zeitablauf erhöhen oder durch eine schwache Konjunktur die Zahl der als Adopter eines Investitionsgutes in Frage kommenden Unternehmen reduzieren. Wenn möglich, sollten derartige Veränderungen implizit in den Modellen berücksichtigt werden, indem $X(t)$ als Anteilswert der Gesamtpopulation M modelliert wird, beispielsweise als Anteil der Haushalte, die über eine entsprechende Ausstattung verfügen (Meade und Islam 2001).

Wenn dieses Vorgehen nicht sinnvoll möglich ist – weil beispielsweise die Bezugsgröße nicht genau abgegrenzt werden kann oder zu stark variiert – kann das Sättigungsniveau als Funktion relevanter exogener und endogener Variablen modelliert werden. Diese Variablen können sowohl kontrollierbar als auch nicht-kontrollierbar sein. Dementsprechend haben Mahajan und Peterson (1978) das Bass-Modell um ein dynamisches Sättigungsniveau erweitert. Die Grundidee ist aber nicht auf das Bass-Modell beschränkt. Mahajan und Peterson definieren das dynamische Sättigungsniveau

$$m(t) = f(\mathbf{S}(t))$$

als Funktion $f:\ ^{N} \rightarrow\ ^{1}$ eines Vektors relevanter Faktoren $\mathbf{S}(t)$. Mit $\tilde{q} = q/m$ gilt für die Differentialgleichung des Bass-Modells demzufolge

$$\frac{dX(t)}{dt} = \left(p + \tilde{q}X(t)\right)\left(f(\mathbf{S}(t)) - X(t)\right).$$

Die Integration der Differentialgleichung liefert die allgemeine analytische Lösung

$$X(t) = \frac{f(\mathbf{S}(t)) - \dfrac{p(f_0 - X_0)}{p + \tilde{q}X_0}\exp\left(-p(t - t_0) - \tilde{q}\mathsf{M}(t)\right)}{1 + \dfrac{\tilde{q}(f_0 - X_0)}{p + \tilde{q}X_0}\exp\left(-p(t - t_0) - \tilde{q}\mathsf{M}(t)\right)}$$

mit $f_0 = f(\mathbf{S}(t_0))$, $X_0 = X(t_0)$ und $\mathsf{M}(t) = \int_{t_0}^{t} f(\mathbf{S}(t))dt$. Es lässt sich leicht zeigen, dass die Funktion für $m(t) = const$, $t_0 = 0$ und $\tilde{q} = q/m$ das gewöhnliche Bass-Modell ergibt.

Mahajan und Peterson (1978) wenden das Modell auf die beiden völlig unterschiedlichen Beispiele „Anzahl der Länder in der UNO“ und Diffusion von Waschmaschinen in den USA an.[6] Dabei unterstellen sie für das Sättigungsniveau ein einfaches lineares Modell

$$m(t) = k_1 + k_2 P(t)$$

mit k_1, k_2 als Parametern und $P(t)$ als Anzahl der Haushaltsneugründungen bzw. als Anzahl der weltweit existierenden Länder. $P(t)$ wird dabei in beiden Fällen mit dem gewöhnlichen Bass-Modell modelliert. Dieses Vorgehen zeigt unmittelbar eine Schwierigkeit der dynamischen Modellierung des Sättigungsniveaus; es müssen signifikante Einflussgrößen verfügbar sein bzw. genau bestimmt oder prognostiziert werden können.

Aufbauend auf der Grundidee das Sättigungsniveaus als Funktion exogener und endogener Faktoren zu modellieren, findet sich in der Literatur eine Vielzahl von Anwendungen, die das Marktpotenzial in Abhängigkeit von Faktoren wie dem Preis (Chow 1967, Kamakura und Balasubramanian 1988, Jain und Rao 1990, Bhargava et al. 1991), dem Preis und der empfundenen Unsicherheit (Kalish 1985), der Produktprofitabilität (Lackman 1978), dem Distributionswachstum (Jones und Ritz 1991) etc. modellieren.

3.3 Einbeziehung von Marketing-Mix-Variablen

Ein wesentlicher Kritikpunkt an den Grundmodellen ist die Nichtberücksichtigung von Marketing-Mix-Variablen wie insbesondere der Preis- und Kommunikationspolitik sowie der Distributions- und Produktpolitik. Dieser Punkt ist auch ein Hemmnis für eine breite Akzeptanz in strategischer Planung und Marketing, da Management-Entscheidungen beispielsweise hinsichtlich Preis und Werbung nicht auf ihre Auswirkungen hin überprüft werden können (Bass et al. 2000). Um diese Schwäche der Mo-

---

[6] Es darf bezweifelt werden, ob die Anzahl der Länder in der UNO ein geeignetes Anwendungsbeispiel für Prognosen mit Diffusionsmodellen bzw. generell für statistische Prognosen ist.

delle zu überwinden, wurden verschiedene Ansätze entwickelt, Marketing-Mix-Variablen in die Modelle zu integrieren.

Der Schwerpunkt der Betrachtung liegt in der Literatur auf einer Berücksichtigung des Preises als Einflussgröße. Bottomley und Fildes (1998) identifizieren zwei grundsätzlich unterschiedliche Ansätze in der Literatur, Preis-Variablen in die Modelle einzubeziehen. Auf der einen Seite steht die Theorie, dass der Preis tendenziell das Marktpotenzial beeinflusst (Chow 1967, Mahajan und Peterson 1978, Kalish 1985, Kalish und Lilien 1986, Horsky 1990, Bhargava et al. 1991, vgl. Abschnitt II-3.2). Mit Fortschreiten des Produktlebenszyklus sinkt tendenziell der Preis, so dass er für zunehmend mehr Individuen unterhalb ihres Reservationspreises[7] liegt. In der Konsequenz erweitert sich mit sinkendem Preis das Marktpotenzial des Produktes. Andererseits wird argumentiert, dass ein sinkender Preis die Adoptionsrate (im Bass-Modell $\left(p+qX(t)/m\right)$ erhöht (Robinson und Lakhani 1975, Kamakura und Balasubramanian 1988, Jain und Rao 1990, Parker 1992 und 1994, Bass et al. 1994, 2000). Anhand der von Kamakura und Balasubramanian (1988) verwendeten Familie der genesteten Diffusionsmodelle, die Modelle mit Einfluss des Preises auf die Adoptionsrate und/oder das Sättigungsniveau umfasst, analysieren Bottomley und Fildes (1998) den Einfluss des Preises. Sie kommen zu dem Resultat, dass der Preis nur für einen kleinen Teil der untersuchten Zeitreihen und Modelle einen signifikanten Erklärungsbeitrag leistet. In diesen Fällen legen die empirischen Resultate eine Wirkung des Preises auf die Adoptionsrate nahe.

Neben dem Preis wird in der Literatur auch der Einfluss von Werbung auf den Diffusionsverlauf untersucht. Allerdings existiert auch in diesem Fall keine einheitliche Herangehensweise. Während Horsky und Simon (1983) bei ihrer Analyse der Diffusion

[7] Der Begriff Reservationspreis bezeichnet die maximale Zahlungsbereitschaft eines Wirtschaftssubjektes für ein bestimmtes Gut (z.B. Varian 1996, S. 4).

des Telefon-Banking eine Wirkung der Werbung auf den externen Einfluss im Bass-Modell propagieren, kommen Simon und Sebastian (1987) zu dem Schluss, dass Werbung die interpersonelle Kommunikation verstärkt.

Ein Beispiel für die Berücksichtigung der Distributionspolitik liefern Jones und Ritz (1991), die das Marktpotenzial als Funktion des Distributionswachstums modellieren, d.h. anhand des Zuwachses der Händler, die das Produkt führen.

Das von Bass et al. (1994) entwickelte generalisierte Bass-Modell

$$\frac{dX(t)}{dt} = \left(c\big(a - X(t)\big) + \frac{b}{a} X(t)\big(a - X(t)\big) \right) Z(t)$$

mit $Z(t)$ als Funktion von Marketing-Mix-Variablen zum Zeitpunkt t (z.B. Werbung oder Preis) hat den Vorteil, dass prinzipiell beliebige Einflussgrößen modelliert werden können. Bass et al. (1994) modellieren in ihrer Anwendung für die Diffusion von Klimaanlagen, Trocknern und Farbfernsehern sowohl Preis $P(t)$ und Werbung $A(t)$ in der linearen Funktion

$$Z(t) = 1 + \beta_1 \frac{P'(t)}{P(t)} + \beta_2 \frac{A'(t)}{A(t)}$$

in Form von relativen Änderungsraten, da $Z(t)$ als multiplikativer Streckungs- bzw. Stauchungsfaktor auf das Bass-Modell wirkt.[8] Das Modell hat den Vorteil, dass eine analytische Lösung der Differentialgleichung existiert und die Parameter analog zu den Parametern des Bass-Modells interpretiert werden können (Bass et al. 2000).

Die Betrachtung zeigt, dass hinsichtlich der Berücksichtigung von Marketing-Mix-Variablen in Diffusionsmodellen kein einheitlicher, zufriedenstellender Ansatz exis-

[8] Die absoluten Änderungsraten sind definiert als: $A'(t) = \frac{dA(t)}{dt}$ bzw. $P'(t) = \frac{dP(t)}{dt}$.

tiert. Trotz theoretisch eleganter Berücksichtigung des Marketing-Mix fehlt vielfach die empirische Validität (Mahajan et al. 1993). Tendenziell sind die hier vorgestellten Ansätze wegen der erhöhten Parameterzahl für normative und deskriptive Zwecke eher geeignet als für prognostische.

3.4 Berücksichtigung von Produkt- und Markteigenschaften

Rogers (1983) postuliert 5 Kerneigenschaften von Neuprodukten (relativer Vorteil, Kompatibilität, Komplexität, Erprobbarkeit, Wahrnehmbarkeit), die den Diffusionsverlauf beeinflussen (siehe Abschnitt II-1.1.2). Obwohl die Diffusion fraglos von den Produkteigenschaften abhängt, werden diese in den Grundmodellen nicht berücksichtigt.

Srivastava et al. (1985) untersuchen erstmals den Einfluss von Produkteigenschaften. Dazu führen sie eine Befragung zur Adoption und Wahrnehmung von Finanzanlagen durch und schätzen des Bass-Modells für jedes betrachtete Finanzprodukt. Mit einer loglinearen Querschnittsregression wird analysiert, wie die Parameter des Bass-Modells von den wahrgenommenen Produkteigenschaften abhängen. Anhand dieses Regressionsmodells können Prognosen der Modellparameter von Neuprodukten bereits vor Markteinführung erstellt werden, in dem die Kundenwahrnehmung der Produkteigenschaften durch geeignete Befragung vor Markteinführung ermittelt wird.

Bähr-Seppelfricke (1999) untersucht den Einfluss verschiedener Produkteigenschaften auf Marktpotenzial und Adoptionsrate des Bass-Modells ebenfalls mit Querschnittsanalysen und Paneldaten. Ein Einfluss der verschiedenen Produkteigenschaften auf die Modellparameter wurde zwar nachgewiesen; eine Verbesserung der Ex-ante-Prognosegüte konnte jedoch nicht erreicht werden. Generell ist bei Bähr-Seppelfricke (1999) problematisch, dass sich die Befragung hinsichtlich der Produkteigenschaften auf einen nicht-repräsentativen Kreis von Befragten stützt.

Gatignon et al. (1989) untersuchen im Unterschied zu den Ansätzen von Srivastava (1985) et al. und Bähr-Seppelfricke (1999) den Einfluss von Charakteristika des Absatzmarktes auf den Diffusionsverlauf.

3.5 Integration von Wechselwirkungen zwischen verschiedenen Produkten

Neuprodukte werden nicht auf einem isolierten Markt eingeführt, sondern treten in Wettbewerb zu etablierten Produkten oder anderen Neuprodukten. Peterson und Mahajan (1978) berücksichtigen in ihrem auf dem Bass-Modell basierenden Modell für die Interaktion zweier Produkte

$$\frac{dX_i(t)}{dt}=\left[a_i+b_i\frac{X_i(t)}{m_i}+c_i\frac{X_j(t)}{m_j}\right]\left[m_i-X_i(t)\right]$$

mit $i,j=1,2$, $i\neq j$ und $a_i,b_i>0$ die folgenden Effekte:

- *Komplementarität* ($c_1,c_2>0$): Eine Zunahme des Diffusionsgrades der einen Innovation verstärkt die Diffusion der jeweils anderen Innovation.
- *Substitution* ($c_1,c_2<0$): Eine Zunahme des Diffusionsgrades der einen Innovation reduziert die Diffusionsgeschwindigkeit der jeweils anderen Innovation.
- *Unabhängigkeit* ($c_1>0,c_2=0$ bzw. $c_1=0,c_2>0$): Eine Zunahme des Diffusionsgrades der einen Innovation beschleunigt die Diffusion der anderen Innovation. Dieser Verstärkungseffekt ist allerdings nur einseitig gerichtet.

Für kontingente Produkte, d.h. beispielsweise die Diffusion von Produkt 2 setzt die Diffusion von Produkt 1 voraus, haben Peterson und Mahajan (1978) das Modell

$$\frac{dX_1(t)}{dt}=\left[a_1+b_1\frac{X_1(t)}{m_1}\right]\left[m_1-X_1(t)\right]$$

$$\frac{dX_2(t)}{dt}=\left[a_2+b_2\frac{X_2(t)}{X_1(t)}\right]\left[X_1(t)-X_2(t)\right]$$

entwickelt. Dabei ist das Marktpotenzial von Produkt 2 auf den aktuellen Diffusionsgrad $X_1(t)$ von Produkt 1 beschränkt. Bayus (1987) untersucht mit einem vergleichbaren Ansatz die Kontingenz zwischen CD-Playern und CDs. Problematisch ist bei Untersuchungen der Kontingenz, dass Ursache und Wirkung kaum eindeutig getrennt werden können („Henne-Ei-Problem").

Berücksichtigung von Produktgenerationen (Vorgänger-Nachfolger-Effekte)

Eine besondere Form der Wechselwirkung zweier Produkte tritt bei aufeinander folgenden Produktgenerationen auf. Bei der Modellierung dieser Vorgänger-Nachfolger-Effekte wird eine einseitige Abhängigkeit – das Nachfolgeprodukt hat einen negativen Einfluss auf den Vorgänger – angenommen. Norton und Bass (1987) haben das erste Modell zur Modellierung der Kannibalisierung des Diffusionsverlaufs eines Vorgängerproduktes vorgestellt. Dabei gilt für den Diffusionsgrad $X_i(t)$ der i-ten Produktgeneration (für zwei aufeinander folgende Produktgenerationen):

$$X_1(t) = m_1 F(t) - m_1 F(t) F(t - \tau_2)$$
$$X_2(t) = m_2 F(t - \tau_2) + m_1 F(t) F(t - \tau_2)$$

mit m_i als geschätztem Marktpotenzial der Produktgeneration i und τ_2 als Zeitpunkt der Markteinführung von Produktgeneration 2. $F(t) = \dfrac{1 - \exp(-(p+q)t)}{1 - \frac{q}{p}\exp(-(p+q)t)}$ entspricht dem kumulierten Anteil am Sättigungsniveau zum Zeitpunkt t; es gilt $X(t) = mF(t)$ (vgl. Abschnitt II-2.1). Bass und Norton unterstellen konstante Parameter p und q für alle Produktgenerationen mit der Begründung, dass sich das zugrundeliegende Adoptionsverhalten von einer zur nächsten Produktgeneration nicht verändert. Islam und Meade (1997) sehen darin eine unzulässige Vereinfachung der Realität, da Leapfrogging-Effekte und durch technologische Weiterentwicklung bedingte Änderungen des Adoptionsverhaltens vernachlässigt werden. Daher untersuchen sie Substitutionseffekte aufeinander folgender Generationen von Mobiltelefonen und IBM Großrechnern mit flexiblen Parametern des internen und externen Einflusses.

Daneben gibt es weitergehende komplexe Ansätze zur Berücksichtigung von Marketing-Mix-Variabeln in Vorgänger-Nachfolger-Modellen (Speece und MacLachlan 1992, 1995 sowie Danaher et al. 2001). Bayus et al. (2000) stellen ein Modell aus dem Umfeld der Soziologie für die Interaktion zweier unterschiedlicher Populationen vor, das neben den hier beschriebenen weitere spezielle Interaktionseffekte berücksichtigt.

3.6 Modelle zur Berücksichtigung von Ersatz- und Mehrfachkäufen

Bei den bislang betrachteten Modellen handelt es sich, wie bereits erwähnt, um Erstkauf-Modelle zur Modellierung von Adoptionszahlen. Werden anstelle dessen Absatzzahlen betrachtet, ist zu berücksichtigen, dass diese mit Fortschreiten des Diffusionsverlaufs einen zunehmenden Anteil an Wiederholungskäufen umfassen, während der Anteil der Erstkäufe (Adoptionen) abnimmt. Wiederholungskäufe lassen sich unterscheiden in Ersatzkäufe und Mehrfachkäufe. Ersatzkäufe bezeichnen dabei weitere Käufe eines Adopters, die auf technischen Defekt oder Veralten eines Produktes zurückzuführen sind und auf dessen Ersatz zielen. Mehrfachkäufe sind hingegen auf den mehrfachen Besitz eines Produktes durch ein Adoptionssubjekt gerichtet, wie zum Beispiel im Fall von langlebigen Konsumgütern auf den Mehrfachbesitz von Fernsehgeräten, Radios, Kühlschränken, Autos etc. (Ratchford et al. 2000, Steffens 2003).

Da insbesondere bei Ersatzkäufen alters- oder gebrauchsbedingte Faktoren den Kaufzeitpunkt bestimmen, ist die direkte Anwendung von Diffusionsmodellen nicht theoretisch fundiert, da diese auf Kommunikationsprozessen basieren (Ratchford et al. 2000). Selbst bei Vernachlässigung der theoretischen Annahmen besteht zusätzlich das fundamentale Problem, dass Absatzzahlen nicht zwangsläufig ein Sättigungsniveau aufweisen und die Modelle daher prinzipiell ungeeignet sind.

In praktischen Anwendungssituationen tritt jedoch regelmäßig das Problem auf, dass Absatzdaten und keine Adoptionsdaten gegeben sind. Einzig bei der Modellierung von langfristigen Gebrauchsgütern kurz nach der Markteinführung ist die direkte Anwendung von Diffusionsmodellen auf Absatzzahlen weitgehend unkritisch, weil die Erstkäufe bei weitem überwiegen (Ratchford et al. 2000). Jedoch weist Parker (1994) darauf hin, dass beim Bass-Modell bereits ab 10 Beobachtungen Fehlspezifikationen auftreten können, wenn Ersatzkäufe nicht getrennt modelliert werden. Bei 15 Beobachtungen sind diese Fehlspezifikation bei den meisten Produkten bereits erheblich. Insbesondere besteht die Gefahr einer Überschätzung des Marktsättigungsniveaus. Außerdem können zwischen dem Maximum der Diffusionsrate und dem Maximum des Absatzes zum Teil Jahrzehnte liegen (Parker 1992). Keine Bedeutung haben Ersatzkäufe naturgemäß bei der Diffusion von Diensten und Dienstleistungen wie z.B. Kabel-, Mobilfunk- und DSL-Anschlüssen (Bähr-Seppelfricke 1999, S. 74).

Zur getrennten Betrachtung von Erst-, Ersatz- und Wiederholungskäufen lässt sich der Absatz $s(t)$ theoretisch zerlegen in

$$s_t = x_t + r_t + v_t$$

mit x_t als Erstkäufen, r_t als Wiederholungskäufen und v_t als Mehrfachkäufen in Periode t. Ersatzkäufe beziehen sich dabei auf den Ersatz entsorgter Güter. Ein Handel mit gebrauchten Produkten zwischen den Adoptionssubjekten wird per Definition ausgeschlossen (Ratchford et al. 2000).

Im Folgenden wird die Modellierung von Ersatz- und Mehrfachkäufen getrennt behandelt. Ersatzkäufe werden in der Literatur relativ umfassend thematisiert, während Verfahren zur ergänzenden Berücksichtigung von Mehrfachkäufen lediglich in wenigen Arbeiten eingesetzt werden (z.B. Bayus et al. 1989 und Steffens 2003).

Modellierung von Ersatzkäufen

Der einfachste Ansatz zur Berücksichtigung von Ersatzkäufen ist das auf durchschnittlichen Nutzungsdauern basierende Verfahren von Lawrence und Lawton (1981). Dabei wird davon ausgegangen, dass ein Produkt nach einer durchschnittlichen Nutzungsdauer $E(L)$ unmittelbar ersetzt wird. Die Gesamtkäufe ergeben sich als Summe aus Erst- und Ersatzkäufen. Für die Erstkäufe gilt $x_t = s_t$ für $t = 1,\ldots,E(L)$ und $x_t = s_t - x_{t-E(L)}$ für $t = E(L)+1,\ldots,T$. Die Annahme einer festen Nutzungsdauer für alle Einheiten ist jedoch unrealistisch. Daher ist es sinnvoll ein an der Verteilung der Nutzungsdauer orientiertes Verfahren zu verwenden.

Das von Olson und Choi (1985) vorgestellte Modell basiert auf der verteilungsorientierten Modellierung der Produktnutzungs- bzw. Lebensdauern. Da Mehrfachkäufe per Annahme ausgeschlossen werden, gilt in diesem Modell für den Produktabsatz

$$s(t) = x(t) + r(t)$$

mit $x(t)$ als Erstkäufen und $r(t)$ als Wiederholungskäufen in Periode t. Die Erstkäufe $x(t)$ werden mit einem klassischen Diffusionsmodell – i.d.R. dem Bass-Modell – abgebildet. Zur Modellierung der Ersatzkäufe wird zunächst anhand einer geeigneten Verteilung $f(L)$ für die Produktnutzungsdauer L die Wahrscheinlichkeit bestimmt, dass ein Produkt i Perioden überlebt (Überlebenswahrscheinlichkeit):

$$V(i) = \int_i^\infty f(L)\,dL$$

Die Anzahl der Ersatzkäufe in Periode t

$$r_t = \sum_{i=1}^{t} \left[V(i-1) - V(i) \right] s_{t+1-i}$$

entspricht der Summe der Verkaufszahlen der Vorperioden und der aktuellen Periode jeweils gewichtet mit der entsprechenden Wahrscheinlichkeit eines Ausfalls in Periode t. Dabei wird unterstellt, dass die Daten jeweils zum Ende einer Periode erfasst werden.

Die Ausfallrate (Hazard-Rate)

$$h(t) = \frac{f(t)}{V(t)}$$

gibt die Wahrscheinlichkeit an, dass ein Produkt in einer Periode t ersetzt werden muss, wenn es bis dahin überlebt hat. Der zeitabhängige Verlauf der Ausfallrate ist ein sinnvolles Kriterium für die Auswahl einer geeigneten Verteilung zur Modellierung der Nutzungsdauer. So ist bei einem Großteil von Produkten eine im Zeitablauf zunehmende Ausfallwahrscheinlichkeit plausibel (Bähr-Seppelfricke 1999, S. 78).

Zur Charakterisierung des Ersatzprozesses führen Oates und Spencer (1962) neben der durchschnittlichen Nutzungsdauer $E(L)$ im Sinne eines „Average Service Life" auch die maximale Nutzungsdauer („Maximum Service Life") L_{MAX} als Kenngröße ein. Die maximale Nutzungsdauer wird so festgelegt, dass die Wahrscheinlichkeit einer längeren Nutzungsdauer nur 0,01% beträgt $\left(P(L > L_{MAX}) = 0{,}0001\right)$. Der Quotient aus maximaler und durchschnittlicher Nutzungsdauer $L_{MAX}/E(L)$ kann, sofern beide Größen bekannt sind, zur Ableitung der Verteilungsparameter genutzt werden. Für die gestutzte Normalverteilung haben Oates und Spencer (1962) den Zusammenhang des Quotienten $L_{MAX}/E(L)$ zum Formparameter h tabelliert.

Als Verteilung der Lebensdauer $f(L)$ verwenden Olson und Choi (1985) die Rayleigh-Verteilung, Kamakura und Balasubramanian (1987) wählen eine gestutzte Normalverteilung. Islam und Meade (2000) vergleichen Dreiecks-, Poisson-, Rayleigh-, Gamma-Verteilung sowie die gestutzte Normalverteilung und eine Mischverteilung aus Rayleigh- und Exponentialverteilung. Zusätzlich stellen sie ein verteilungsfreies Modell für die Ersatzkäufe vor. Dabei erweisen sich bei simultaner Schätzung von Erstkauf- und Ersatzprozess einparametrische Verteilungen und der verteilungsfreie Ansatz robuster als mehrparametrische Verteilungen. Die Besonderheit bei Anwendung der Exponentialverteilung liegt in der bekannten Gedächtnislosigkeit, die zu einer konstanten Hazard-Rate führt. Ausführliche Darstellungen zu den unterschiedlichen Verteilungen und Hazard-Raten im Kontext der Ersatzbedarfmodellierung finden sich bei Islam und Meade (2000) sowie Bähr-Seppelfricke (1999, S. 78ff.).

Modellierung von Mehrfachkäufen

Neben Erst- und Ersatzkäufen berücksichtigen Bayus et al. (1989) zusätzlich Mehrfachkäufe eines Produktes. Ersatzkäufe werden im Rahmen dieser Modelle wie oben dargestellt behandelt. Die Mehrfachkäufe zum Zeitpunkt t beschreibt der Ausdruck

$$v_t = \sum_{i=1}^{t-1} SIU(t-1,i)\,h_v(t-i)$$

mit $SIU(t-1,i)$ als Anzahl der in Periode i verkauften Einheiten, die sich in Periode $t-1$ noch in Gebrauch befinden und h_v als Hazard-Rate für zusätzliche Käufe $t-i$ Perioden nach dem Erstkauf. Dabei gilt

$$SIU(t,i) = V(t-i)\,s_i$$

Mit s_i als Anzahl der verkauften Einheiten in Periode t und $V(t-i)$ als Überlebenswahrscheinlichkeit für $t-i$ Perioden. Dieser analog zum Ersatzprozess altersabhängigen Modellformulierung für Wiederholungskäufe stellt Steffens (2003) einen diffusionstheoretischen Ansatz für Wiederholungskäufe entgegen. Ausgehend von der Annahme, dass ein Mehrfachkauf nicht durch das Alter der zuerst gekauften Einheit, sondern durch eine innovative Verwendung der zusätzlichen Einheit geprägt ist, wird der Wiederholungskauf wie der Erstkauf durch ein separates Diffusionsmodell beschrieben, wobei das Sättigungsniveau durch die Anzahl der Erstkäufer gedeckelt wird.

Generell sind bei der Anwendung von Modellen, die Wiederholungskäufe (Ersatz- und Mehrfachkäufe) berücksichtigen, als Rahmenbedingungen zu unterscheiden:

1. Zeitreihen zu tatsächlichen Erst-, Ersatz- und ggf. Mehrfachkäufen liegen getrennt vor bzw. der Anteil der Wiederholungskäufe wird als bekannt vorausge-

setzt (z.B. Olson und Choi 1985, Bayus 1988, Bayus et al. 1989, Steffens 2003).

2. Analyse reiner Absatzdaten mit unbekanntem Anteil von Wiederholungskäufen (Lawrence und Lawton 1981, Kamakura und Balasubramanian 1987, Islam und Meade 2000).

Der erste Fall ist jedoch von untergeordneter praktischer Relevanz, da vielfach ausschließlich Absatzdaten ohne zusätzliche Informationen zum Anteil der Wiederholungskäufe vorliegen. Davon sind auch beide Vorgehensweisen zur zusätzlichen Berücksichtigung von Mehrfachkäufen betroffen, da auch sie die Kenntnis der Anteile von Ersatz- und Mehrfachkäufen an den Absatzzahlen voraussetzen.

Der praktisch relevantere zweite Fall kann dahingehend weiter differenziert werden, ob

a) Prior-Informationen zur Produktnutzungsdauer (beispielsweise Erwartungswerte) vorliegen und zur Bestimmung der Verteilungsparameter einbezogen werden (Lawrence und Lawton 1981, Bähr-Seppelfricke 1999, S. 83ff.) oder ob

b) die Verteilungsparameter zur Nutzungsdauer auf Basis der Zeitreihe der Absatzdaten simultan geschätzt werden (Kamakura und Balasubramanian 1987).[9] Die Schätzung kann ggf. auf Basis exogener Informationen restringiert werden.

In der vergleichenden Untersuchung dieser beiden Vorgehensweisen von Islam und Meade (2000) wird zum einen festgestellt, dass eine rein auf der Absatzzeitreihe basie-

[9] Kamakura und Balasubramanian (1987) schätzen jedoch nicht beide Parameter der gestutzten Normalverteilung simultan mit dem Diffusionsmodell, sondern geben den Formparameter h exogen vor. Dabei greifen sie auf den von Oats und Spencer (1962) tabellierten Zusammenhang zwischen dem Quotienten $L_{MAX}/E(L)$ und dem Formparameter h für die gestutzte Normalverteilung zurück und unterstellen, dass die maximale Nutzungsdauer in der Größenordnung von drei durchschnittlichen Nutzungsdauern liegt.

rende simultane Schätzung zu einer deutlich geringeren Zahl an konvergenten Schätzern führt, aber bei erfolgreicher Schätzung die Prognosegüte erhöht. Da simultane Schätzungen generell eine geringe Erfolgsquote aufweisen, bleibt unter praktischen Gesichtspunkten die exogene Vorgabe der durchschnittlichen Nutzungsdauer und ggf. auch eines weiteren Verteilungsparameters ein sinnvolles Vorgehen. Bei Verzicht auf simultane Schätzung können die Absatzdaten in Erstkäufe- und Ersatzkäufe aufgeteilt und getrennt modelliert werden (Bähr-Seppelfricke 1999, S. 83ff.). Bei exogenen Informationen zur Anzahl der Mehrfachkäufe kann dieses Vorgehen entsprechend übertragen werden, so dass die Modelle von Steffens (2003) und Bayus et al. (1989) angewendet werden können.

III Prognosen mit Wachstumskurvenmodellen

4 *Einführung*

Bei der Erstellung von Neuproduktprognosen mit Wachstumskurvenmodellen wird der Prognostiker mit einer ganzen Reihe von Herausforderungen konfrontiert, die sich zum Teil erheblich von Prognosen für etablierte Produkte unterscheiden:

- Theoretisch sind die Modelle nur für langlebige Konsumgüter bzw. Services und Investitionsgüter geeignet.
- Erstkauf-Modelle erlauben nur die Modellierung von Diffusionsprozessen. Konsumprozesse können nur mit aufwendigen Erweiterungen berücksichtigt werden (vgl. Abschnitt II-3.6).
- Diffusionsprozesse beziehen sich grundsätzlich auf Produktkategorien und nicht auf substituierbare Einzelprodukte.
- Die Zeitreihen sind in der Regel sehr kurz und verursachen daher häufig Schätzprobleme.
- Es existiert eine Vielzahl konkurrierender Prognosemodelle, deren Prognosen sich aufgrund der unterschiedlichen Funktionsverläufe teilweise erheblich unterscheiden. Für Modellauswahlentscheidung bzw. Prognosekombination existiert kein etablierter Ansatz.
- Für die Modellschätzung stehen ebenfalls mehrere Verfahren zur Verfügung, deren Ergebnisse und damit auch die resultierenden Prognosen teilweise deutlich voneinander abweichen.

Zielsetzung von Teil III dieser Arbeit ist es, die in der Literatur verfügbaren Konzepte und Vorgehensweisen zur Anwendung von Wachstumskurvenmodellen in den Prognosekontext einzuordnen und einen konsistenten Prognoseprozess zu entwickeln. Dazu soll der bekannte Prognoseprozess, dessen Grundlagen auf Box und Jenkins (1970) zurückgehen, den Besonderheiten der Neuproduktprognose mit Wachstumskurvenmodellen angepasst werden, so dass den skizzierten Problemen Rechnung getragen wird.

Dieses grundlegende Vorgehen ist notwendig, da der Anwendungsschwerpunkt der Modelle in der Literatur auf deskriptiven und normativen Fragestellungen liegt (Meade und Islam 2006). Zwar beinhalten zahlreiche Arbeiten prognostische Fragestellungen, aber nur vergleichsweise wenige Autoren behandeln die entscheidenden Punkte „Modellselektion" und „Auswahl von Schätzverfahren" und analysieren systematisch deren zum Teil erhebliche Auswirkungen auf die Prognosegüte. Diese wenigen Ansätze stehen weitgehend isoliert und ohne vergleichende Bewertung nebeneinander. Daher werden in diesem Teil der Arbeit Ansatzpunkte zur Beantwortung der wesentlichen Fragen zu Anwendungssituationen und -gebieten, der Modellselektion sowie der Auswahl eines geeigneten Schätzverfahrens aufgezeigt, bewertet und, wenn möglich, vereinheitlicht.

Der Schwerpunkt der Betrachtung wird auf relativ einfache Modelle gelegt, die neben der Zeit keine exogenen Informationen berücksichtigen. Diese Fokussierung auf die Grundmodelle und deren flexible Erweiterungen wird vorgenommen, da bereits für einfache Modelle kein konsistentes Vorgehen existiert. Insbesondere für die Modellauswahl, die erheblichen Einfluss auf die Prognosegüte hat, ist es zunächst sinnvoll, ein Vorgehen für die einfacheren Modelle zu entwickeln. Nicht zuletzt sind Prognosen einfacherer Modelle der entscheidende Benchmark für komplexere Varianten. Nur wenn ein komplexes Modell tatsächlich durchschnittlich eine höhere Prognosegüte erzielt als ein einfaches, ist seine Anwendung gerechtfertigt. Daher ist ein schlüssiges und konsistentes Vorgehen für Prognosen mit einfachen Modellen eine entscheidende Grundvoraussetzung für den Einsatz komplexerer Modelle. Generell ist die Eignung von komplexen, parameterreichen Modellen für die üblicherweise kurzen Zeitreihen bei der Neuproduktprognose ohnehin fraglich. In diesem Zusammenhang stellt eine Reihe von Autoren die Überlegenheit von einfachen Modellen bei prognostischen Anwendungen fest (vgl. Abschnitt III-8.4).

Abbildung III-1verdeutlicht diese Fokussierung anhand der in Teil II eingeführten Modellsystematik. Eine detaillierte Übersicht der in dieser Arbeit betrachteten Grundmodelle und ihrer flexiblen Erweiterungen einschließlich Funktionsform sowie Parameter- und Modelleigenschaften findet sich in Anhang A.2.

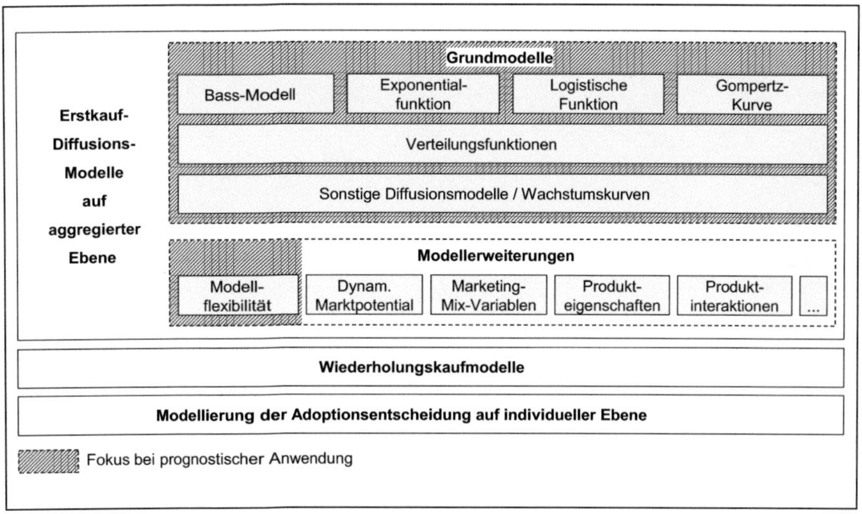

Abbildung III-1: Modellauswahl für prognostische Anwendungen

Die Untersuchung folgt dem nachstehend dargestellten Aufbau. Zunächst werden Ziele und Relevanz von Prognosen mit Wachstumskurvenmodellen einschließlich der möglichen zugrunde liegenden betriebswirtschaftlichen Entscheidungs- und Informationsbedarfe kurz erörtert. Im Anschluss werden typische Anwendungssituationen und -gebiete von Prognosen mit Wachstumskurvenmodellen sowie betriebswirtschaftliche Verwendungsmöglichkeiten behandelt. Nach einer Kategorisierung der Modelle für prognostische Anwendungen folgt die ausführliche Darstellung des Prognoseprozesses für Neuproduktprognosen. Dabei wird der Prognoseprozess an die Erfordernisse von Prognosen mit Wachstumskurvenmodellen angepasst, d.h. die bestehenden Ansätze zur Prognose mit Wachstumskurvenmodellen werden den einzelnen Prozessphasen zugeordnet und ggf. aufgrund theoretischer Überlegungen erweitert und bewertet. Daneben werden offene Punkte und bestehende Probleme des Prognoseprozesses identifiziert. Eine Auswahl dieser Probleme wird in den Teilen IV und V dieser Arbeit im Detail untersucht und Lösungsansätze entwickelt.

5 *Zielsetzung und Relevanz von Wachstumskurvenprognosen für innovative Neuprodukte*

5.1 Zielsetzung

Ziel der Prognose von Diffusionsprozessen mit Wachstumskurvenmodellen ist die bestmögliche Vorhersage des zukünftigen Diffusionsverlaufs. Erste Beobachtungen des Diffusionsverlaufs und ggf. externe Informationen dienen dazu als Informationsbasis. Im Einzelnen zielen Prognosen von Diffusionsprozessen auf

- Punkt- und Intervallprognosen von Diffusionsgrad und Diffusionsrate für mittel- und langfristige Prognosehorizonte,
- Größe und Zeitpunkt des Maximums der Diffusionsrate $\left[t^*, x\left(t^*\right)\right]$ bzw. Funktionswert und Lage des Wendepunktes $\left[t^*, X\left(t^*\right)\right]$ sowie
- Bestimmung des Sättigungsniveaus (Meade und Islam 2001).

Ob Prognosen für den Diffusionsgrad oder die Diffusionsrate erstellt werden, ist von den Informationsbedürfnissen des Anwenders abhängig. Meade und Islam (2006) nennen beispielhaft die unterschiedlichen Anforderungen von Netzbetreibern und Endgeräteherstellern im Mobilfunkbereich. Der Netzbetreiber benötigt vornehmlich Prognosen für Diffusionsgrad und Sättigungsniveau, da seine zukünftigen Einnahmen von der Gesamtzahl aller Nutzer des Netzes abhängig sind. Der Endgerätehersteller ist hingegen wesentlich stärker an der Zahl der Neuadoptionen in einer Periode (Diffusionsrate) sowie an der Prognose von Zeitpunkt und Ausprägung des Maximums der Diffusionsrate interessiert.

5.2 Relevanz von Wachstumskurvenmodellen für Neuproduktprognosen

Die Diffusion von Innovationen ist i.d.R. durch einen – mehr oder weniger – S-förmigen Verlauf gekennzeichnet, der insbesondere aus der interpersonellen Kommunikation (Imitationseffekt) und dem Marktsättigungsniveau als oberer Konvergenzschranke resultiert (vgl. Abschnitt II-1.1). Modelle zur Beschreibung und Prognose von Diffusionsverläufen müssen daher Imitations- und Marktsättigungseffekte berücksichtigten, d.h. der S-förmige Verlauf sollte modellimmanent sein (Albers und Peters 1999).

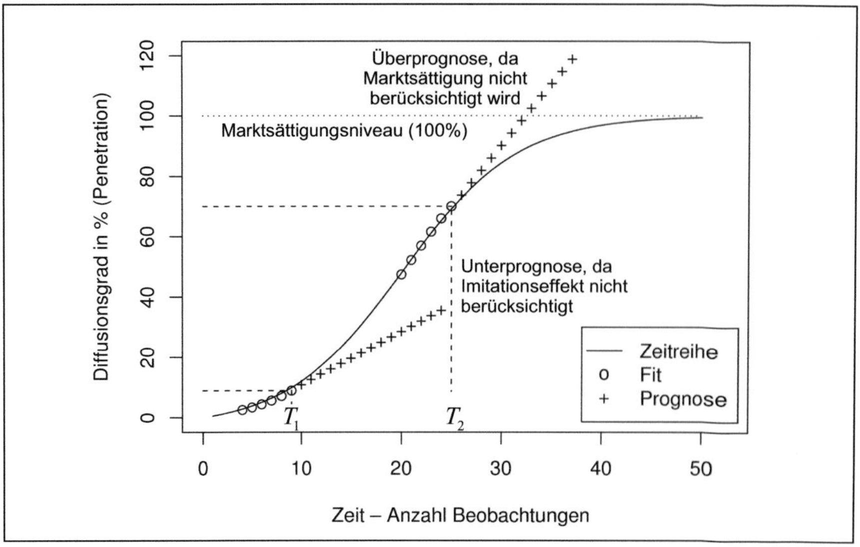

Abbildung III-2: Prognosedefizite linearer Prognosen bei Diffusionsprozessen
Quelle: Darstellung in Anlehnung an Albers und Peters 1999

Diese Modellanforderungen belegen die hohe Relevanz von Wachstumskurvenmodellen für Prognosen innovativer Neuprodukte, da der S-förmige, gegen ein Sättigungsniveau konvergierende Verlauf grundlegendes Modellcharakteristikum ist. Wachstumskurvenmodelle sind daher die geeignete Modellklasse für die Prognose innovativer Neuprodukte. Andere Modelle, wie beispielsweise lineare autoprojektive Verfahren, sind ebenfalls in der Lage, S-förmige Verläufe ex post abzubilden. Da der S-förmige Verlauf bei derartigen Modellen jedoch nicht modellimmanent ist, sind sie für Ex-ante-Prognosen ungeeignet. Abbildung III-2 illustriert diesen Sachverhalt anhand von zwei zu den Zeitpunkten T_1 und T_2 erstellten Prognosen mit einer exponentiellen Glättung nach Holt[10]. Obwohl das Modell in der Lage ist, die Diffusionskurve gut anzupassen, weisen die Prognosen erhebliche Fehler auf, da der S-förmige Verlauf nicht berücksichtigt werden kann. Liegt der Prognoseursprung T_1 nahe dem Produktanlauf, sind erhebliche Unterprognosen zu verzeichnen, weil die exponentielle Glättung Imitationseffekte unberücksichtigt lässt. Befindet sich der Prognoseursprung T_2 dagegen hinter dem Wendepunkt, sind deutliche Überprognosen die Folge, da Marktsättigungseffekte nicht berücksichtigt werden. Die Abbildung verdeutlicht anschaulich, dass Wachstumskurvenmodelle linearen autoprojektiven Verfahren insbesondere bei mittel- und langfristigen Prognosen von Diffusionsprozessen überlegen sind.

[10] Für das exponentielle Glättungsmodell mit lokalem Niveau und Trend werden $\alpha = 0{,}3$ und $\gamma = 0{,}9$ als Glättungsparameter für Niveau bzw. Trend verwendet.

6 Anwendungssituationen und -gebiete von Prognosen mit Wachstumskurvenmodellen

6.1 Anwendungssituationen

Mit dem Begriff Anwendungssituation wird im Rahmen dieser Arbeit die Stellung im Produktlebenszyklus, von der ausgehend Prognosen erstellt werden sollen, bezeichnet. Die wesentlichen Kriterien zur Charakterisierung der Anwendungssituation im Kontext von Diffusionsprozessen sind die Datenverfügbarkeit bzw. Zeitreihenlänge sowie der Wendepunkt und der bereits erreichte Diffusionsgrad.

Die Einteilung der Prognosesituation in Abhängigkeit von der Datenverfügbarkeit ist in der Literatur der mit Abstand am weitesten verbreitete Ansatz, da die Zeitreihenlänge das Vorgehen bei der Bestimmung der Modellparameter und die Güte der daraus resultierenden Prognose entscheidend beeinflusst. Während theoretisch für eine datengestützte Parameterbestimmung zumindest eine der Parameterzahl entsprechende Anzahl von Beobachtungen erforderlich ist, können frequentistische Schätzverfahren bei empirischen Anwendungen erst ab einer deutlich höheren Zahl von Beobachtungen sinnvoll angewandt werden. Prognosen vor Markteinführung, d.h. ohne verfügbare Daten der Zeitreihe, sind hingegen auf Analogieschlüsse und befragungs- bzw. panelgestützte Marktforschungsdaten angewiesen. Neben der Datenverfügbarkeit ist auch die Frage, ob die Kalibrationsstichprobe den Wendepunkt bzw. das Maximum der Diffusionsrate einschließt, für die Bewertung der Prognosesituation relevant. Die Bedeutung der Kriterien Zeitreihenlänge und Wendepunkt untermauern Heeler und Hustad (1980) sowie Srinivasan und Mason (1986) mit der Feststellung, dass stabile und robuste Schätzungen der Modellparameter (des Bass-Modells) nur erreicht werden können, wenn die Kalibrationsstichprobe mindestens 10 Beobachtungen einschließlich des Wendepunktes bzw. des Maximums der Diffusionsrate beinhaltet. Ebenfalls auf die Bedeutung des Wendepunktes verweisen Bewley und Griffiths (2003) sowie Venkatesan und Kumar (2002). Insbesondere bei Modellen mit fixem Wendepunkt determiniert ein in der Kalibrationsstichprobe liegender Wendepunkt den Schätzer des Sättigungsniveaus.

In der Literatur finden sich unterschiedliche Einteilungen der Prognosesituation im Hinblick auf die Zeitreihenlänge. Parker (1994) unterscheidet „Prognosen vor Markteinführung", „Prognosen bei wenigen Beobachtungen" und „Prognosen mit vielen Beobachtungen" (≥ 10 Datenpunkte). Meade und Islam (2006) unterteilen die Anwendungssituationen lediglich in die beiden Kategorien „Prognosen mit keinen oder wenigen Daten" und „Prognosen mit ausreichender Datengrundlage".

Gemeinsam ist allen Kategorisierungen eine gewisse Unschärfe. Diese ist jedoch kaum zu vermeiden, da die eindeutige Bestimmung einer Untergrenze für die Anwendbarkeit frequentistischer Schätzverfahren kaum möglich ist. Zum einen hängt diese Untergrenze von der Zahl der zu schätzenden Modellparameter ab (ggf. beeinflusst durch externe Vorgaben einzelner Parameter, insbesondere des Marktsättigungsniveaus) sowie davon, ob ein restringiertes Schätzverfahren eingesetzt wird. Zum Teil wird in der Literatur eine Untergrenze von 10 Beobachtungen genannt (s.o.), es finden sich aber auch Anwendungen mit lediglich 7 Beobachtungen (z.B. Meade und Islam 1998 sowie Bewley und Griffith 2003).

Weniger verbreitet als die Unterscheidung anhand von Zeitreihenlänge und Wendepunkt ist die Einteilung der Prognosesituation nach dem erreichten Diffusionsgrad in Relation zum Sättigungsniveau (z.B. Bettersworth et al. 2002). Bei empirischen Zeitreihen ist der bereits erreichte Diffusionsgrad mit den beiden anderen Kriterien Zeitreihenlänge und Wendepunkt jedoch hochgradig korreliert. Als ergänzendes Differenzierungskriterium neben den beiden anderen gibt der erreichte Diffusionsgrad zusätzliche Informationen über die Geschwindigkeit der Diffusion. Da der in Relation zum Sättigungsniveau erreichte Diffusionsgrad aber nur bei ex ante bekanntem Sättigungsniveau sinnvoll bestimmt werden kann, bleibt diese Kriterium bei der folgenden Einteilung unberücksichtigt.

Unter Beachtung der genannten Aspekte wird folgende Einteilung hinsichtlich der Anwendungssituation vorgenommen

1) *Prognosen vor Markteinführung*
   Das Produkt ist noch nicht am Markt eingeführt; es sind keine Daten der Zeitreihe verfügbar.
2) *Prognosen anhand erster Beobachtungen (< 7-10 Beobachtungen)*
   Erste Beobachtungen sind gegeben; diese sind aber nicht ausreichend für eine rein datengestützte Schätzung der Parameter.
3) *Prognosen nach der Markteinführungsphase (≥ 7-10 Beobachtungen)*
   Die verfügbare Zeitreihe erlaubt – zumindest für einfache Modelle – die Schätzung der Modellparameter.
   3a) Der Wendepunkt des Diffusionsgrades bzw. das Maximum der Diffusionsrate ist nicht in den Daten enthalten.
   3b) Die Kalibrationsstichprobe beinhaltet Wendepunkt des Diffusionsgrades bzw. das Maximum der Diffusionsrate.

6.2 Anwendungsgebiete

Generelle Anwendungsgebiete von Prognosen mit Wachstumskurvenmodellen sind, wie bereits erwähnt, innovative Neuprodukte und Services, deren Kaufprozess durch eine extensive Informationssammlung und Kommunikation geprägt ist und die meist für den langfristigen Gebrauch bestimmt sind. Dabei wird nicht der Konsumprozess sondern der Diffusionsprozess, d.h. die Zahl der Erstkäufe eines Produktes im Zeitablauf, modelliert. Dieser Prozess ist in der Regel durch einen S-förmigen Verlauf gekennzeichnet, der gegen ein ex- ante unbekanntes Marksättigungsniveau konvergiert (vgl. Abschnitt II-1.2).

In der Literatur findet sich eine Vielzahl von Anwendungen für unterschiedlichste Produkte und Branchen.[11] Folgende Hauptanwendungsgebiete lassen sich unterscheiden:

- *ICT – Informations- und Kommunikationstechnologien*
  Insbesondere Telekommunikationstechnologien und -services (z.B. Nutzerzahlen von UMTS-, DSL-Services).
- *Medien*
  Beispielsweise Prognosen zur Diffusion von Fernsehtechnologien (z.B. Bass et al. 2001) oder Prognosen zur Verbreitung von Tonträgern wie der CD-Technologie (Bewely und Griffith 2003).
- *Computer- und Halbleiterbranche*
  Insbesondere Prognosen von Mikroprozessoren und Prozessorgenerationen
- *Energie – Prognosen des Energieverbrauchs*
  Obwohl kein oberes Sättigungsniveau und damit auch kein Diffusions- sondern ein Konsumprozess vorliegt, werden die Modelle z.T. erfolgreich für Prognosen des Energieverbrauchs verwendet (z.B. Giovanis und Skiadas 1999 sowie Mohamed und Bodger 2005).
- *Langlebige Konsumgüter* (z. B. Haushaltsgeräte, Unterhaltungselektronik etc.)
- *Sonstige Anwendungen* (z.B. Diffusion von industriellen Innovationen, Agrarinnovationen, Automobilprognosen, Verbreitung chemischer Produkte / Kunststoffe, Prognose von Kundenzahlen)

Nach Meade und Islam (2006) liegt der Anwendungsschwerpunkt von Prognosen mit Wachstumskurven in der Praxis auf langlebigen Konsumgütern und Telekommunikationstechnologien. In der Literatur hat sich der Fokus in den letzten Jahren deutlich

[11] Aufstellungen der unterschiedlichen Anwendungsfelder finden sich beispielsweise bei Meade und Islam (2006, 2001), Meade (1984) sowie Mahajan et al. (1993).

von Haushaltsgeräten wie Geschirrspülern u.ä., deren Markteinführung beim Aufkommen der Diffusionstheorie in den 1960-ziger und 1970-ziger Jahren im Mittelpunkt stand, zu Informations- und Kommunikationsanwendungen verlagert.

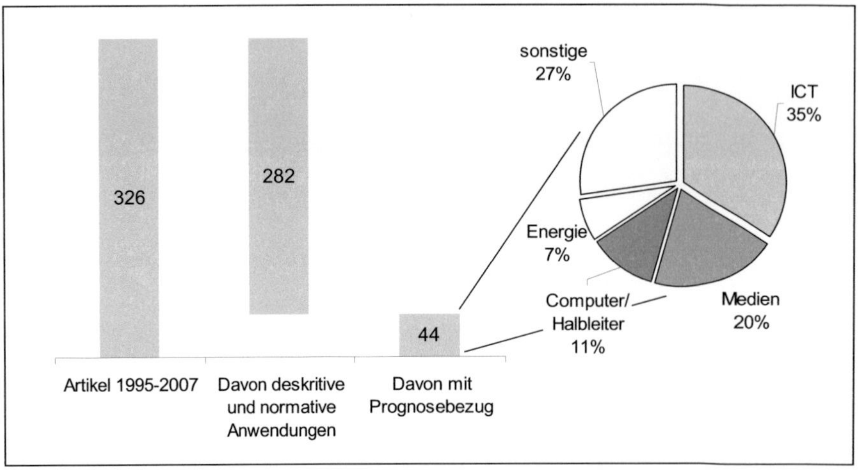

Abbildung III-3: Im „Web of Science" erfasste Publikationen zu Prognosen mit Wachstumskurvenmodellen und deren Anwendungsgebiete

Diese Entwicklung verdeutlicht Abbildung III-3, die das Ergebnis einer Abfrage des „Web of Science" für die Jahre 1995-2007 wiedergibt.[12] Die Abbildung basiert auf einer Suche nach Zitationen der grundlegenden Arbeit von Bass (1969), die in nahezu sämtlichen Texten zur Prognose mit Wachstumskurvenmodellen zitiert wird. Die Auswertung zeigt, dass die quantitative Diffusionsforschung auch 40 Jahre nach ihrer Begründung noch ein Feld mit reger Publikationsaktivität ist, wobei der Schwerpunkt

[12] Das Web of Science ermöglicht die Suche nach Zitationen („cited ref search") in einer Vielzahl von wissenschaftlichen Journalen. Es umfasst unter anderem die Vorgängerprodukte „Science Citation Index" und „Social Sciences Citation Index". Weitere Informationen finden sich unter http://scientific.thomson.com/products/wos/. Datenstand ist Mai 2007.

nach wie vor auf deskriptiver und normativer Anwendung liegt. Die 44 in den Jahren 1995-2007 erschienen Arbeiten zur prognostischen Anwendung legen den Fokus deutlich auf ICT-Anwendungen, Medien sowie die Computer- und Halbleiter-Branche.

6.3 Betriebswirtschaftliche Anwendung und Relevanz von Neuproduktprognosen mit Wachstumskurvenmodellen

Obwohl sich Prognosen von Diffusionsprozessen - zumindest in der Theorie - auf Produktkategorien und nicht auf Einzelprodukte beziehen, haben sie eine hohe betriebswirtschaftliche Relevanz, insbesondere in Märkten, die durch ein überschaubares Wettbewerbsumfeld gekennzeichnet sind. Die Modelle dienen primär zur Bewertung der zukünftigen Marktentwicklung und ermöglichen in Kombination mit Marktanteilsmodellen oder subjektiven Einschätzungen Prognosen der Marktpenetration einzelner Produkte.

Besonders aussagekräftig auf Einzelunternehmensebene sind Prognosen monopolistischer Marktsegmente, beispielsweise bei einem zeitlich befristeten Patentschutz auf innovative Medikamente oder Prognosen für Produktkategorien in denen einzelne Unternehmen eine herausragende Stellung einnehmen. In diesen Fällen erlaubt die Prognose der entsprechenden Produktkategorie zuverlässige Aussagen über die zukünftige Entwicklung des eigenen Geschäftes.

Die erstellten Prognosen, sowohl auf Ebene der Produktkategorie als auch auf Einzelproduktebene, bilden einen wichtigen Input für die Marketingplanung einzelner Produkte. Neben der reinen Absatzplanung unterstützen sie eine effektive zeitliche und quantitative Planung von Marketing-Mix-Variablen für die einzelnen Produktlebenszyklus-Phasen. Hauptadressat und Nutzer der Neuproduktprognosen sind dementsprechend die marktnahen Unternehmensbereiche Marketing und Vertrieb.

Typische Fragestellungen und Entscheidungsbedarfe im Rahmen der Produktlebenszyklus-Planung, die den Prognosezielen zugrunde liegen, sind unter anderem:

- Welches Marktpotenzial hat eine Produktkategorie? Wie entwickelt sich ein Marktsegment in den nächsten Jahren?
- Welche Vertriebskapazitäten werden zu welchem Zeitpunkt benötigt?

Strategien zur optimierten Gestaltung des Marketing-Mix für die einzelnen Phasen des Produktlebenszyklus, wie sie in normativen Studien entwickelt wurden, können auf Basis genauer Prognosen effektiv umgesetzt werden.[13] Die Kombination von Erkenntnissen normativer Studien mit der prognostischen Anwendung der Modelle kann zusätzlich die Planung von

- Zeitraum und Intensität von Preis- und Werbemaßnahmen gemäß der Stellung im Produktlebenszyklus sowie
- des optimalen Zeitpunktes für die Einführung eines Nachfolgeproduktes

unterstützen. Neben der direkten Bedeutung für die Marketing- und Vertriebsplanung haben Neuproduktprognosen mittelbaren Einfluss auf sämtliche primären Aktivitäten der Unternehmenswertkette. Cohen et al. (2000) verweisen in diesem Zusammenhang auf die nachgelagerte Interaktion mit der Produktions- und Logistikplanung:

- Produktions- und Lagerbestandsplanung: Benötigte Produktionsmenge und erforderlicher Lagerbestand während des Produktlebenszyklus.
- Technologie- und Prozessplanung: Auswahl der geeigneten Produktionstechnologie und Planung der Produktionsprozesse.
- Kapazitätsplanung: Benötigte Produktions-, Lagerhaltungs- und Distributionskapazität während des gesamten Produktlebenszyklus.

---

[13] Einen umfassenden Überblick zu normativen Studien und resultierenden Normstrategien geben z.B. Mahajan et al. (1993).

Der betriebswirtschaftliche Nutzen von Prognosen des Diffusionsverlaufs von Neuprodukten unterliegt einem grundsätzlichen Dilemma. Prognosen für Neuprodukte sind umso nützlicher und wertvoller, je eher sie im Produktlebenszyklus verfügbar sind. Dementsprechend sollten die Prognosen des Diffusionsprozesses für die Markt- und Kapazitätsplanung bereits deutlich vor der Markteinführung eines Produktes vorliegen. Zu diesem frühen Zeitpunkt sind im Regelfall jedoch nicht genügend Informationen vorhanden, um die Parameter eines Diffusionsmodells valide zu bestimmen. Dies hat zur Folge, dass Prognosen, die vor Markteinführung oder basierend auf sehr wenigen Beobachtungen erstellt werden, im Regelfall sehr ungenau und mit hoher Unsicherheit behaftet sind. Mahajan et al. (1993) folgern sogar aus diesem Dilemma: „[...] by the time sufficient observations have been developed for reliable estimation, it is too late to use the estimates for forecasting purposes“.

Werden Prognosen nach Markteinführung erstellt, ist die Anzahl der verfügbaren Beobachtungen auch immer eine Frage der Granularität der Daten. Durch die Verwendung höherfrequenter Daten anstelle der weitverbreiteten Jahresdaten ist es möglich, auch für verkürzte Produktlebenszyklen frühzeitig Prognosen zu erstellen (vgl. Abschnitt III-8.2 zur Zeitreihengranularität).

Daneben stellt sich natürlich die Frage, welche Alternativen für Neuproduktprognosen zur Verfügung stehen. Die Anwendung von Testmarktverfahren ist bei den hier im Fokus stehenden langlebigen Konsumgütern in den meisten Fällen nicht möglich, da im Gegensatz zu neuen Verbrauchsgütern vor Markteinführung keine Testprodukte zur Verfügung stehen. Befragungsgestützte Marktforschung anhand von Produktkonzepten (beispielsweise mit Hilfe von von Conjoint-Analysen) liefern vor Produkteinführung wichtige Informationen über die Wahrnehmung des Produktes durch potenzielle Kunden und deren Kaufabsichten (z.B. Gustafsson et al. 2007, Green und Srinivasan 1978). Diese Informationen stehen aber nicht neben den hier betrachteten Modellen, sondern können komplementär als Input herangezogen werden. Insbesondere die externe Vorgabe des Marktsättigungsniveaus auf Basis von Marktforschungsinformationen kann ein sinnvoller Ansatzpunkt sein. In diesem Fall liegt der Zusatznutzen des Wachstumskurvenmodells in der Bereitstellung von Informationen zur Absatzentwicklung im Zeitablauf. Diese Prognosen sind wie bereits erwähnt neben dem Marksättigungsniveau ebenfalls unverzichtbar für die periodenbezogene Kapazitätsplanung eines Unternehmens. Die externe Vorgabe einzelner Parameter reduziert zusätzlich den für die Schätzung notwendigen Datenumfang.

Der Nutzen von Wachstumskurvenmodellen in betriebswirtschaftlichen Anwendungen liegt also insbesondere in periodenbezogenen Prognosen der Marktentwicklung, die in allen Phasen des Produktlebenszyklus benötigt werden. Frühzeitige Aussagen zum langfristigen Erfolgspotenzial eines Neuproduktes bzw. einer Innovation sind jedoch mit diesen Modellen allein kaum möglich. Hier sollte auf befragungsgestützte Marktforschungsdaten zurückgegriffen werden. Dieses Fazit zeigt, dass die oben aufgeführte Einschätzung von Mahajan et al. (1993) zwar zu weit geht, mithin aber einen wahren Kern hat.

7 *Modellkategorisierung für Prognosen und Struktur des Fehlerterms*

7.1 Modellkategorien

Wie bereits erwähnt, liegt der Schwerpunkt der weiteren Betrachtung auf relativ einfachen Modellen, d.h. den Grundmodellen und ihren flexiblen Erweiterungen. Wesentliche Unterscheidungsmerkmale dieser Modelle sind Symmetrie und Flexibilität sowie die Modellstruktur und die Anzahl der Parameter.

Hinsichtlich der Symmetrie und Flexibilität werden in Anlehnung an Meade und Islam (1998) vier Hauptkategorien unterschieden. Als entscheidendes Kriterium dient dabei die Lage des Wendepunktes:

1) Kein Wendepunkt: Exponentialfunktion
2) Symmetrisch und fixer Wendepunkt bei $X_{t^*} = 0{,}5m$
3) Asymmetrisch und fixer Wendepunkt bei $X_{t^*} < 0{,}5m$ [14]
4) Modelle mit flexiblem Wendepunkt
   - 4a) Voll flexibel: Der Wendepunkt ist zwischen 0% und 100% Sättigungsniveaus flexibel
   - 4b) Beschränkt flexibel: Der Wendepunkt ist nur in einem bestimmten Intervall flexibel. Beispiel: Der Wendepunkt des Bass-Modells liegt zwischen 0% und 50% des Sättigungsniveaus.

Eine Unterscheidung der betrachteten Modelle bzw. Modellrepräsentationen nach der Modellstruktur resultiert ebenfalls in vier Kategorien (in Anlehnung an Meade und Islam 1998):

---

[14] Bei allen im Rahmen dieser Arbeit betrachteten asymmetrischen Modellen mit fixem Wendepunkt liegt dieser unterhalb von 50% des Sättigungsniveaus.

1) Globale nicht-lineare Kurven für den Diffusionsgrad: $X_t = f_1(t)$
   Abhängige Variable dieser Modelle ist stets der Diffusionsgrad. Die Zeit t ist die einzige erklärende Variable.

2) Linearisierte Modelle: $f_2(X_t) = a + bt$

   Bei linearisierten Modellen wird der Diffusionsgrad transformiert und linear modelliert. Vorteil linearisierter Modelle ist, dass lineare Regression zur Modelschätzung verwendet werden kann. Um diese Transformation vornehmen zu können, ist jedoch die Ex-ante-Kenntnis des Sättigungsniveaus m, mithin einer Größe, die im Regelfall prognostiziert werden soll, erforderlich. Die Modellschätzung ist mit nicht-linearer Regression auch bei unbekanntem Sättigungsniveau möglich; die linearisierte Modellrepräsentation verliert dann aber ihren Vorteil gegenüber den nicht-linearen Repräsentationen desselben zugrunde liegenden Modells.

3) Autoregressive Modelle für Diffusionsrate und Diffusionsgrad: $x_t = f_3(X_{t-1})$ bzw. $X_t = f_4(X_{t-1})$.

   Die erklärende Variable in diesen Modellen ist die eigene Vergangenheit der Zeitreihe in Form des Diffusionsgrades. Bei dieser Repräsentationsform wird die Prognose immer ausgehend von der letzten verfügbaren Beobachtung erstellt. Sofern diese Beobachtung der Zeitreihe kein Ausreißer ist, kann dies, besonders bei Prognosen mit kurzen Horizonten, ein Vorteil gegenüber globalen Modellrepräsentationen sein.

4) Sonstige Modelle
   Beispielsweise hybride Modelle wie das Harvey-Modell, das neben der Zeit t auch den verzögerten Diffusionsgrad X_{t-1} als erklärende Variable beinhaltet (vgl. Abschnitt II-3.1.2).

Eine weitere und zwar die einfachste Modellkategorisierung ist die Einteilung anhand der Parameterzahl. Bei den im Rahmen dieser Arbeit betrachteten Modellen handelt es sich um 2, 3, 4- und 5-parametrische Modelle (einschließlich des Parameters *m* für das Sättigungsniveau). Komplexe Modelle mit vier oder fünf Parametern haben den Vorteil, dass sie individuelle Zeitreihenverläufe besser abbilden können als einfachere Modelle. Als Folge treten aber bei kurzen Zeitreihen zum Teil erhebliche Schätzprobleme auf. Außerdem ist ein positiver Zusammenhang von Anpassungs- und Prognosegüte zumindest fraglich (z.B. Hardie et al. 1998, Meade und Islam 1995a, Young 1993). Bestimmte Diffusionsverläufe erfordern jedoch komplexe Modelle, da nur 4- und 5-parametrische Modelle hinsichtlich der Lage des Wendepunktes voll flexibel sind. Einfachere 2- und 3-parametrische Modelle haben den Vorteil der besseren Schätzbarkeit. Außerdem konstatieren einige Autoren den einfacheren Modellen eine höhere Prognoseeignung als komplexeren (z.B. Hardie et al. 1998, Meade und Islam 1995a, 1998).

Die Modellübersicht in Anhang A.2 beinhaltet detaillierte Informationen zu Symmetrie und Flexibilität, Modellstruktur und Anzahl der Modellparameter der einzelnen Modelle.

7.2 Struktur des Modellfehlerterms

In diesem Abschnitt sollen Eigenschaften und Struktur des bislang nicht explizit thematisierten Modellfehlerterms erörtert werden.[15] In der weit überwiegenden Anzahl der Beiträge zu Wachstumskurvenmodellen wird von einem additiven, unabhängig identisch verteilten (i.i.d.) Fehlerterm ε_t mit konstanter Varianz $V(\varepsilon_t)=\sigma^2$ und einem Erwartungswert von Null $E(\varepsilon_t)=0$ ausgegangen. Allerdings wird nur in Ausnahmefällen (z.B. Young und Ord 1989 sowie Bewley und Griffiths 2003) beachtet, dass ein solcher Fehlerterm höchst unterschiedliche Auswirkungen und inhaltliche Be-

[15] Auf eine explizite Darstellung des Fehlerterms bei einzelnen Modellen oder Modellkategorien wurde bis hierhin verzichtet, da diese für das inhaltlich Verständnis bislang nicht erforderlich war.

deutungen hat, je nachdem um welche Modellkategorie es sich handelt. So gilt bei einem Modell der Kategorie 1 (globale nicht-lineare Kurven) der Form $X_t = f_1(t) + \varepsilon_t$ (mit Fehlerterm) für die Varianz der Zeitreihe unmittelbar $V(X_t) = V(\varepsilon_t) = \sigma^2$. Bei einem linearisierten Modell der Form $f_2(X_t) = a + bt + \varepsilon_t$ mit $f_2(X_t) = \ln\left(\frac{X(t)}{m - X(t)}\right)$ bedeutet eine konstante Varianz des Fehlerterms hingegen einen heteroskedastischen Diffusionsgrad X_t dessen Varianz über eine lineare Taylorreihen-Expansion als

$$V(X_t) \approx \frac{V(g(X_t))}{\left(\frac{\partial g(X_t)}{\partial X_t}\right)^2} = \frac{\sigma^2}{\left(\frac{\partial g(X_t)}{\partial X_t}\right)^2}$$

approximiert werden kann. $V(X_t)$ nimmt in diesem Fall bis zum Wendepunkt des Modells streng monoton zu und danach wieder ab (Young und Ord 1989).

Aufgrund dieser erheblichen Unterschiede erscheint es zunächst sinnvoll, auf die Varianz der betrachteten Diffusionszeitreihen näher einzugehen. Unter theoretischen Gesichtspunkten ist die Annahme sinnvoll und plausibel, dass die Variation eines Diffusionsverlaufs durch die in jeder Periode neu hinzutretende Adopterzahl verursacht wird. Dementsprechend entsteht die Variation periodenbezogen, d.h. auf der Diffusionsrate. In der Zeitreihe des Diffusionsgrades schlägt sich diese Variation folglich in kumulierter Form nieder.

Für die Varianzstruktur der Diffusionsrate sind konstante Varianz, Heteroskedastizität und mit erreichtem Diffusionsgrad abnehmende Varianz prinzipiell plausible Alternativen. Konstante Varianz sollte angenommen werden, soweit keine Hinweise auf andere Strukturen in der Zeitreihe erkennbar sind.[16] Das Auftreten von Heteroskedastizität in Form einer zum Erwartungswert der Diffusionsrate proportionalen Varianz ist ebenfalls eine sinnvolle Alternative, da in der Praxis bei vielen Zeitreihen eine mit dem Niveau zunehmende Streuung zu beobachten ist (z.B. Greene 2003, S. 215ff.). Die Varianz eines heteroskedastischen Fehlerterms $u_t = x_t^{\gamma}\,\varepsilon_t$ lautet dementsprechend $V(u_t) = x_t^{2\gamma}\sigma_\varepsilon^2$. Typischerweise werden zu x_t oder x_t^2 proportionale Spezifikationen der Varianz verwendet, d.h. es werden $\gamma = 1/2$ bzw. $\gamma = 1$ gesetzt (Greene 2003, S. 226). Im Kontext von Neuproduktprognosen mit Diffusionsmodellen ist auch eine mit zunehmendem Diffusionsgrad abnehmende Varianz der Diffusionsrate denkbar. Dahinter steht die Überlegung, dass die in der Varianz ausgedrückte Unsicherheit mit zunehmender Marktdurchdringung stetig abnimmt (Islam 1996). Je geringer mit fortschreitender Diffusion die Differenz $m - X_t$ zwischen erreichtem Diffusionsgrad und Sättigungsniveau wird, desto geringer wird auch die Varianz $V(u_t) = (m - X_t)^{2\alpha}\,\sigma_\varepsilon^2$ des Fehlerterms $u_t = (m - X_t)^{\alpha}\,\varepsilon_t$.

Tabelle III-1 zeigt den Modellfehlerterm und seine Varianz für die drei skizzierten Alternativen jeweils für die Diffusionsrate und daraus resultierend für den Diffusionsgrad. Folgende Annahmen sind dabei zugrunde gelegt:

1. Die Variation entsteht periodenbezogen, d.h. auf der Diffusionsrate.
2. Unabhängigkeit der Fehler: ε_t ist unabhängig, identisch verteilt (i.i.d.), insbesondere besteht keine Autokorrelation zwischen den einzelnen Fehlern.
3. Für den Erwartungswert des Fehlerterms gilt $E(\varepsilon_t) = 0$ bzw. $E(v_t) = E\left(\sum_{i=1}^{t} \varepsilon_i\right) = 0$.

[16] Dabei existiert die Problematik, dass verfahrensspezifische Ansätze zur Aufdeckung von Heteroskedastizität nur rudimentär existieren (vgl. Abschnitt III-8.2).

Nicht-kumulierte Zeitreihe (Diffusionsrate)	Kumulierte Zeitreihe (Diffusionsgrad)
Konstante Varianz des Fehlerterms	
Fehlerterm: ε_t Varianz: $V(\varepsilon_t) = \sigma^2$	Fehlerterm: v_t Varianz: $V(v_t) = \sum_{i=1}^{t} \sigma_\varepsilon^2 = t\,\sigma_\varepsilon^2$
Heteroskedastische Zeitreihe (mit $E(x_t)$ zunehmende Varianz)	
Fehlerterm: $u_t = x_t^\gamma\, \varepsilon_t$ Varianz: $V(u_t) = x_t^{2\gamma} \sigma_\varepsilon^2$ typische Werte: $\gamma = 1/2,\ 1$	Fehlerterm: $v_t = \sum_{i=1}^{t} u_i = \sum_{i=1}^{t} x_i^\gamma\, \varepsilon_i$, Varianz: $V(v_t) = \sigma_\varepsilon^2 \sum_{i=1}^{t} x_t^{2\gamma}$
Mit zunehmendem Diffusionsgrad abnehmende Varianz	
Fehlerterm: $u_t = (m - X_t)^\alpha\, \varepsilon_t$ Varianz: $V(u_t) = (m - X_t)^{2\alpha}\, \sigma_\varepsilon^2$	Fehlerterm: $v_t = \sum_{i=1}^{t} u_i = \sum_{i=1}^{t} (m - X_i)^\alpha\, \varepsilon_i$ Varianz: $V(v_t) = \sigma_\varepsilon^2 \sum_{i=1}^{t} (m - X_i)^{2\alpha}$

Tabelle III-1: Überblick unterschiedlicher Strukturen des Modellfehlerterms

Da eine periodenweise Entstehung der Variation unterstellt wird, entspricht der Modellfehlerterm für den Diffusionsgrad jeweils der Summe der Fehlerterme für die Diffusionsrate. Die in Tabelle III-1 dargestellten Alternativen für den Modellfehlerterm sind unmittelbar für Modelle der Kategorien 1 und 3 (globale nicht-lineare Kurven und autoregressive Modelle, vgl. Abschnitt III-7.1) anwendbar.

Die größte Herausforderung bei Prognosen in der Praxis ist die korrekte Identifikation der tatsächlichen Fehlerstruktur. Da die Zeitreihen vielfach sehr kurz sind, ist es de facto kaum möglich, Heteroskedastizität oder mit zunehmendem Diffusionsgrad abnehmende Varianz zu identifizieren. Islam (1996) zeigt, dass alternative Varianzstrukturen wie Heteroskedastizität und mit zunehmendem Diffusionsgrad abnehmende Varianz relevanten Einfluss auf die Prognosegüte haben. Gleichzeitig wird aber auch festgestellt, dass die betroffenen Zeitreihen gegenüber homoskedastischen Zeitreihen in der Praxis den deutlich geringeren Anteil darstellen. Wenn die Identifikation einer besonderen Fehlerstruktur anhand der bis zum Prognoseursprung vorliegenden Daten nicht möglich ist, ist es daher plausibel, Homoskedastizität anzunehmen.

Einen Sonderfall bilden linearisierte Modellrepräsentationen, da sie implizit Heteroskedastizität des Diffusionsgrades unterstellen (s.o.). Unter theoretischen Gesichtspunkten sollten diese Modelle dementsprechend nur angewendet werden, wenn Diffusionsgrad bzw. Diffusionsrate heteroskedastische Varianzen aufweisen.

Weitverbreitet in der Literatur ist ebenfalls die Verwendung einer konstanten Varianz für globale, nicht-lineare Kurven des Diffusionsgrades $X(t)=f(t)+\varepsilon_t$ (vgl. z.B. Meade 1984, Meade und Islam 1995a, 2001, Hardie et al. 1998). Diese Annahme impliziert jedoch, dass die Varianz des Diffusionsgrades nicht durch Schwankungen der Neuadopterzahlen in einzelnen Perioden verursacht wird, sondern aus Schwankungen der kumulierten Adopterzahl resultiert. Diese Annahme ist jedoch unter theoretischen Gesichtspunkten höchstens dann plausibel, wenn die Annahme der Unumkehrbarkeit der Adoption aufgegeben wird, d.h. wenn Adopter auch in den Zustand der Nicht-Adopter zurückwechseln können. In diesem Fall entsteht die Variation des Diffusionsgrades sowohl durch die Neuadopter der jeweiligen Periode als auch durch den Anteil der kumulierten Adopter, die sich von der Nutzung eines Produktes abwenden.

Generell ist auch die Verwendung additiver Fehlerterme im Rahmen der Modellierung kritisch zu hinterfragen. So bedingt ein additiver, identisch verteilter Fehlerterm mit $E(\varepsilon_t)=0$ theoretisch die Möglichkeit negativer Adoptionszahlen, zumindest sofern die Varianz der Zeitreihe hinreichend groß ist. Diese Problematik tritt auch bei der Simulationen von Zeitreihen unter Verwendung additiver Fehlerterme offen zu Tage (vgl. Teile IV und V). Unter theoretischen Gesichtspunkten hätte die Verwendung einer multiplikativen Fehlerstruktur also durchaus Vorteile. Die Handhabung der Modelle wird jedoch komplizierter. Srinivasan und Mason (1986), die diese Überlegungen ebenfalls anstellen, kommen anhand empirischer Analysen zu dem Ergebnis, dass die Prognosegüte bei Verwendung einer multiplikativen Fehlerstruktur im Durchschnitt geringer ausfällt. Die skizzierte Problematik additiver Fehlerterme ist jedoch nicht auf Diffusionsmodelle beschränkt, sondern besteht theoretisch immer dann, wenn beliebige nicht-negative Zeitreihen modelliert werden. Trotz der skizzierten Unzulänglichkeiten werden im Folgenden additive Fehlerstrukturen verwendet, da diese zum einen die Handhabung erleichtern und zum anderen der Großteil der Zeitreihen, wie bereits erwähnt, homoskedastisch ist, was einer multiplikativen Fehlerstruktur entgegensteht.

8 *Prognoseprozess für Neuproduktprognosen mit Wachstumskurvenmodellen*

8.1 Überblick Prognoseprozess

Abbildung III-4 gibt einen Überblick über den Prognosenprozess für Neuproduktprognosen mit Wachstumskurvenmodellen. Dazu wurde die von Box und Jenkins (1970) eingeführte prozessuale Vorgehensweise für Box-Jenkins-ARIMA-Modelle an die Besonderheiten von Neuproduktprognosen mit Wachstumskurvenmodellen adaptiert (vgl. auch Box et al. 1994 sowie Küsters 2006).

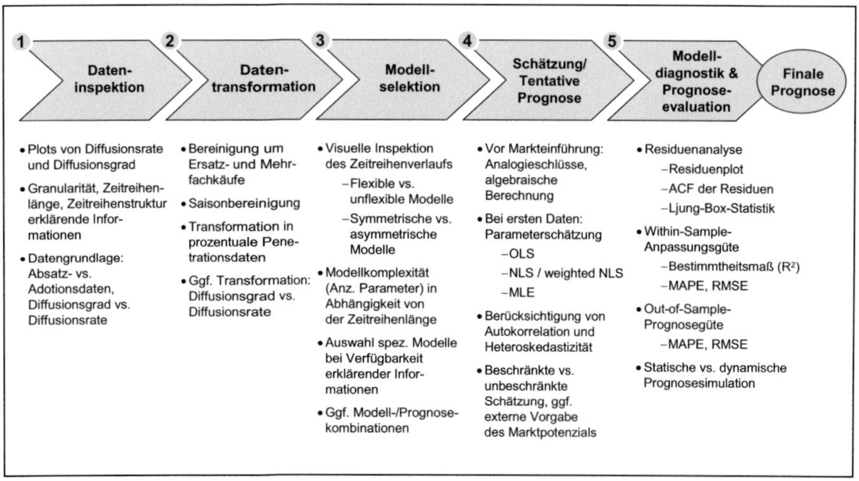

Abbildung III-4: Überblick Prognoseprozess

Der definierte Prognoseprozess führt in fünf Schritten von der (1) Dateninspektion über (2) Datentransformation, (3) Modellselektion, (4) Modellschätzung / tentative Prognose und (5) Modelldiagnostik & Prognoseevaluation zur finalen Prognose. Im Gegensatz zum Aufbau des klassischen Prognoseprozesses werden hier die auf tentativen Prognosen beruhenden Prognosesimulationen bereits in Schritt (5), d.h. vor Erstellung der finalen Prognose durchgeführt. Der Prognoseprozess wird nicht streng sequentiell durchlaufen, sondern sieht Rückkopplungen vor. Wird in den Prozessphasen vier oder fünf festgestellt, dass das gewählte Modell für die betrachtete Zeitreihe ungeeignet ist, werden Modellselektion und ggf. auch Dateninspektion und -transformation erneut durchlaufen. Diese iterative Modell-Reselektion erfolgt so lange, bis das gewählte Modell valide ist und/oder kein besseres Modell identifiziert werden kann. Erst dann wird eine finale Prognose mit den benötigten Prognosehorizonten für das betrachtete Neuprodukt erstellt.

Die einzelnen Phasen des Prognoseprozesses werden in den folgenden Abschnitten detailliert behandelt. Dazu werden bestehende Ansätze zur Prognose mit Wachstumskurvenmodellen den einzelnen Prozessphasen zugeordnet, erörtert und bewertet sowie aufgrund theoretischer Überlegungen erweitert. Zu jedem Prozessschritt werden offene Fragen / Probleme bzw. ein zukünftiger Forschungsbedarf abgeleitet.

8.2 Problemdefinition, Datensammlung und -inspektion

Zu Beginn des Prognoseprozesses steht die genaue Abgrenzung und Definition des Prognoseproblems. Obwohl dieser erste Schritt in der Prognoseliteratur kaum Beachtung findet, ist die Problemdefinition für die Prognosepraxis ein äußerst wichtiger und ggf. auch aufwendiger Schritt. Nur wenn zu Beginn des Prognoseprozesses klare Ziele gesetzt werden, können die nachfolgenden Prozessschritte zielkongruent durchlaufen werden. Parker (1994) verweist in diesem Zusammenhang auf die Notwendigkeit eines tiefgehenden Verständnisses des Diffusionsprozesses und der Marktsituation eines Neuproduktes, bevor ein Prognosemodell spezifiziert wird.

Folgende Fragestellungen können als Leitfaden für die Erarbeitung einer Problemdefinition dienen:

- Für welche Neuprodukte werden Prognosen benötigt und was ist das zugrunde liegende betriebs- oder volkswirtschaftliche Problem?

- Was sind Ziel und Verwendungszweck dieser Prognosen? Liegt der Fokus (1) auf der Prognose von Sättigungsniveau und kumulierten Adoptionszahlen oder (2) auf Zeitpunkt und Ausprägung des Maximums der Diffusionsrate sowie der Anzahl der Neuadoptionen pro Periode?
- Soll die Diffusion eines einzelnen Neuproduktes oder einer Produktgruppe prognostiziert werden?
- Welche Prognosehorizonte werden benötigt?
- Werden ausschließlich Punktprognosen oder auch Intervallprognosen benötigt?

Neben diesen Fragestellungen ist stets auch der mit der Prognoseerstellung verbundene Aufwand bei der Problemdefinition zu berücksichtigen, d.h. eine ökonomische Kosten-Nutzen-Analyse für die zu erstellenden Prognosen sollte ein integraler Bestandteil sein.

Im Anschluss an die Definition des Prognoseproblems steht die Datensammlung. Dabei ist zwischen numerischen, objektiven Daten und Experteneinschätzungen bzw. Befragungen zu unterscheiden. Insbesondere im Rahmen der i.d.R. auf einer kurzen Historie basierenden Neuproduktprognose haben Experteneinschätzungen und Marktforschungsmaßnahmen (z.B. Befragungen potenzieller Kunden) eine hohe praktische Relevanz.

Sofern das Neuprodukt bereits am Markt eingeführt ist, steht die Bereitstellung der Zeitreihe mit den historischen Adoptionen bzw. Verkaufszahlen im Zentrum der Datensammlung. Daneben werden Zusatzinformationen erhoben, die möglicherweise einen Erklärungsbeitrag für den Diffusionsverlauf bieten. Dazu zählen in erster Linie Informationen über die Größe des Marktes, d.h. die Anzahl der potenziellen Adoptionssubjekte innerhalb des betrachteten Marktes. Diese im Regelfall verfügbare Information ermöglicht es, Diffusionsrate und -grad als relative Größen auszudrücken. Diese Vorgehensweise eliminiert, wie bereits erwähnt, Veränderungen der Population wie beispielsweise eine Zunahme der Haushaltszahlen oder des Bevölkerungswachstum als

Einflussgrößen der Diffusion. Als positiver Nebeneffekt ergibt sich mit 100% eine obere Schranke für den Modellparameter des Marktsättigungsniveaus, so dass die Modellschätzung entsprechend restringiert werden kann, um unplausible Parameterschätzer und Prognosen zu vermeiden.

Neben Informationen zur Größe des Marktes sollte die Verfügbarkeit erklärender exogener Informationen geprüft werden. Dazu gehören:

- Marktforschungsdaten / Expertenschätzungen für das Marktsättigungsniveau
  Diese Informationen sind insbesondere bei Prognosen mit wenigen Daten oder vor Markteinführung erforderlich. Zur Erhebung und Strukturierung von Experteneinschätzungen können Delphi-Ansätze und Decision Calculus verwendet werden (Parker 1994).
- Marketing-Mix-Variablen
  Um einen relevanten Beitrag für prognostische Fragestellungen zu liefern, müssen Informationen zu Marketing-Mix-Variablen wie Preis, Werbeaufwand etc. für den gesamten Prognosehorizont verfügbar sein.
- Vorgänger-Nachfolger-Beziehungen zwischen Produkten
- Zeitpunkt des Markteintritts komplementärer oder substitutiver Produkte
- Sonstige vorhersehbare / bekannte / planbare Ereignisse mit Bedeutung für den Produktlebenszyklus

Bei Prognosen vor Markteinführung wird das Sättigungsniveau vielfach extern vorgegeben und anhand von Zeitreihen des Diffusionsverlaufs möglichst ähnlicher Produkte werden Analogieschlüsse für die weiteren Modellparameter getroffen. Dabei empfehlen Lilien et al. (2000), die Auswahl von Produkten für Analogieschlüsse stärker auf Ähnlichkeiten hinsichtlich des erwarteten Marktverhaltens als auf direkte Ähnlichkeiten der Produkte zu stützen.

Den nächsten Schritt bildet die explorative Analyse der zu prognostizierenden Zeitreihe sowie ggf. der verfügbaren Zusatzinformationen im Rahmen der Dateninspektion. Ziel der Dateninspektion ist es, Struktur und charakteristische Eigenschaften der Zeitreihe zu erkennen (Küsters 2006). Eine sorgfältige Dateninspektion legt die Grundlage für eine adäquate Modellauswahl und Schätzung. Im Anschluss an die Dateninspektion ergibt sich vielfach die Notwendigkeit zur Datentransformation bevor Wachstumskurvenmodelle angewendet werden können (vgl. Abschnitt III-8.3).

Bei der Neuproduktprognose mit Wachstumskurven erfolgt die Dateninspektion hauptsächlich anhand der visuellen Analyse von Plots für Diffusionsrate und Diffusionsgrad. Einfache deskriptive Statistiken wie Mittelwerte, Varianz etc. sind aufgrund des bereits skizzierten Kurvenverlaufs im Regelfall nicht sinnvoll interpretierbar. Aufbau und Elemente der nachfolgend beschriebenen Dateninspektion orientieren sich an Küsters (2006) und wurden an die Besonderheiten der Neuproduktprognose adaptiert.

Im Rahmen der Dateninspektion sollten folgende Aspekte betrachtet werden:

- **Länge der Zeitreihe**

  Hier ist zu unterscheiden, welche der in Abschnitt III-6.1 unterteilten Prognosesituationen vorliegt, d.h. insbesondere, ob die Prognose vor oder nach Markteinführung erstellt werden soll. Die Länge einer Zeitreihe hat große Bedeutung für die Auswahl eines geeigneten Modells und Schätzverfahrens. Neben der absoluten Länge der Zeitreihe ist es notwendig, zu untersuchen, ob die erste verfügbare Beobachtung tatsächlich mit der Markteinführung des Neuproduktes zusammenfällt oder ob die Zeitreihe wegen der Nichtverfügbarkeit von Daten linksseitig trunkiert ist, was in der Praxis nicht selten der Fall ist (Parker 1994). Sofern keine weiteren Informationen zur Markteinführung vorhanden sind, kann der bei der ersten verfügbaren Beobachtung erreichte Diffusionsgrad ein Anhaltspunkt sein. Eine nähere Erörterung des Einflusses der Zeitreihenlänge auf Modellauswahl und Schätzung erfolgt in den Abschnitten III-8.4 bzw. III-8.5.

- **Zeitpunkt der Prognose im Produktlebenszyklus**

  Die Frage nach dem Zeitpunkt der Prognose im Produktlebenszyklus ist eng mit der Zeitreihenlänge verknüpft. Entscheidend ist hier vor allem, ob der Wendepunkt des Diffusionsgrades bzw. das Maximum der Diffusionsrate bereits erreicht ist. In diesem Zusammenhang konstatieren bereits Heeler und Hustad (1980) sowie Srinivasan und Mason (1986) eine deutliche Verbesserung der Prognosegüte, wenn der Wendepunkt innerhalb der zur Modellschätzung verwendeten Kalibrationsstichprobe liegt.

- **Verlaufsform**

  Der Begriff Verlaufsform kennzeichnet die Lage des Wendepunktes sowie die Symmetrie bzw. Schiefe der Daten. Insbesondere wenn der Wendepunkt in den Daten enthalten und deutlich erkennbar ist, stellt die visuelle Inspektion ein adäquates Mittel zur Beurteilung der Verlaufsform dar. Ist der Wendepunkt jedoch noch nicht erreicht oder nicht identifizierbar, ist eine Beurteilung der Verlaufsform in der Praxis schwierig. Wegen der erheblich divergierenden Funktionsverläufe der verwendeten Modelle[17] ist die Einschätzung der Verlaufsform einer Zeitreihe von herausragender Bedeutung für die Modellauswahl.

- **Zeitreihen-Periodizität (Granularität)**

  Granularität bezeichnet den zeitlichen Abstand zwischen zwei Beobachtungen der Zeitreihe, d.h. es wird erhoben, ob beispielsweise Monats-, Quartals- oder Jahresdaten vorliegen. Der Großteil der in der Literatur untersuchten Zeitreihen besteht aus Jahresdaten, was jedoch nicht durch eventuelle Vorteile bei der Prognose, sondern durch die Datenverfügbarkeit bedingt ist. In seiner Untersuchung von Prognosen des Bass-Modells für Unterhaltungselektronik und Haushaltsgeräte zeigt Putsis (1996), dass desaisonalisierte Quartalsdaten zu einer

[17] Vgl. Teil II und die Modellübersicht in Anhang A.2 zu den unterschiedlichen Funktionsverläufen der betrachteten Modelle.

besseren Within-Sample-Anpassungsgüte und geringeren Prognosefehlern führen. Dieses wenig überraschende Ergebnis resultiert aus der präziseren Modellschätzung auf Basis der gegenüber Jahresdaten vervierfachten Beobachtungszahl.

- **Datenbasis**

  Bei Neuproduktprognosen mit Wachstumskurvenmodellen ist es wie bereits thematisiert sehr wichtig, die Datenbasis korrekt zu identifizieren, d.h. zu unterscheiden, ob die betrachtete Zeitreihe Absatz- oder Adoptionsdaten abbildet. Da Absatzzeitreihen selbst im Fall langlebiger Konsumgüter mit zunehmendem Diffusionsverlauf einen steigenden Anteil von Wiederholungskäufen umfassen, ist in diesem Fall entweder eines der in Abschnitt II-3.6 beschrieben Modelle zu verwenden oder im Rahmen einer Datentransformation die Zeitreihe in Erst-, Ersatz- und ggf. Wiederholungskäufe zu zerlegen (vgl. Abschnitt III-8.3).

  Daneben ist ebenfalls zu klären, ob die Daten periodenbezogen (Diffusionsrate) oder kumuliert (Diffusionsgrad) vorliegen und ob sich die Zeitreihe auf relative oder absolute Daten bezieht. Ebenfalls eng mit diesen Fragestellungen verknüpft ist die eindeutige Identifikation des Adoptionssubjektes.

- **Zeitreihenstruktur**

  Bei der Analyse der Zeitreihenstruktur wird untersucht, ob die Zeitreihe ein Saisonmuster aufweist und wie dieses aufgebaut ist. Daneben wird analysiert, wie sich die Varianz der Zeitreihe verhält und ob die Zeitreihe durch Ausreißer kontaminiert ist. Im Kontext von Neuproduktprognosen treten Saisonmuster insbesondere bei Quartals- und Monatsdaten sowie falls verfügbar auch bei Wochendaten auf. Saisonale Zeitreihen werden im Rahmen von Datentransformationen desaisonalisiert (vgl. Abschnitt III-8.3). Bei der Betrachtung der Varianz der Zeitreihe ist insbesondere auf Varianzinstabilitäten wie Heteroskedastizität zu achten, die im Rahmen der Modellschätzung berücksichtigt werden sollten (vgl. Abschnitt III-8.5). Identifizierte Ausreißer oder Datenlücken können in der Praxis durch einstufige Prognosen ersetzt werden. Eine theoretisch fundierte Methodik zu Ausreißeridentifikation bei Wachstumskurvenmodellen existiert momentan ebensowenig wie verfahrensspezifische Methoden zur Aufdeckung von Heteroskedastizität. Einen heuristischen Ansatzpunkt stellen Young und Ord (1989) vor, die mit Hilfe eines gleitenden Durchschnitts 3. Ordnung so genannte „Pseudo-Residuen" $r_t = x_t - \frac{1}{3}(x_{t-1} + x_t + x_{t+1})$ berechnen, deren Plot gegen die Zeit sowohl Aussagen zur Varianzstruktur als auch zu auffälligen Ausreißern ermöglicht. Gleitende Durchschnitte höherer Ordnung sind ebenfalls denkbar, aber angesichts der Kürze der Zeitreihen problematisch.

Erheblicher weiterer Forschungsbedarf besteht insbesondere hinsichtlich der Einschätzung der Verlaufsform der Zeitreihen und der daraus abzuleitenden Modellauswahl.[18] Daneben bieten genauere Untersuchungen der Themen Ausreißer und Heteroskedastizität bezüglich ihres Einflusses auf die Prognosegüte Anknüpfungspunkte zur Verbesserung des Prognoseprozesses.

8.3 Datentransformation

Die zweite Phase des Prognoseprozesses bildet die Datentransformation. Datentransformationen sind erforderlich, wenn die zu prognostizierenden Zeitreihen die Anwendungsvoraussetzungen der Wachstumskurvenmodelle nicht unmittelbar erfüllen. Zu den typischen Indikatoren für die Notwendigkeit von Datentransformationen zählen Saisonstrukturen in der Zeitreihe. Daneben können Erstkauf-Diffusionsmodelle ebenfalls nicht direkt angewendet werden, wenn Absatzdaten anstelle von Adoptionsdaten gegeben sind (vgl. Abschnitt II-3.6).

Für den Fall dass absolute Adoptionszahlen vorliegen, sollte untersucht werden, ob eine Transformation in relative Adoptionsdaten möglich ist. Zusätzlich sollte geprüft

[18] Vergleiche Abschnitt III-8.4 für Details zum Thema Modellauswahl.

werden, ob die Daten in kumulierter Betrachtung problemlos in periodenbezogene Daten umgewandelt werden können und umgekehrt. Ist dies nicht gegeben, wird die Zahl der geeigneten Modelle und Schätzverfahren dadurch beschränkt (vgl. Abschnitte III-8.4 und III-8.5)

Saisonale Zeitreihen

Saisonmuster treten auf, wenn die Zahl der Erstkäufe saisonalen Einflüssen unterliegt. Anschauliche Beispiele dafür sind die Erstkäufe eines neuen Cabriomodells oder die Adoption einer innovativen Wassertrendsportart wie Kitesurfen.[19] In beiden Fällen werden die Adoptionszahlen in den Sommermonaten höher als in den Wintermonaten sein. Da die hier behandelten parametersparenden Modelle lediglich den glockenförmigen Verlauf der Adoptionsrate bzw. den S-förmigen Diffusionsgrad modellieren und zusätzliche saisonale Zyklen nicht abbilden können, ist es erforderlich, derartige Muster zu eliminieren.[20] Werden die Daten vor der Parameterschätzung nicht desaisonalisiert, können deutliche Verzerrungen der Schätzer auftreten (Putsis 1996). Generell ist anzumerken, dass der Diffusionsgrad aufgrund der durch die Kumulation eintretenden Glättung in wesentlich geringerem Maße von Saisoneffekten betroffen ist als die periodenbezogene Diffusionsrate.

Die Arbeit von Putsis (1996) ist eine der wenigen Quellen, in der Quartals- und Monatsdaten anstelle von Jahresdaten verwendet werden. Putsis (1996) kommt zu dem Ergebnis, dass die Verwendung von desaisonalisierten Quartalsdaten die Prognosegenauigkeit erhöht; Monatsdaten führten aber zu keiner weiteren Verbesserung. Insge-

---

[19] "Kitesurfen oder auch Kiteboarden ist aus dem Windsurfen entstanden, wobei man anstelle des Segels einen "Kite" (Lenkdrachen) für die Fortbewegung verwendet." (de.wikipedia.org, 23.02.2007)

[20] Die Modellierung von Saisoneffekten beispielsweise durch multiplikative Streckungs- und Stauchungsfaktoren ist keine sinnvolle Alternative, da dadurch die Anzahl der simultan zu schätzenden Parameter für die üblicherweise prognostizierten kurzen Zeitreihen zu groß wird.

samt ist das Ergebnis wenig überraschend, da durch die Verwendung höherfrequenter Daten für einen gleichen Zeitraum wesentlich mehr Informationen zur Modellschätzung verfügbar sind.

Zur Desaisonalisierung der Zeitreihen verwendet Putsis (1996) das in der Demografie weitverbreitete Census X-11 Verfahren von Shiskin et al. (1967). Anwendbar sind ebenso die Weiterentwicklungen X-11-ARIMA (Dagum 1988) und X-12-ARIMA (Findley et al. 1997). Gemeinsam ist diesen Verfahren eine multiplikative Zerlegung der Zeitreihe. Dies ist im Kontext von Diffusionsverläufen vorteilhaft, da mit dem Niveau zunehmende saisonale Schwankungen zu erwarten sind. Ebenfalls verwendbar ist eine einfache multiplikative Dekomposition, die auf iterative Anpassungen verzichtet (z.B. Makridakis et al. 1998, S. 109ff.). Additive Verfahren wie die STL-Dekomposition von Cleveland et al. (1990) erfordern vor der Anwendung zusätzlich das Logarithmieren der Zeitreihe.

Modellauswahl und -schätzung werden im Anschluss an die Desaisonalisierung durchgeführt; die resultierenden Prognosen werden dann anhand der saisonalen Streckungs- und Stauchungsfaktoren re-saisonalisiert.[21]

Prognose von Konsum- anstelle von Adoptionsprozessen

Bei der Prognose von Absatzdaten tritt, wie bereits erwähnt, das Problem einer Kontamination mit Wiederholungskäufen in Form von Ersatz- und Mehrfachkäufen auf (vgl. Abschnitt II-3.6).

Im konkreten Anwendungsfall ist genau zu untersuchen, inwieweit Wiederholungskäufe in der Zeitreihe enthalten sind. Dabei ist zwischen Ersatzkäufen nach Ablauf der wirtschaftlichen Lebensdauer und Mehrfachkäufen zu differenzieren.

[21] Dies gilt für den Fall einer multiplikativen Dekomposition. Wird ein additives Verfahren wie STL verwendet, erfolgt die Re-Saisonalisierung mit Zu- oder Abschlägen (Verschiebungseffekte).

Grundsätzlich sind zur Behandlung von Wiederholungskäufen zwei alternative Vorgehensweisen möglich:

1. Verwendung der in Abschnitt II-3.6 dargestellten Modelle zur simultanen Modellierung von Ersatz- und Mehrfachkäufen.
2. Bereinigung der Zeitreihen um Ersatz- und Mehrfachkäufe und getrennte Modellierung von Adoption und Wiederholungskäufen.

Für eine simultane Modellierung und Schätzung spricht, dass in der Praxis die Anteile von Ersatz- und Mehrfachkäufen am Gesamtabsatz in der Regel unbekannt sind. Jedoch existiert zum einen kein Verfahren zur rein datengestützten Modellierung von Ersatz- *und* Wiederholungskäufen allein basierend auf der Absatzzeitreihe. Andererseits sind, selbst wenn nur Ersatzkäufe berücksichtigt werden, die Zeitreihen vielfach zu kurz für eine simultane Schätzung. Islam und Meade (2000) berichten zwar eine verbesserte Prognosegüte bei simultaner Schätzung, allerdings geht der Anteil erfolgreicher Schätzungen gegenüber einer auf Prior-Informationen basierenden Modellierung dramatisch zurück. Die Verwendung von Prior-Informationen für die Verteilung der Nutzungsdauer entspricht jedoch de facto der als Alternative 2 genannten Dekomposition.

Bei der in Alternative 2 vorgenommenen Zerlegung der Absatzdaten werden exogene Prior-Informationen zur Verteilung von Mehrfach- und Ersatzkäufen benötigt. Für die Modellierung der Ersatzkäufe können diese Informationen aus Angaben zur durchschnittlichen und maximalen Nutzungsdauer bestehen. Zur Separierung der Mehrfachkäufe werden zumindest Informationen zur durchschnittlichen Anzahl der pro Adoptionssubjekt besessenen Einheiten des Adoptionsobjektes und der durchschnittlichen Dauer bis zum Mehrfachkauf benötigt.[22] Diese Informationen können Ergebnis von

[22] Der Einfluss von Mehrfachkäufen kann jedoch ggf. auch durch eine adäquate Wahl des Adoptionssubjektes minimiert werden. So ist beispielsweise das Adoptionssubjekt „Person“ für Produkte wie

Langzeituntersuchungen und Befragungen sein. In der Praxis ist die tatsächlich zugrundeliegende Verteilungsfunktion i.d.R. unbekannt und, da die notwendigen Daten fehlen, auch nicht empirisch ermittelbar, so dass aufgrund sachlogischer Überlegungen eine Verteilungsfamilie zu wählen ist. Basierend auf der gewählten Verteilung und der resultierenden Hazard-Rate werden die Absatzdaten in Adoptions-, Mehrfach- und Ersatzkaufzeitreihen aufgeteilt. Die Adoptionen können so separat mit Erstkauf-Modellen prognostiziert werden. Zur Prognose des Absatzes werden die zukünftigen Ersatz- und Mehrfachkäufe aus den erstellten Adoptionsprognosen abgeleitet. Da durch die vorgenommene Aufteilung Mehrfach- und Ersatzkäufe getrennt gegeben sind, können auch die Verfahren von Steffens (2003) und Bayus et al. (1989) angewendet werden (vgl. Abschnitt II-3.6).

Sonstige Indikationen für Datentransformationen

Weitere Indikationen, die eine Transformation der betrachteten Zeitreihen erforderlich machen oder zumindest nahe legen sind die folgenden:

- *Die Zeitreihe besteht aus absoluten Daten*
  Besteht die Zeitreihe aus absoluten Adoptionszahlen, sollten diese, wie bereits erwähnt, in relative bzw. prozentuale Adoptionsdaten transformiert werden, um einen eventuellen Einfluss von Bevölkerungs- bzw. Haushaltswachstum zu eliminieren. Außerdem ergibt sich so eine natürliche obere Schranke für das Marktsättigungsniveau, die in der Schätzung als Restriktion verwendet werden kann. Zur Durchführung dieser Transformation ist es dementsprechend erforderlich, Größe und Entwicklung der Adopterpopulation seit dem Zeitpunkt der Neuprodukteinführung zu kennen.

Mobiltelefone und zunehmend auch PCs/Notebooks wesentlich geeigneter als eine Betrachtung von Haushalten. Selbstverständlich tritt auch bei diesen Produkten Mehrfachbesitz auf der Ebene „Person“ auf, allerdings in deutlich geringerem Umfang als auf Haushaltsebene.

- *Die Adoptionszeitreihe liegt ausschließlich (nicht-)kumuliert vor*

  Ist entweder nur der Diffusionsgrad oder die Diffusionsrate gegeben, ist zu klären, ob eine wechselseitige Transformation möglich ist. Dies hat Einfluss auf die Modellselektion und -schätzung, da bestimmte Modelle und Schätzverfahren kumulierte Daten erfordern, während andere nicht-kumulierte Daten benötigen sind.[23] Dieses Problem tritt ausschließlich bei praktischen Anwendungen auf; theoretisch sind Diffusionsrate und -grad durch Kumulation bzw. Differenzenbildung einfach transformierbar. Darin liegt möglicherweise der Grund dafür, dass dieses Thema in der Literatur nahezu keine Beachtung findet. Die Ausnahme bildet Parker (1994) der - jedoch in anderem Zusammenhang - auf das praktisch vielfach auftretende Problem einer linksseitigen Trunkierung der Zeitreihen hinweist. Bedingt wird diese Trunkierung durch eine unzureichende Dokumentation der Adoptionszahlen in den ersten Jahren der Markteinführung.

  Liegt eine Adoptionszeitreihe nicht von Beginn der Markteinführung vor, treten folgende Probleme bei der Transformation auf:

  - Transformation von Diffusionsrate zu Diffusionsgrad: Die Kumulation der Diffusionsrate resultiert in einem systematisch zu niedrigen Niveau des Diffusionsgrades.
  - Transformation von Diffusionsgrad zu Diffusionsrate: Die Bildung der ersten Differenz des Diffusionsgrades ergibt eine um die erste Beobachtung verkürzte Diffusionsrate. Diese fehlende erste Beobachtung der Diffusionsrate entspricht bei vollständigen Zeitreihen der ersten Beobachtung des Diffusionsgrades. Bei linksseitiger Trunkierung ist dieser

[23] Vergleiche Abschnitt III-7.1 zur Modellkategorisierung und den Datenanforderungen der einzelnen Kategorien.

Wert jedoch überhöht, da er nicht der Anzahl der Adoptionen in der Periode der Markteinführung entspricht.

In der Praxis ist dementsprechend eine Transformation nicht immer sinnvoll möglich, so dass das Modellspektrum und die prinzipiell anwendbaren Schätzverfahren von vornherein beschränkt sein können.

Tabelle III-2 stellt Indikationen und Ziele für Datentransformationen sowie die entsprechenden Transformationen noch einmal im Überblick dar.

Indikation	**Ziel der Transformation**	**Transformation**
Saisonale Zeitreihen (z.B. Monats- oder Quartalsdaten)	Nicht-saisonale Zeitreihe	▪ Saisonbereinigung der Zeitreihe z.B.: X-11 / X-12, einfache multiplikative Dekomposition, STL
Zeitreihe besteht aus Absatzdaten	Bereinigung der Zeitreihe um Ersatz- und Mehrfachkäufe	▪ Getrennte Modellierung der Ersatz- und Mehrfachkäufe mit Überlebensfunktionen
Zeitreihe besteht aus absoluten Werten	Transformation in relative Daten	▪ Division der Adoptionszahlen durch die Größe der Adopterpopulation
Daten werden (nicht)-kumuliert benötigt	a) Diffusionsrate bzw. b) Diffusionsgrad	a) Differenzenbildung b) Kumulation der Zeitreihe (cumsum)

Tabelle III-2: Übersicht Datentransformation

8.4 Modellselektion

8.4.1 Einführung

Zielsetzung der Modellselektion im Rahmen des Prognoseprozesses ist die Auswahl des Modells bzw. der Modellkombination mit der höchsten Ex-ante-Prognosegüte. Angesichts der zahlreichen Modelle, die grundsätzlich zur Auswahl stehen, ist dies ein äußerst komplexes Problem.[24] Da die verschiedenen Modelle zum Teil sehr unterschiedliche Verlaufsformen hinsichtlich Symmetrie, Lage des Wendepunktes bzw. des Maximums der Diffusionsrate aufweisen, ist evident, dass die Modellauswahl einen starken Einfluss auf die Prognose hat (Meade und Islam 2001).

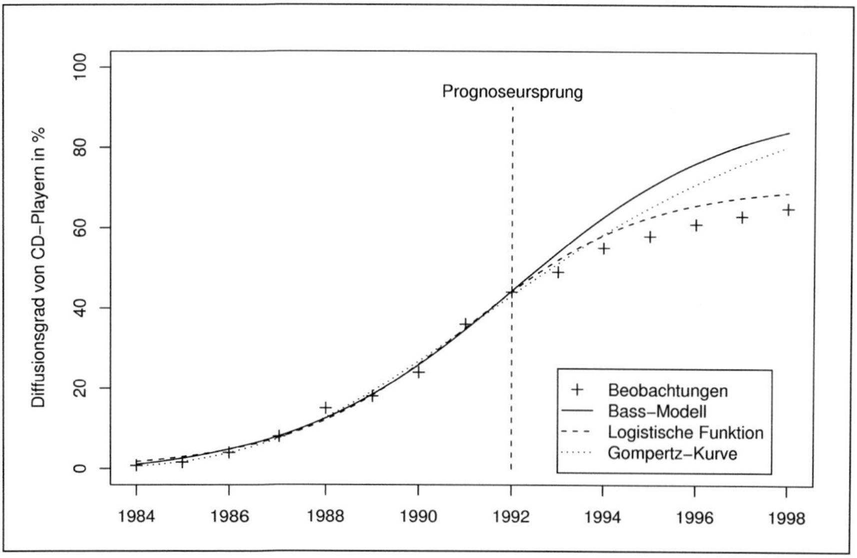

Abbildung III-5: Abhängigkeit von Modellauswahl und Prognose
Quelle: Daten des Bundesverbandes der Phonographischen Wirtschaft (1994-2000)

[24] Eine Übersicht zu den Modellen findet sich in Anhang A.2 sowie in Teil II.

Abbildung III-5 illustriert diese Abhängigkeit der Prognosen von der Modellauswahl anhand eines Vergleichs von Gompertz-Kurve, logistischer Funktion und Bass-Modell. Während bei der Gompertz-Kurve der Wendepunkt bei 37% des Sättigungsniveaus liegt, ist dies bei der logistischen Funktion bei 50% der Fall. Das Bass-Modell ist hinsichtlich der Lage des Wendepunktes beschränkt flexibel. Die Prognosen zu einem kurz hinter dem Wendepunkt liegenden Prognoseursprung zeigen deutlich die Abhängigkeit von der Modellauswahl. Die logistische Funktion weist für die verwendete Beispielzeitreihe eine deutlich höhere Prognosegüte auf als das Bass-Modell und die Gompertz-Kurve.

Die Vielfalt der Modelle ist jedoch nicht allein ausschlaggebend für die Schwierigkeit der Modellselektion. Zum Problem wird die Modellselektion durch die Tatsache, dass die Zeitreihen bis zum Prognoseursprung i.d.R. sehr kurz sind und daher eine Modellauswahl anhand des Verlaufes der Zeitreihe schwierig ist.

Gänzlich unmöglich ist eine am Verlauf der Zeitreihe orientierte Modellauswahl bei Prognosen vor Markteinführung. In diesem Fall kann die Modellauswahl lediglich anhand des Diffusionsverlaufs von Vorgängerprodukten oder ähnlichen, bereits am Markt etablierten Produkten erfolgen. Ist deren Diffusionsverlauf bekannt und weitgehend abgeschlossen, kann für diese Produkte ein geeignetes Modell durch einen Vergleich der Ex-post-Anpassungsgüte ausgewählt werden.[25] Das für ein analoges Produkt ausgewählte Modell wird – ggf. mit angepassten Parametern – für das zu prognostizierende Neuprodukt verwendet. Wenn mehrere analoge Produkte in Frage kommen, ist es sinnvoll, eine Prognosekombination der relevanten Modelle zu erwägen. Für Prognosen vor Markteinführung ist auch die Interpretierbarkeit des Modells, wie sie insbesondere das Bass-Modell bietet, ein wichtiger Faktor der Modellauswahl. Im

[25] Bei abgeschlossenem Diffusionsverlauf ist eine Modellauswahl anhand der Ex-post-Anpassungsgüte im Gegensatz zur Modellauswahl für Ex-ante-Prognosen unproblematisch, da die Daten vollständig vorliegen und das diesem Zeitreihenverlauf am besten entsprechende Modell gesucht ist.

Folgenden wird jedoch die Modellauswahl für Prognosen vor Markteinführung nicht weiter betrachtet, da der Prognoseprozess für Prognosen nach Markteinführung im Fokus der Betrachtung steht.

8.4.2 Literaturüberblick zur Modellselektion

Obwohl eine adäquate Modellauswahl der wichtigste Faktor bei Prognosen von Neuprodukten mit Wachstumskurvenmodellen ist, existieren in der Literatur nur vergleichsweise wenige Arbeiten, in denen die Prognosegüte unterschiedlicher Modelle systematisch verglichen wird.

Vielfach erfolgt stattdessen eine unreflektierte Verwendung des Bass-Modells, ohne die Prognosegüte anderer Modelle als Vergleichsmaßstab heranzuziehen. Meade und Islam (2001) unterstellen in diesem Zusammenhang, dass in der Marketing-Literatur weitverbreitet die implizite Annahme vorherrsche, das Bass-Modell sei das einzig geeignete Diffusionsmodell. Diese Dominanz des Bass-Modells basiert jedoch nicht auf einer erwiesenen Überlegenheit bei Prognosen, sondern auf dem großen Vorteil des Bass-Modells, der einfachen Interpretierbarkeit der Modellparameter.

Trotz substantieller Fortschritte ist die bereits 1994 von Parker vorgebrachte Kritik in ihrem Kern heute immer noch gültig (Parker 1994):

- Der Großteil der Arbeiten beschränkt sich auf normative und deskriptive Zielsetzungen und fokussiert dementsprechend bei der Modellauswahl auf Anpassungs- anstelle von Prognosegüte.
- Werden Prognosen erstellt, unterbleibt vielfach eine gründliche Prognoseevaluation einschließlich einer Prognosesimulation. Ein systematischer Modellvergleich anhand der Prognosegüte findet nicht statt.
- Neuentwickelte Modelle und Ansätze behandeln oft isolierte, singuläre Problemstellungen. Als Vergleichsmaßstab für Prognosen wird dabei bestenfalls das einfache Bass-Modell als Benchmark herangezogen.

Vor diesem Hintergrund ist es wenig verwunderlich, dass bis heute keine geschlossene Methodologie zur Modellauswahl existiert. Jedoch sind seit 1994 und in geringem Umfang auch davor einige vielversprechende Ansätze zur Modellauswahl entwickelt worden. Wegen der großen Bedeutung der Modellauswahl für die Prognosegüte werden diese Ansätze in den folgenden Abschnitten ausführlich vorgestellt und diskutiert.

8.4.2.1 Young und Ord (1989)

Einer der ersten Beiträge zur Modellauswahl im Prognosekontext stammt von Young und Ord (1989), die in ihrem Artikel *„Model selection and estimation for technological growth curves"* die Auswahl zwischen logistischer Funktion und Gompertz-Kurve sowie die Rolle der zugrunde liegenden Struktur des Modellfehlerterms untersuchen. Hintergrund für die Betrachtung dieser beiden Funktionen ist einerseits die weite Verbreitung in der Praxis und andererseits der deutlich unterschiedliche Funktionsverlauf (vgl. Abbildung III-5). Beide Modelle werden in zwei unterschiedlichen Repräsentationsformen betrachtet und zwar als globale nicht-lineare Kurven für den Diffusionsgrad $X_t = f(t) + \varepsilon_t$ sowie als linearisierte Modelle $g(X_t) = \beta_0 + \beta_1 t + \varepsilon_t$ (vgl. Tabelle III-3).

Modell[26]	Globale nicht-lineare Kurve	Linearisiertes Modell
Logistische Funktion	$X(t) = \frac{m}{1 + c\exp(-b \cdot t)} + \varepsilon_t$ (6)	$\ln\left(\frac{X(t)}{m - X(t)}\right) = \beta_0 + \beta_1 t + \varepsilon_t$ (7)
Gompertz-Kurve	$X(t) = m \cdot \exp(-c \cdot \exp(-b \cdot t)) + \varepsilon_t$ (11)	$-\ln\left(-\ln\left(\frac{X(t)}{m}\right)\right) = \beta_0 + \beta_1 t + \varepsilon_t$ (12)

Tabelle III-3: Verwendete Modelle bei Young und Ord (1989)

[26] Die in Klammern angegebenen Modell-Nummern dienen hier und im Folgenden zur Identifikation des Modells in der Modellübersicht in Anhang A.2.

Die beiden verwendeten Repräsentationsformen implizieren unterschiedliche Fehlerstrukturen. Während bei einer globalen nicht-linearen Kurve unmittelbar

$$V(X_t) = V(\varepsilon_t) = \sigma^2 = const$$

gilt, lässt sich die Varianz von X_t bei den linearisierten Modellen über eine lineare Taylorreihen-Expansion approximieren zu

$$V(X_t) \approx \frac{V(g(X_t))}{\left(\frac{\partial g(X_t)}{\partial X_t}\right)^2} = \frac{\sigma^2}{\left(\frac{\partial g(X_t)}{\partial X_t}\right)^2}.$$

$V(X_t)$ nimmt in diesem Fall bis zu den Wendepunkten der Modelle ($X^* = 0{,}5m$ bei der logistischen Funktion bzw. $X^* = m \cdot e^{-1}$ bei der Gompertz-Kurve) streng monoton zu. Für die Modellselektion zwischen den insgesamt vier betrachteten Alternativen (2 Modelle und jeweils zwei Fehlerstrukturen) schlagen die Autoren ein zweistufiges Verfahren vor, bei dem zunächst das Modell und anschließend die Fehlerstruktur bestimmt wird.

Selektion des adäquaten Modells

Im Rahmen einer „Pre-Fit-Diagnose" werden die beobachteten Werte der Zeitreihe jeweils mit den zur logistischen Funktion und Gompertz-Kurve gehörenden Transformationsfunktionen $g(X_t)$ transformiert und gegen die Zeit t geplottet. Entspricht der tatsächliche Datengenerierungsprozess einem der beiden betrachteten Modelle, so liegen die gegen die Zeit geplotteten transformierten Daten theoretisch auf einer Geraden mit positiver Steigung. In empirischen Anwendungen wird dementsprechend dasjenige Modell ausgewählt, dessen Transformationsfunktion $g(X_t)$ am ehesten einer Geraden entspricht. Diese Beurteilung erfolgt subjektiv anhand visueller Inspektion.

Alternativ treffen Young und Ord die Modellauswahl anhand eines modifizierten Mean Squared Errors[27]

$$MSE_{\text{mod}} = \frac{\sum_{1}^{T}\left(X_t - \hat{X}_t\right)^2}{T-k}$$

zwischen den gefitteten Werten $\hat{X}_t$ und den tatsächlichen Beobachtungen („Post-Fit-Diagnose“). Dabei bezeichnet T die Zeitreihenlänge und k die Anzahl der geschätzten Modellparameter. Der MSE wird für alle 4 Modellrepräsentationen berechnet; das Modell mit dem geringsten MSE wird ausgewählt. Zur Berechnung des MSE werden die gefitteten Werte der linearisierten Modelle auf die Skala der Zeitreihe zurücktransformiert, so dass die berechneten MSE-Werte vergleichbar sind.

Bestimmung der Fehlerstruktur

Nach Auswahl des geeigneten Modells (logistische Funktion vs. Gompertz-Kurve) analysieren Young und Ord (1989) die Fehlerstruktur. Bei der Annahme, dass das Modell vor Erreichen des Wendepunktes geschätzt wird, ist die Fehlervarianz, wie bereits gezeigt, bei globalen Diffusionskurven konstant und bei linearisierten Modellen zunehmend. Als Anhaltspunkt für die Struktur der Fehlervarianz werden die bereits in Abschnitt III-8.2 erörterten „Pseudo-Residuen“ $r_t = x_t - \frac{1}{3}\left(x_{t-1} + x_t + x_{t+1}\right)$ gegen die Zeit geplottet und visuell auf zunehmende Varianz untersucht. Der MSE wird wiederum als Referenzkriterium zu Vergleichszwecken verwendet.

---

[27] Der $MSE = \frac{1}{J}\sum_{j=1}^{J}\left(x_j - \hat{x}_j\right)^2$ misst die mittlere quadratische Abweichung zwischen der beobachteten Zeitreihe und den gefitteten bzw. prognostizierten Werten (z.B. Küsters 2004). Die Modifikation des MSE besteht hier darin, dass nicht wie üblich durch die gesamte Zeitreihenlänge, sondern nur durch die Anzahl der Freiheitsgrade dividiert wird. Details zu den Eigenschaften des MSE werden in Abschnitt III-8.6.3.2 erörtert.

Die Überprüfung der skizzierten Vorgehensweise im Rahmen einer Simulationsstudie mit 48 Zeitreihen zeigt, dass die Modellselektion sowohl anhand visueller Inspektion durch Experten als auch durch das MSE-Kriterium recht zuverlässig ist (39,5 bzw. 38 korrekte Zuordnungen).[28] Lediglich bei kurzen Zeitreihen mit hoher Varianz und Wachstumsrate treten Fehlzuordnungen in deutlichem Umfang auf. Allerdings ist darauf hinzuweisen, dass kurze Zeitreihen nach der Definition der Autoren 20 Beobachtungen umfassen, was im Kontext von Innovationsprognosen bereits relativ lang ist. Hinsichtlich der Spezifikation der Fehlerstruktur hat sich die visuelle Inspektion der „Pseudo-Residuen" mit lediglich 3 Fehlzuordnungen als eindeutig überlegen erwiesen. Die alternative Erwägung des MSE als „Post-Fit-Kriterium" zur Differenzierung zwischen globaler Diffusionskurve und linearisiertem Modell hat in einer empirischen Überprüfung in keinem Fall die entsprechenden linearisierten Modelle korrekt identifiziert. Somit hat sich der MSE zwar als trennscharfes Kriterium zur Auswahl des Modells (logistische Funktion vs. Gompertz-Kurve), nicht aber zur Bestimmung der Fehlerstruktur erwiesen, da die globalen Kurven immer den geringeren MSE aufwiesen als die linearisierten Modelle. Neben der Simulationsstudie wenden Young und Ord (1989) ihre Vorgehensweise auf vier empirischen Zeitreihen an. Eine Untersuchung der Modellauswahl im Rahmen einer echten Prognosesimulation unterbleibt jedoch. Die Autoren wählen ein Modell anhand des skizzierten Modellauswahl-Schemas an und treffen lediglich die Wahl des Discount-Faktors für die von ihnen verwendete Discounted-Least-Squares-Schätzung mit Hilfe der Prognosegüte innerhalb einer Evalua-

[28] Young und Ord (1989) lassen die Zuordnung von zwei nicht näher bezeichneten Experten vornehmen. Hierzu ist anzumerken, dass es die Validität der Ergebnisse erheblich in Frage stellen würde, wenn diese Experteneinschätzung durch die Autoren selbst vorgenommen worden wäre. Die Zahl von 39,5 korrekten Zuordnungen der Experten bei 48 Zeitreihen ist ein Durchschnittswert, der sich aus den beiden einzelnen Experteneinschätzungen ergibt (korrekte Modellauswahl in 39 bzw. 40 Fällen).

tionsstichprobe von fünf Beobachtungen.[29] Das bedeutet, dass zwar das Schätzverfahren, nicht aber zwangläufig das Modell, mit der höchsten Prognosegüte ausgewählt wird.

Bewertung

Der von Young und Ord (1989) vorgestellte Ansatz zur Modellauswahl ist generell dahingehend zu kritisieren, dass er sehr stark von subjektiven Einschätzungen abhängt.[30] Daneben beschränkt sich der Ansatz auf die Auswahl aus lediglich zwei Modellen. Bei einer größeren Modellauswahl wird das Vorgehen ungleich komplexer. Außerdem sind die verwendeten Zeitreihen mit 20 oder 30 Beobachtungen vergleichsweise lang, bei kürzeren Zeitreihen wäre die visuelle Inspektion erheblich schwieriger. Als Fazit lässt sich festhalten, dass Young und Ord (1989) zwar einen innovativen Ansatz zur Modellauswahl entwickeln, der aber nur sehr limitierte Anwendungsmöglichkeiten bietet und dessen tatsächliche Auswirkungen auf die Prognosegüte nicht im Rahmen einer Prognosesimulation evaluiert wurde. Diese Kritikpunkte mögen auch ausschlaggebend dafür sein, dass der Ansatz nicht erneut aufgegriffen wurde. Auch Young (1993 - siehe unten) wählt ein alternatives Vorgehen.

8.4.2.2 Young (1993)

Young (1993) wendet sich mit dem Artikel *„Technological Growth Curves: A Competition of Forecasting Models“* erneut der Frage zu, welches Modell für welchen Typ von Zeitreihen die höchste Prognosegüte bietet. In dieser Untersuchung werden 9 Modelle betrachtet. Davon werden fünf Modelle als globale Funktionen repräsentiert: Lo-

---

[29] Vgl. Harrison und Johnston (1984) zu Discounted-Least-Squares, insbesondere zur Bestimmung des Discount-Faktors.

[30] Anhand der Abbildungen im Artikel wird deutlich, dass die visuelle Modellauswahl und Bestimmung der Fehlerstruktur bei weitem nicht so einfach und eindeutig ist, wie die Autoren dies nahe legen.

gistische Funktion und Gompertz-Kurve, jeweils als globale nichtlineare Funktion (6, 11) und linearisiertes Modell (7, 12) sowie das Weibull-Modell in linearisierter Form (18). Bei den weiteren vier Alternativen handelt es sich um autoregressive Modelle bzw. autoregressive Modellrepräsentationen: Bass- (2), NSRL- (29), Harvey- (32) und erweitertes Riccati-Modell (25). Hinsichtlich der verwendeten Modelle werden die folgenden Kriterien betrachtet:

- Datenanforderungen:
    - Diffusionsgrad vs. Diffusionsrate als abhängige Variablen bzw. Transformationen des Diffusionsgrades
    - Linearisierte Modelle erfordern bei Schätzung mit linearer Regression die Ex-ante-Kenntnis des Marktsättigungsniveaus m
- Unterschiedliche Modell- und Fehlerstrukturen
- Symmetrie
- Parameteranzahl
- Schätzverfahren: Lineare vs. nichtlineare Regression

Für die Untersuchung werden 46 heterogene Zeitreihen aus der Literatur zur Neuproduktmodellierung mit Wachstumskurven verwendet und hinsichtlich der Datenlage in vier Gruppen eingeteilt:

- Diffusionsgrad mit bekanntem (1) / unbekanntem Sättigungsniveau (2)
- Diffusionsrate mit bekanntem (3) / unbekanntem Sättigungsniveau (4)

Zur Bewertung der Ex-ante-Prognosegüte wird jeweils eine Teststichprobe von drei Beobachtungen zurückgehalten, während die verbleibende Kalibrationsstichprobe zur Modellschätzung verwendet wird. Als einheitliches Maß für die Anpassungsgüte wird unabhängig von der Ausgangsdatenlage der MSE bezogen auf den Diffusionsgrad verwendet.

Die Ex-ante-Prognosegüte in der Teststichprobe wird anhand des einstufigen und 1-bis-3-stufigen Mean Absolute Percentage Error

$$MAPE = 100\% \cdot \frac{1}{J}\sum_{j=1}^{J}\left|\frac{X_j - \hat{X}_j}{X_j}\right|$$

bewertet, ebenfalls bezogen auf den Diffusionsgrad. Der MAPE misst die mittlere absolute prozentuale Abweichung zwischen der beobachteten Zeitreihe und dem gefitteten bzw. prognostizierten Wert (z.B. Küsters 2004).[31]

In der Untersuchung wird deskriptiv analysiert, ob sich die Prognosegüte der einzelnen Modelle in Abhängigkeit von Anpassungsgüte, Prognosehorizont, Kenntnis des Sättigungsniveaus, Erreichen des Wendepunktes sowie der Länge der Zeitreihe unterscheidet. Die empirische Analyse liefert die folgenden Ergebnisse:

- Insgesamt höhere Prognosegüte der autoregressiven Modellrepräsentationen gegenüber den globalen Modellen, da die Prognose ausgehend von der letzten Beobachtung als „Ankerpunkt“ erstellt wird. Die gilt für kurze (<15 Beobachtungen) und lange Zeitreihen (≥ 15 Beobachtungen).[32]
- Bei unbekanntem Sättigungsniveau ist die Prognosegüte von Bass-, Harvey- und erweitertem Riccati-Modell am höchsten.
- Bei bekanntem Sättigungsniveau sollten das Bass- und Harvey-Modell verwendet werden. Insbesondere für Prognoseursprünge unterhalb von 50% des Sättigungsniveaus sollte das Bass-Modell, für lange Zeitreihen das Harvey-Modell, eingesetzt werden. Als nicht geeignet bei bekanntem Sättigungsniveau werden für kurze Zeitreihen das NSRL-Modell sowie für kurze und lange Zeitreihen das erweiterte Riccati-Modell eingestuft.

[31] Details zu den Eigenschaften des MAPE werden in Abschnitt III-8.6.3.2 erörtert.

[32] Unterteilung der Zeitreihenlänge hier nach Young (1993).

- Es existiert kein deutlicher Zusammenhang zwischen Anpassungs- und Prognosegüte. Nur bei 9 der 46 betrachteten Zeitreihen liefert das Model mit der höchsten Anpassungsgüte auch die besten Prognosen.
- Unterschiedliche Prognosehorizonte haben keinen deutlichen Einfluss auf die Modellauswahl. Bei 33 der 46 betrachteten Zeitreihen ergibt das Modell mit der höchsten einstufigen Prognosegüte auch die besten 1-bis-3-stufigen Prognosen.

Bewertung

Young (1993) liefert erste Ansatzpunkte für eine Heuristik zur Modellauswahl für Neuproduktprognosen mit Wachstumskurvenmodellen. Jedoch sind die aus den Ergebnissen aufgestellten Regeln bei weitem nicht erschöpfend und können nur einen groben Anhaltspunkt für die praktische Anwendung bieten. Wesentliche Ursache für diese „Unschärfe" der Ergebnisse mag die fehlende Kategorisierung der Zeitreihen hinsichtlich Struktur und Verlaufsform sein, was wegen der relativ geringen Zahl von betrachten Zeitreihen aber auch nicht möglich ist. Abhilfe könnte hier eine umfangreichere Simulationsstudie bieten. Daneben sind die untersuchten Prognosehorizonte mit einstufigen und ein- bis dreistufigen Prognosen generell kurz. Zusätzlich ist eine deutliche Differenzierung zwischen einstufigen und dreistufigen Prognosefehlern nicht möglich, da nicht der dreistufige, sondern lediglich der ein- bis dreistufige MAPE verwendet wird.

8.4.2.3 Meade und Islam (1995a)

Meade und Islam (1995a) vergleichen in ihrer empirischen Untersuchung *„Forecasting with growth curves: An empirical comparison"* die Prognosegüte 13 unterschiedlicher Modelle (vgl. Tabelle III-4). Dabei werden neben den wichtigsten Grundmodellen und Verteilungsfunktionen auch flexible Erweiterungen wie das NSRL-Modell oder die Modelle der FLOG-Familie berücksichtigt, die gegenüber den einfachen Modellen mit 2 oder 3 Parametern 4 Parameter benötigen. Die 13 Modelle werden jeweils mit additivem Fehlerterm (i.i.d.) verwendet und per Kleinste-Quadrate-

Methode geschätzt. Zusätzlich zu einem einfachen additiven Fehlerterm werden vier Modelle (einfache logistische Funktion, einfache Gompertz-Kurve, Extended Logistic und das NSRL-Modell) mit einem autoregressiven Fehlerterm in die Analyse einbezogen. Dieser von Mar-Molinero (1980) empfohlene Fehlerterm der Form $\phi \cdot e_{t-1} + \eta_t$ (η_t ist i.i.d.) soll der bei Schätzung auf dem Diffusionsgrad ggf. auftretenden Autokorrelation der Fehlerterme Rechnung tragen. Ein autoregressiver Fehlerterm bedeutet jedoch auch einen zusätzlich zu schätzenden Parameter und bedingt somit zusätzliche Konvergenzprobleme bei der Modellschätzung.

Modelltyp / Parameterzahl	Globales nicht-lineares Modell		Autoregressives Modell	
2	-		Lokale logistische Funktion	(10)
3	Modifizierte Exponentialfunktion Einfache logistische Funktion Einfache Gompertz-Kurve Normalverteilungsmodell Log-Normalverteilungsmodell Log-logistisches Modell	(5) (6) (11) (15) (16) (24)	Bass-Modell	(2)
4	Extended Logistic FLOG-IPT FLOG-ELOG FLOG-Box-Cox	(3) (34) (36) (37)	NSRL-Modell (hier jedoch in Repräsentation eines hybriden Modells in Abhängigkeit der Zeit und der letzten Beobachtung)	(29)

Tabelle III-4: Verwendete Modelle bei Meade und Islam (1995a)

Zum empirischen Vergleich der Prognosegüte dieser Modelle werden 25 Telekommunikationszeitreihen aus insgesamt 15 Ländern jeweils mit einer Zeitreihenlänge von mehr als 30 Beobachtungen herangezogen. Zur Durchführung einer statischen Prognosesimulation werden die Zeitreihen im Verhältnis 2:1 in Kalibrations- und Teststichprobe aufgeteilt. Die Teststichprobe und damit auch der Prognosehorizont h innerhalb der Teststichprobe umfasst bei den betrachteten Zeitreihen dementsprechend zwischen 10 und 11 Beobachtungen. Zur Bewertung der Prognosegüte verwenden Meade und

Islam den h-stufigen Root Mean Squared Error (RMSE)[33] sowie den h-stufigen MAPE. Die Anpassungsgüte der Modelle wird anhand des einstufigen RMSE in der Kalibrationsstichprobe gemessen.

Neben einem rein deskriptiven Vergleich der Prognosegüte untersuchen Meade und Islam für einzelne Zeitreihen die statistische Signifikanz von Unterschieden bei Anpassungs- und Prognosegüte mit Hilfe eines P-Tests von Davidson und MacKinnon (1981). Dieser Test kann zur Modellselektion für unterschiedliche, nicht-lineare und nicht-genestete Modelle verwendet werden. Im konkreten Anwendungsfall liefert dieser Test jedoch bereits bei der Betrachtung von nur drei Modellen weder auf Basis der Anpassungs- noch der Prognosegüte eindeutige Ergebnisse. So treten, je nach Auswahl der Nullhypothese und der alternativen Modelle, Testergebnisse auf, die einander widersprechen und keine eindeutige Schlussfolgerung zulassen. Die Autoren führen dies auf den geringen Stichprobenumfang zurück und verwerfen das Verfahren für die Modellauswahl im Kontext der Neuproduktprognose.

Zur zeitreihenübergreifenden Analyse der Modelle werden paarweise Vergleiche der Prognosegüte anhand des geometrischen Mittels des Verhältnisses von MAPE bzw. RMSE der beiden Modelle durchgeführt. Daneben wird ausgezählt wie oft ein Verfahren besser prognostiziert als das Vergleichsmodell. Diese Analyse ist selbstverständlich nur für Zeitreihen möglich, auf denen die beiden jeweils betrachteten Modelle konvergieren.

Zusätzlich zu dieser deskriptiven Analyse wird die Rangfolge der Modelle mit einem nicht-parametrischen Friedman-Test[34] (Rangvarianzanalyse) auf Signifikanz untersucht. Dabei beschränkt sich die Untersuchung auf einen Kern von 9 Modellen, die im

[33] Der RMSE entspricht der Quadratwurzel des MSE. Details zu den Eigenschaften des RMSE finden sich in Abschnitt III-8.6.3.2.

[34] Für Details zum nicht-parametrischen Friedman-Test siehe z.B. Hartung 1995, S. 622ff.

Rahmen der Parameterschätzung gemeinsam für 9 Zeitreihen konvergieren. Diese Beschränkung ist wegen der schwachen Konvergenz der weiteren Modelle erforderlich. Zur Analyse werden die durchschnittlichen Ränge des RMSE der einzelnen Modelle für 9 Zeitreihen berechnet und anhand des Tests auf signifikante Unterschiede untersucht.

Die Ergebnisse der Untersuchung von Meade und Islam (1995a) lassen sich in den folgenden Punkten zusammenfassen:

- Die Konvergenz der Schätzung ist ein erster Indikator für die Eignung eines Modells: Modifizierte Exponentialfunktion, Log-Normalverteilungsmodell und log-logistische Funktion konvergieren auf den betrachteten Telekommunikationsdaten in keinem oder wenigen Fällen. Ebenfalls nur in 6 Fällen konvergiert das Normalverteilungsmodell.
- Lokale logistische Funktion, einfache logistische Funktion und Gompertz-Kurve zeigen sich hinsichtlich der Prognosegüte den anderen Modellen überlegen.
- Einfache Modelle mit geringerer Parameterzahl (2 oder 3 Parameter) haben eine bessere Prognosegüte als komplexe Modelle. Die einfache logistische Funktion liefert bessere Ergebnisse als die aus der logistischen Funktion abgeleiteten Erweiterungen (NSRL-Modell, erweiterte logistische Funktion und die Familie der FLOG-Modelle).
- NSRL-Modell, erweiterte logistische Funktion und die Familie der FLOG-Modelle neigen zu einer Unterschätzung des Sättigungsniveaus, während die Gompertz-Kurve zur Überschätzung tendiert.
- Es gibt keine Evidenz, dass ein autoregressiver Fehlerterm die Prognosegüte erhöht. Die Anpassungsgüte nimmt jedoch zu.
- Hinweise auf einen Zusammenhang von Anpassungs- und Prognosegüte werden nicht festgestellt.

Bewertung

Die empirische Analyse von Meade und Islam (1995a) liefert wichtige neue Erkenntnisse im Vergleich der Prognoseverfahren. Sie erweitert gegenüber der Untersuchung von Young (1993) den betrachteten Prognosehorizont deutlich. Gemeinsame Erkenntnis der beiden Untersuchungen ist, dass ein Zusammenhang von Anpassungs- und Prognosegüte nicht nachgewiesen werden kann und damit als Kriterium für die Modellauswahl ausscheidet. Auch bei Meade und Islam (1995a) schneidet mit der lokalen logistischen Funktion wiederum ein autoregressives Modell am besten ab. Es ist gleichzeitig auch das Modell mit der geringsten Parameterzahl. Ursache dafür, dass das ebenfalls autoregressive Bass-Modell nicht in der Spitzengruppe vertreten ist, mag sein, dass der Vorteil der letzten Beobachtung als Ausgangspunkt für die Prognose bei den hier betrachteten größeren Prognosehorizonten zurückgeht. Diese Überlegung könnte einen Ansatzpunkt für eine nach Prognosehorizont differenzierte Modellauswahl bilden. So könnte es sinnvoll sein, für kurze Prognosehorizonte vorzugsweise autoregressive Modellrepräsentationen zu verwenden und bei größeren Horizonten auf globale Modelle zurückzugreifen. Der Wert der Untersuchung von Meade und Islam (1995a) wird jedoch leicht gemindert durch die relativ geringe Zahl von 25 untersuchten Zeitreihen und die vergleichsweise langen Zeitreihen, die so in der Praxis selten anzutreffen sind. Obwohl die Telekommunikationsbranche eines der wichtigsten Anwendungsfelder für Wachstumskurvenmodelle ist, könnte auch diese Beschränkung auf eine Branche die Allgemeingültigkeit der Erkenntnisse limitieren.

8.4.2.4 Meade und Islam (1998)

Ziel des von Meade und Islam (1998) in ihrem Paper *„Technological Forecasting – Model Selection, Model Stability, and Combining Models“*[35] entwickelten Vorgehens

[35] Dieser Artikel ist sowohl unter der Autorenschaft von Meade und Islam in 1998 als auch als Teil der Ph.D. Thesis von Islam bereits im Jahre 1996 erschienen. Obwohl beide Artikel nahezu identisch sind,

zur Modellauswahl und Prognosekombination für Wachstumskurvenmodelle ist wie bei den bereits vorgestellten Ansätzen die Nutzung der verfügbaren Beobachtungen einer Zeitreihe zur Modellauswahl. Die Untersuchung berücksichtigt den Großteil der in der Literatur zur Neuproduktprognose mit Wachstumskurvenmodellen verwendeten Modelle. Originär werden 29 Funktionen – zum Teil unterschiedliche Repräsentationen desselben Modells – betrachtet, von denen jedoch 7 aufgrund von Schätzproblemen bereits zu Beginn der Studie ausgeschlossen werden. Endgültig analysiert werden 13 Modelle in insgesamt 22 Repräsentationen.

Die Modelle werden anhand der beiden Kriterien „Modelltyp“ und „Form der Kurve“ klassifiziert. Hinsichtlich des Modelltyps werden globale Kurven, linearisierte Modelle und autoregressive Modelle unterschieden. Für die Form der Kurve werden abhängig von der Lage des Wendepunktes des Diffusionsgrades bzw. des Maximums der Diffusionsrate drei Kategorien unterschieden:

- Symmetrisch: Fixer Wendepunkt bei $X_{t*} = 0,5m$,
- Nicht-symmetrisch: Fixer Wendepunkt bei $X_{t*} < 0,5m$,
- Flexibel: Lage des Wendepunktes ist flexibel und beinhaltet $X_{t*} = 0,5m$.

Im Rahmen der Untersuchung von Meade und Islam (1998) wird das Sättigungsniveau sämtlicher Modelle auf $m = 1$ fixiert, d.h. bei den betrachteten Zeitreihen handelt es sich um Anteilswerte (relativer Diffusionsgrad bzw. -rate) und es wird implizit eine vollständige Marktdurchdringung unterstellt. Als Folge ist bei der Modellschätzung jeweils ein Parameter weniger zu bestimmen. Tabelle III-5 zeigt die betrachteten Modelle im Überblick.

---

werden in Islam (1996) einige relevante Zusatzinformationen gegeben, die Meade und Islam (1998) nicht beinhaltet. Im Folgenden wird jedoch stellvertretend für beide Beiträge stets auf Meade und Islam (1998) Bezug genommen.

Form / Modelltyp / Modell-Nr.[36]		Globale Kurve	Linearisiertes Modell	Autoregressives Modell
Symmetrisch	Logistische Funktion	6	7	9, 10
	Normalverteilungsmodell	15		
Nicht-symmetrisch	Gompertz-Kurve	11	12	14
	Floyd Modell		19	20
	Log-reziprokes Modell	27		
Flexibel	Bass-Modell	1	3	2
	Log-Normalverteilungsmodell	16		
	Weibull-Modell	17		
	Sharif-Kabir-Modell		21	22
	SBB			26
	NSRL			29
	FLOG	37		
	KKKIII			X
Ausgeschlossene Modelle	KKKI		X	X
	Jeuland-Modell			23
	Bertalanffy-Modell	31	KKKII	32 (hybrid)
	Erweitertes Riccati-Modell			25 (hybrid)

Tabelle III-5: Verwendete Modelle bei Meade und Islam (1998)

Simulationsstudie zur Untersuchung von Kriterien zur Modellidentifikation

Im Rahmen einer Simulationsstudie wird untersucht, welche Kriterien geeignet sind, die beste Approximation für einen unbekannten Datengenerierungsprozess zu identifizieren. Dazu werden 4 Zeitreihentypen definiert (vgl. Tabelle III-6), für die jeweils 50 Zeitreihen mit jedem der betrachteten Modelle simuliert werden. Insgesamt werden

[36] Die Modellnummer bezieht sich auf die Modellübersicht in Anhang A.2. Dort nicht aufgeführt werden die Modelle von Kumar und Kumar (1992) KKKI, KKKII und KKKIII, da sie nicht in Teil II behandelt und größtenteils wegen Schätzproblemen von der Untersuchung ausgeschlossen wurden (KKKI und KKKII) bzw. im Fall des KKKIII-Modells keine hohe Relevanz zeigten.

4300 Zeitreihen generiert, d.h. 200 pro Modell.[37] Sämtliche Modelle werden auf allen 4300 Zeitreihen geschätzt. Mit Ausnahme der linearisierten Gompertz-Kurve und der linearisierten logistischen Funktion kommt dabei ein numerisches Verfahren zur nichtlinearen Kleinste-Quadrate-Schätzung zum Einsatz.

Zeitreihentyp	Zeitreihenlänge	Zur Modellschätzung verwendete Beobachtungen (Kalibrationsstichprobe)	Erreichter Diffusionsgrad[38]
1	30	20	$X_{20} > 0{,}5$
2	30	20	$X_{30} < 0{,}3$
3	20	10	$X_{10} > 0{,}3$
4	20	10	$X_{20} < 0{,}3$

Tabelle III-6: Zeitreihentypen für Simulation bei Meade und Islam (1998)

Da für jede dieser simulierten Zeitreihen der wahre Datengenerierungsprozess (DGP) bekannt ist, kann in der folgenden Analyse untersucht werden, welche Kriterien geeignet sind, das passende bzw. datengenerierende Modell zu identifizieren. Hintergrund dieser Vorgehensweise ist die Hypothese, dass Kriterien, die geeignet sind einen bekannten DPG zu identifizieren, auch genutzt werden können, um unbekannte DGPs zu erkennen und das am besten approximierende Modell auszuwählen. Als Kriterien zur Modellauswahl werden die Qualität der Parameterschätzer, die Anpassungsgüte und die Modellstabilität verwendet.

[37] Für die flexible logistische Funktion werden nur 100 Zeitreihen erzeugt (Typ 1 und Typ 2), da wegen der hohen Parameterzahl bei kurzen Zeitreihen Konvergenzprobleme auftraten. Daher ergeben sich bei 22 Funktionen nicht 4400, sondern nur 4300 simulierte Zeitreihen. Eine ausführliche Darstellung der Vorgehensweise zur Simulation der Zeitreihen findet sich bei Meade und Islam (1998).

[38] Diese Einteilung entspricht der Darstellung in Islam (1996). In Meade und Islam (1998) wird fälschlicherweise eine Einteilung gezeigt, die keine Überschneidungsfreiheit der Kategorien gewährleistet.

Qualität der Parameterschätzer

Mit Hypothesentests wird überprüft, ob die Schätzer signifikant innerhalb des theoretischen Wertebereiches der Parameter liegen. In den meisten der hier betrachteten Fälle entspricht dies der Überprüfung, ob ein Parameter signifikant größer als Null ist. Hauptsächlich treten ungeeignete Parameterschätzer in der vorliegenden Untersuchung bei flexiblen Erweiterungen des logistischen Modells auf. Schätzungen, die nicht den theoretischen Vorgaben entsprechen werden, ebenso wie nicht konvergierte Schätzungen, als nicht erfolgreich eingestuft und in der folgenden Analyse nicht weiter betrachtet.

Zusätzlich ist bei flexiblen Erweiterungen des logistischen Modells unter theoretischen Gesichtspunkten zu erwarten, dass die Modelle bei Zeitreihen, die mit symmetrischen Modellen erzeugt werden, zu 100% zum einfachen logistischen Modell degenerieren, während bei nicht-symmetrischen Zeitreihen keine derartige Degeneration auftreten sollte. In der Praxis zeigt sich jedoch, dass diese idealtypische Situation nur bei der erweiterten logistischen Funktion für den Zeitreihentyp 1 ansatzweise erkennbar ist.

Generell fitten die meisten Modelle die mit jeweils anderen Modellen simulierten Daten jedoch problemlos. Ein Grund dafür mag auch die aufgrund des fixierten Sättigungsniveaus reduzierte Parameteranzahl der Modelle sein.

Anpassungsgüte

Die Messung der Anpassungsgüte erfolgt anhand des Bestimmtheitsmaßes R^2.[39] Die Untersuchung der Anpassungsgüte als Indikator für die Wahl des korrekten Modells ergibt die folgenden Ergebnisse:

---

[39] Unklar bleibt jedoch, ob das Bestimmtheitsmaß aller Modelle durchgängig für Diffusionsgrad oder Diffusionsrate berechnet wird. Unterschiedliche Betrachtungsebenen können hier das Ergebnis erheblich beeinflussen.

- Die naive Annahme, dass das datengenerierende Modell die „eigenen" Zeitreihen generell am besten fitted, trifft nur in den wenigsten Fällen zu. Im Gegenteil ist die Anpassungsgüte von 4 Modellen auf den „eigenen" Daten in keinem einzigen Fall am höchsten. Log-Normalverteilungsmodell, log-reziprokes Modell und einfache logistische Funktion fitten die „eigenen" Daten in mehr als 50% der Fälle am besten. Mit abnehmender Zeitreihenlänge nimmt die Zuverlässigkeit der Identifikation des korrekten Modells ab.
- Für alle Zeitreihen hat die einfache logistische Funktion die höchste Anpassungsgüte, gefolgt von der flexiblen logistischen Funktion für lange Zeitreihen (Typ 1 + 2) und der linearen logistischen Funktion für kurze Zeitreihen (Typ 3 + 4). Im Gegensatz zu ihrer guten Anpassungsgüte auf den „eigenen" Zeitreihen schneiden Log-Normalverteilungsmodell und log-reziprokes Modell insgesamt nur durchschnittlich ab. Dies spricht dafür, dass diese beiden Funktionen einen sehr charakteristischen Verlauf aufweisen, der sich deutlich von den anderen Modellen unterscheidet.
- Mit symmetrischen Modellen generierte Zeitreihen werden in ca. 80% der Fälle auch am besten von symmetrischen Modellen gefitted. Nur bei 50-70% der nicht-symmetrischen Zeitreihen ist die Anpassungsgüte nicht-symmetrischer Modelle am höchsten; bei kurzen mit flexiblen Modellen generierten Zeitreihen schneiden wiederum symmetrische Modelle am besten ab.

Modellstabilität

Die Modellstabilität analysieren Meade und Islam (1998) mit Hilfe eines Tests von Harvey und Collier (1977) auf Fehlspezifikation des Modells. Dabei wird das Verhalten der einstufigen Ex-ante-Prognosefehler in Relation zur ihrer erwarteten Varianz untersucht.[40] Die einstufigen Prognosefehler werden rekursiv berechnet, in dem der

[40] Die detaillierte Darstellung des Tests und des Vorgehens findet sich bei Meade und Islam (1998).

Prognoseursprung bei Zeitreihen des Typs 1 und 2 sukzessive von 11 auf 19 und bei Zeitreihen des Typs 3 und 4 von 7 auf 9 Beobachtungen angehoben wird. Das bedeutet, es wird damit innerhalb der bestehenden Kalibrationsstichprobe eine zweite Teststichprobe zur Messung der Modellstabilität festgelegt. In jedem Schritt wird das Modell neu geschätzt und eine einstufige Ex-ante-Prognose berechnet. Als Maß für die Stabilität eines Modells wird der Anteil der Fälle herangezogen, in denen die Nullhypothese (Modell ist korrekt identifiziert) nicht zurückgewiesen werden kann. Der Stabilitätstest ergibt die folgenden Ergebnisse:

- Das Stabilitätsmaß ist bei symmetrischen Modellen hoch, wenn die Zeitreihen mit einem Modell der gleichen Klasse generiert werden. Im umgekehrten Fall wird die Nullhypothese meist abgelehnt. Entsprechend ist die Situation bei nicht-symmetrischen Modellen, wenn auch weniger eindeutig. Das Stabilitätsmaß ist also tendenziell geeignet, zwischen einem symmetrischen und nicht-symmetrischen Datengenerierungsprozess zu differenzieren.
- Deutlich weniger stabil auf den „eigenen" Datensätzen zeigen sich wiederum die flexiblen Modelle. Das Log-Normalverteilungsmodell stellt auch hier wieder einen Sonderfall dar, da es auf „eigenen" Daten sehr stabil, auf den Daten anderer flexibler Modelle aber völlig unstabil ist.

Die vorgestellten Ergebnisse sind dahin gehend problematisch, dass sie von Meade und Islam (1998) nur anhand der unkomplizierten Zeitreihen des Typs 1 illustriert werden. Für die anderen Zeitreihentypen beschreiben die Autoren das Ergebnis als „similar but tends to be less distinct". Insbesondere bei den kurzen Zeitreihen der Typen 3 und 4 ist generell die Güte des lediglich anhand von 3 einstufigen Prognosefehlern vorgenommenen Hypothesentestes in Zweifel zu ziehen.

Diskriminanzanalyse

Zur Formalisierung der Modellauswahl wird eine Diskriminanzanalyse mit den erklärenden Variablen Anpassungsgüte und Modellstabilität durchgeführt. Abhängige Variable ist die Zugehörigkeit der Zeitreihen zu einem symmetrischen, nicht-symmetrischen oder flexiblen Datengenerierungsprozess. Die erklärenden Variablen, resultierend aus den einzelnen Modell-Zeitreihen-Kombinationen (i, j), sind im Einzelnen:

$$R1_{ij} = \begin{cases} 1 & \text{falls Modell } i \text{ das höchste } R^2 \text{ für Datensatz } j \text{ hat} \\ 0 & \text{sonst} \end{cases}$$

$$R2_{ij} = \begin{cases} 1 & \text{falls Modell } i \text{ das zweithöchste } R^2 \text{ für Datensatz } j \text{ hat} \\ 0 & \text{sonst} \end{cases}$$

$$S_{ij} = \begin{cases} 1 & \text{falls Nullhypothese korrekter Modellspezifikation nicht verworfen wird} \\ 0 & \text{sonst} \end{cases}$$

70% der insgesamt 4300 Zeitreihen dienen als Kalibrationsstichprobe, 30% werden als Teststichprobe zurückgehalten. Bei schrittweiser Auswahl der erklärenden Variablen anhand von Wilk's Λ werden 16 Modelle mit signifikantem Erklärungsbeitrag identifiziert. Durch die Diskriminanzanalyse können sowohl in der Kalibrations- als auch in der Teststichprobe ca. 75% der symmetrischen und nicht-symmetrischen Zeitreihen korrekt zugeordnet werden. Bei den mit flexiblen Modellen generierten Zeitreihen beträgt der Anteil der korrekten Zuordnungen 35%.

Um die Anwendung zu vereinfachen, wird in einem nächsten Schritt die Diskriminanzanalyse nur noch mit 1-2 Modellen pro Zeitreihenkategorie durchgeführt. Wegen der besonderen Charakteristika wird das Log-Normalverteilungsmodell einer eigenen Subkategorie zugeordnet. Die Modellkategorien und die sie repräsentierenden Modelle sind im Einzelnen in Tabelle III-7 aufgeführt. Der Anteil korrekter Zuordnungen sinkt bei diesem Ansatz im Vergleich zur Diskriminanzanalyse mit allen Modellen um ca. 3 Prozentpunkte.

Modellkategorie	Repräsentierende Modelle	
1: Symmetrisch	- Einfache logistische Funktion	- Autoregressive logistische Funktion
2: Nicht-symmetrisch	- Gompertz-Kurve	- Floyd-Modell
3A: Flexibel	- Weibull-Modell	- Erweiterte logistische Funktion
3B: Flexibel	- Log-Normalverteilungsmodell	

Tabelle III-7: Modellkategorien und repräsentierende Modelle bei Meade und Islam (1998)

Verfahren zur Prognosekombination

Da es einerseits anhand der betrachteten Kriterien schwierig ist, das korrekte Modell eindeutig zu identifizieren, andererseits aber in ca. 60% der Fälle eine korrekte Zuordnung zu einer Modellkategorie möglich ist, empfehlen Meade und Islam (1998) eine Prognosekombination. Die Einzelprognosen werden dabei mit der Wahrscheinlichkeit, dass eine Zeitreihe einer bestimmten Modellkategorie zugeordnet wird, gewichtet. Die dazu erforderliche Wahrscheinlichkeit, dass eine Zeitreihe einer bestimmten Klasse zuzuordnen ist, wird anhand der Ergebnisse der Diskriminanzanalyse ermittelt.

Auf diese Weise werden für alle 4300 Zeitreihen 1- bis 10-stufige Prognosekombinationen für die Teststichprobe berechnet. Die Prognosekombinationen werden mit den Prognosen der wahren datengenerierenden Modelle verglichen. Dazu wird der Quotient

$$\frac{RMSE(\text{wahrer DGP})}{RMSE(\text{Prognosekombination})}$$

der RMSEs beider Vorgehensweisen berechnet und über alle Zeitreihen das geometrische Mittel dieses Quotienten berechnet. Dabei zeigt sich, dass die Prognosekombination nur um durchschnittlich 4% schlechter als eine Prognose mit dem korrekten Modell abschneidet. Frappierenderweise gibt es auch einige Modelle, bei denen die Kombination im Durchschnitt erheblich besser als die Prognose mit dem korrekten Modell ist.[41] Ein Ranking der Prognosen aller 7 Einzelmodelle und der Kombination zeigt, dass die Prognosekombination in 80% der Fälle Platz 1 oder 2, jedoch nur in ca. 30% der Fälle tatsächlich Platz 1 belegt. Eine zusätzlich als Vergleich berechnete nicht gewichtete Prognosekombination der 7 Modelle schneidet mit einem geometrischen Mittel des RMSE-Quotienten von 0,39 erheblich schlechter als die gewichtete Prognosekombination ab, d.h. der Nachteil gegenüber dem korrekten Modell beträgt ca. 61%.

Überprüfung des Ansatzes an 47 realen Zeitreihen

Meade und Islam (1998) überprüfen ihren Ansatz zur Modellauswahl und gewichteten Prognosekombination an 47 realen Zeitreihen. Dazu werden mit den 7 in der Diskriminanzanalyse verwendeten Modellen Anpassungsgüte und Stabilität für alle 47 Zeitreihen gemessen und darauf basierend die Wahrscheinlichkeiten der Klassenzugehörigkeit für die einzelnen Zeitreihen berechnet. In einem wiederum anhand des RMSE-Quotienten durchgeführten Vergleichs der Prognosegüte ist die Prognosekombination in ca. 75% der Fälle besser als die Prognosen des Modells mit der höchsten Anpassungsgüte der 7 in der Kombination verwendeten Modelle (Benchmark 1). Wird der Vergleich auf alle Modelle bezogen und das best-fittende der 22 Modelle als Benchmark herangezogen (Benchmark 2) ist die Kombination sogar in ca. 85% der Fälle überlegen. Der RMSE der Prognosekombination ist durchschnittlich 8% niedriger als von Benchmark 1 und 2.

Bewertung

Der Ansatz von Meade und Islam (1998) zur Modellauswahl und Prognosekombination ist im Vergleich zu den anderen bislang vorgestellten Vorgehensweisen der umfassendste und systematischste. Positiv zu bewerten ist, dass die Mehrzahl der bislang in

[41] Die Prognoseeignung dieser Modelle ist grundsätzlich kritisch zu hinterfragen, was jedoch innerhalb des Ansatzes von Meade und Islam (1998) nicht erfolgt, da hier primär die Identifikation des korrekten Datengenerierungsprozesses im Fokus steht.

der Literatur entwickelten Modelle in die Untersuchung mit einbezogen werden und nicht nur eine willkürliche Auswahl einiger weniger Modelle. So konnte erstmals empirisch gezeigt werden, dass Modelle wie die logistische Funktion, die Gompertz-Kurve und auch das Bass-Modell, die u.a. im Zuge der Analyse als Repräsentanten für einzelne Modellkategorien ausgewählt wurden, berechtigterweise weitverbreitet Anwendung in Literatur und Praxis finden. Verglichen mit den meisten anderen Untersuchungen ist die Anzahl der verwendeten simulierten Zeitreihen recht groß; eine Tatsache, die für eine höhere Validität der Ergebnisse spricht. Neben diesen positiven Aspekten geben jedoch die folgenden Punkte Anlass für zum Teil fundamentale Kritik:

- Die Beschränkung auf Modelle mit festem Sättigungsniveau $m = 1$ ist äußerst problematisch, da gerade das Sättigungsniveau häufig eine der wichtigsten zu prognostizierenden Größen ist. Soll das Sättigungsniveau jedoch simultan mitgeschätzt werden, treten durch die erhöhte Parameterzahl und Unsicherheit in wesentlich stärkerem Umfang Konvergenzprobleme, geringere Modellstabilität und größere Prognosefehler auf. Eine unmittelbare Übertragbarkeit der Ergebnisse ist daher auf diesen realistischeren Anwendungsfall fraglich.
- Die Verwendung des Bestimmtheitsmaßes R^2 zur Modellauswahl ist dahingehend kritisch zu bewerten, dass die meisten anderen Untersuchungen im Kontext von Wachstumskurvenmodellen einen deutlichen Zusammenhang von Anpassungs- und Prognosegüte verneinen.[42]
- Der Fokus des Ansatzes liegt auf der Identifikation des wahren Datengenerierungsprozesses oder zumindest der entsprechenden Modellkategorie.

[42] Generell kann eine hohe Ex-post-Anpassungsgüte über beliebig komplexe Modelle herbeigeführt werden. Die Prognosefähigkeit eines solchen Modells ist jedoch fraglich, da es nicht den generellen DGP approximiert, sondern nur die Vergangenheitsdaten anpasst. In diesem Fall liegt so genanntes "Overfitting" vor (z.B. Makridakis et al. 1998, S. 45ff.).

Dieses grundsätzlich sinnvolle Vorgehen ist aber dahingehend kritisch zu bewerten, ob bestimmte Modelle überhaupt die Zeitreihen des „eigenen“ DGP gut prognostizieren. Die geringe Anpassungsgüte einzelner Modelle auf den „eigenen“ Daten lassen die generelle Prognoseeignung ebenfalls in Zweifel ziehen. Details hinsichtlich der Prognosegüte der Einzelmodelle werden leider nicht angegeben. Anstelle des gewählten Vorgehens könnte es sinnvoll sein, die Modellauswahl nicht mittels Anpassungsgüte und Modellstabilität, sondern anhand der im Rahmen einer Prognosesimulation bewerteten Ex-ante-Prognosegüte vorzunehmen.

- Die Darstellung der Ergebnisse ist für kurze Zeitreihen häufig nicht nachvollziehbar bzw. nicht angegeben, sondern nur für die längeren Zeitreihen des Typs 1 und 2. Die (nicht dargestellten) Ergebnisse sind besonders für den Test auf Modellstabilität kritisch zu beurteilen, da bei Zeitreihen des Typs 3 und 4 der Hypothesentest lediglich auf 3 Werten basiert und daher eine Verwerfung der Nullhypothese generell selten zu erwarten ist. Die für den Test benötigte Varianz des Prognosefehlers wird mit einer Taylorreihen-Expansion approximiert. Dies ist insbesondere problematisch, da Meade und Islam selber diese Varianzapproximation in einer anderen Arbeit wegen systematischer Varianzunterschätzung kritisieren (Meade und Islam 1995b).

8.4.2.5 Hardie et al. (1998)

Hardie et al. (1998) untersuchen in ihrem Artikel *„An empirical comparison of New Product Trial Forecasting Models“* die Prognosegüte verschiedener Testmarktmodelle anhand von 19 Verbrauchsgütern (consumer packaged goods) deren Marktpenetration in einem Panel gemessen wird.[43] In die Analyse werden acht Modelle ohne exogene

---

[43] Der Kaufprozess für diese Güter ist im Gegensatz zu langlebigen Konsumgütern durch geringe interpersonelle Kommunikation sowie ein niedriges Risiko und Involvement gekennzeichnet. Von daher

Variablen einbezogen, darunter 4 Modelle der Exponentialfamilie sowie Weibull- und Bass-Modell. Für die Datenbasis von 19 Zeitreihen sind jeweils Beobachtungen über 52 Wochen nach Produkteinführung gegeben. Ziel ist es, die kumulierte Penetration, d.h. den kumulierten Anteil der Erstkäufer (First Triers) am Gesamtumfang des Panels zu modellieren und zu prognostizieren. Dazu werden die Datensätze in Kalibrations- und Teststichprobe aufgeteilt und zwar jeweils in 26 Beobachtungen (Vorgehensweise 1) bzw. in 13 zu 39 Beobachtungen (Vorgehensweise 2). Die Prognosehorizonte betragen dementsprechend $h = 1,\ldots,26$ bei Vorgehensweise 1 und $h = 1,\ldots,39$ bei Vorgehensweise 2.

Zur Modellschätzung werden die drei Verfahren

- Maximum-Likelihood-Schätzung (MLE)
- Nicht-lineare Kleinste-Quadrate-Schätzung auf den kumulierten Daten (NLS cum.)
- Nicht-lineare Kleinste-Quadrate-Schätzung auf den nicht kumulierten Daten (NLS)

eingesetzt (vgl. Abschnitt III-8.5.2.3 zu Details der Schätzverfahren).

So entsteht für die Analyse ein faktorielles Design von 874 Kombinationen[44]: (8) Modelle x (3) Schätzverfahren x 2 Längen der Kalibrationsstichprobe x (19) Zeitreihen.

Das Bestimmtheitsmaß R^2 wird als Maß für die Anpassungsgüte und der $1,\ldots,H$-stufige MAPE zur Messung der Prognosegüte herangezogen. Zusätzlich wird die lang-

entstammt der Beitrag einem angrenzenden Forschungsgebiet und die Ergebnisse sind ggf. nicht unmittelbar auf die Prognose innovativer, langlebiger Konsumgüter übertragbar. Die verwendeten Modelle und Vorgehensweisen sind jedoch zumindest teilweise dieselben.

[44] Die Zahl von 874 Kombinationen entsteht dadurch, dass für eines der 8 Modelle ML-Schätzung nicht möglich ist. Daher gibt es nur 23 anstelle von 24 Modell-Schätzverfahren-Kombinationen.

fristige Prognosegüte anhand des Absolute Percentage Error (APE)[45] für die 52. Woche bewertet.

Die folgenden Punkte skizzieren die wesentlichen Ergebnisse der Untersuchung im Hinblick auf die Modellauswahl:

- Einfachere Modelle erreichen durchschnittlich eine höhere Prognosegüte als komplexe Modelle. Flexible Modelle weisen demzufolge eine geringe Prognosegüte auf. Einfachere Modelle sind auch bei der Prognose für die 52. Woche überlegen.
- Die unterschiedliche Länge der Kalibrationsstichprobe hat nur bei einem Modell deutlichen Einfluss auf die Rangordnung hinsichtlich der Prognosegüte. Interaktionseffekte zwischen Zeitreihenlänge und Modellauswahl sind daher nur gering, d.h. die Zeitreihenlänge hat für die Modellauswahl praktisch keine Bedeutung.
- Zwischen Anpassungs- und Prognosegüte existiert kein deutlicher Zusammenhang.
- Unterschiedliche Schätzverfahren beeinflussen zwar die Prognosegüte erheblich; Interaktionseffekte zwischen einzelnen Modellen und Schätzverfahren sind aber gering, d.h. für die Modellauswahl ist das Schätzverfahren ohne Bedeutung.

---

[45] Der $APE = 100\% \cdot \left| \frac{x_j - \hat{x}_j}{x_j} \right|$ misst die absolute prozentuale Abweichung zwischen der beobachteten Zeitreihe und dem gefitteten bzw. prognostizierten Wert für einen Zeitpunkt (z.B. Armstrong und Collopy 1992).

Obwohl sich der Beitrag auf die Prognose von Verbrauchsgütern und nicht auf langlebige Konsumgüter bezieht und die Ergebnisse daher nicht unmittelbar übertragbar sind, bestätigt er wesentliche Erkenntnisse der anderen Untersuchungen.

8.4.2.6 Bewley und Griffith (2003)

Bewley und Griffith (2003) vergleichen in ihrer Arbeit *„The penetration of CDs in the sound recording market: issues in specification, model selection und forecasting"* die Prognosegüte von 12 unterschiedlichen Funktionen: 3 Repräsentationen des logistischen Modells (Modell-Nr. 6-8), 3 Repräsentationen der Gompertz-Kurve (Modell-Nr. 11-13), das Bass-Modell in Form der Extended Logistic (Modell-Nr. 3) sowie 5 Versionen des transformierten FLOG-Modells (Modell-Nr. 38-42). Diese Modellauswahl soll es ermöglichen, den Einfluss der folgenden beiden Faktoren auf die Prognosegüte zu analysieren:

1. Rolle der Fehlerstruktur: Die jeweils 3 Repräsentationen von Gompertz-Kurve und logistischer Funktion implizieren 3 unterschiedliche Annahmen über die Struktur des Fehlers von $X(t)$: (1) - Homoskedastizität (Modelle 6 und 11), (2) - Heteroskedastizität (Modelle 8 und 13) und (3) - maximale Varianz am Wendepunkt und zu den Rändern auf Null abnehmend (Modelle 7 und 12).
2. Bedeutung der Modellkomplexität: Vergleich der Prognosegüte von 3-parametrischen Modellen gegenüber Modellen mit 4 zu schätzenden Parametern.

Zur Bewertung der Prognosegüte werden Jahresdaten zur Diffusion von CDs in 12 Industrieländern aus den Jahren 1984-1996 verwendet. Dabei wird der relative Diffusionsgrad (Penetration) betrachtet, d.h. der Anteil von CDs an Gesamtzahl der verkauften Tonträger (ohne Singles). Gemeinsam ist allen Zeitreihen, dass ihr Sättigungsniveau nahe 1 liegt. Zur Beurteilung der Prognosefähigkeit in Abhängigkeit von der zur Verfügung stehenden Datenbasis werden jeweils drei unterschiedlich große Kalibrationsstichproben zur Prognosesimulation gebildet. (vgl. Tabelle III-8).

Nr.	Kalibrationsstichprobe	Prognosehorizont in Jahren	Charakteristika
1	1984-1990	3 (1991-1993) 6 (1991-1996)	Wendepunkt „in Nähe" der letzten Beobachtung der Kalibrationsstichprobe
2	1984-1993	3 (1994-1996)	„typische Anwendungssituation"
3	1984-1996	Keine Prognose, nur Fit	Wendepunkt deutlich innerhalb der Kalibrationsstichprobe

Tabelle III-8: Einteilung der Zeitreihen für Prognosesimulation bei Bewley und Griffith (2003)

Verglichen werden die Modelle anhand der Kriterien „Fähigkeit zur Schätzung von realistischen Sättigungsniveaus" sowie der Anpassungs- und Prognosegüte. Als realistisch werden die geschätzten Sättigungsniveaus eingestuft, wenn sie innerhalb des Intervalls $\hat{m} \in (0,1]$ liegen, auf das die Zeitreihen als relative Penetrationsdaten beschränkt sind. Zur Bewertung der Anpassungsgüte wird das Akaike-Informations-Kriterium (AIC) verwendet. Die Prognosegüte wird mit der mittleren absoluten Abweichung (MAD) gemessen.

Alle Modelle werden unrestringiert geschätzt. Bei den FLOG-Modellen wird jedoch der Parameter $m = 1$ extern als obere Schranke vorgegeben. Bei der linearisierten Gompertz-Kurve und der linearisierten logistischen Funktion wird m, obwohl Bestandteil der abhängigen Variablen, nicht vorgegeben, sondern iterativ numerisch geschätzt. Aufgrund von Schätzproblemen wird das allgemeine FLOG-Modell von der Untersuchung ausgeschlossen.

Schätzung des Sättigungsniveaus[46]

Die geschätzten Sättigungsniveaus sind stark von der Modellauswahl abhängig. Mit zunehmender Länge der Kalibrationsstichprobe nimmt das Problem gravierender Überschätzungen des Sättigungsniveaus aufgrund des eingeschlossenen Wendepunktes ab. Gompertz-Modelle ergeben besonders häufig Schätzer für m außerhalb des gültigen Wertebereichs. Aufgrund der modellimmanenten Beschränkung liegt das interne Sättigungsniveau des ELOG-Modells stets innerhalb des gültigen Wertebereichs. Bewley und Griffith (2003) empfehlen wegen der zum Teil gravierenden Überschätzungen der anderen Modelle die Verwendung von Modellen der FLOG-Klasse mit internem Sättigungsniveau (FLOG-ELOG und FLOG-Box-Cox).

Anpassungs- und Prognosegüte

Sowohl für kürzere als auch längere Kalibrationsstichproben und Prognosehorizonte zeigt sich die Familie der FLOG-Modelle in dieser Analyse den anderen Modellen überlegen. Insgesamt hat sich aber kein einzelnes Modell als das beste für sämtliche Länder und Zeitreihenlängen erwiesen. Nächstbeste Anpassungs- und Prognosegüte weist die linearisierte Gompertz-Kurve auf. Obwohl die Prognosegüte von LIPT- und IPT-Repräsentation in der Untersuchung am höchsten war, empfehlen die Autoren die Verwendung der dahinterliegenden ELOG- und Box-Cox-Repräsentationen, da diese zumindest theoretisch ein internes Sättigungsniveau darstellen können (vgl. Abschnitt II-3.1.2).

Bewertung

Die Untersuchung von Bewley und Griffith (2003) ist auf relativ wenige, recht homogene Zeitreihen beschränkt. Daher ist die Verallgemeinerbarkeit der Ergebnisse zu-

---

[46] Aus dieser Darstellung ausgeschlossen sind wegen des festen Sättigungsniveaus von 1 das IPT- und LIPT-Modell sowie das FLOG-Modell mit Box-Cox-Transformation, da bei keinem betrachteten Fall ein internes Sättigungsniveau auftritt (vgl. Abschnitt II-3.1.2).

mindest fraglich. Eine fundamentale Schwäche des Beitrags ist jedoch die Tatsache, dass der Parameter für das Sättigungsniveau bei den FLOG-Modellen extern vorgegeben wird ($m = 1$), während bei allen anderen Modellen der Parameter m geschätzt wird. Eine Vergleichbarkeit der Ergebnisse ist daher nicht gegeben. Das gute Abschneiden der FLOG-Modelle könnte vor diesem Hintergrund in erster Linie dadurch begründet sein, dass alle Zeitreihen tatsächlich ein Sättigungsniveau nahe 1 haben. Ein fairer Vergleich hätte auch die Gompertz-Kurve und die logistische Funktion mit extern gegebenem Sättigungsniveau beinhaltet oder zumindest die Schätzung des Sättigungsniveaus auf $m \leq 1$ restringiert. Diese Unzulänglichkeit wird auch keineswegs dadurch gemindert, dass FLOG-Modelle prinzipiell ein internes Sättigungsniveau bilden können, da insbesondere die FLOG-Modelle ohne internes Sättigungsniveau, d.h. mit festem Sättigungsniveau $m = 1$, bei der Prognose besonders erfolgreich abschneiden. Die skizzierte Unvergleichbarkeit der Ergebnisse stellt den Wert der gesamten Untersuchung von Bewley und Griffith (2003) grundlegend in Frage.

8.4.2.7 Weitere Beiträge zur Modellauswahl

Der Modellvergleich von Bass, Jain und Krishnan (2000) untersucht die relative Prognosegüte von vier Versionen des Bass-Modells (einfaches Bass-Modell, generalisiertes Bass-Modell und 2 Versionen einer proportionalen Hazard-Raten Formulierung des Bass-Modells). Das einfache Bass-Modell dient dabei als Benchmark für die Prognosen seiner 3 Erweiterungen, die neben der Zeit auch Marketing-Mix-Variablen berücksichtigen. Die Untersuchung ist hinsichtlich der Ergebnisse kaum aussagefähig, da die Modelle nur anhand von drei Zeitreihen und jeweils einer einstufigen Prognose verglichen werden. Dabei hat sich eine proportionale Hazard-Raten Version als überlegen erwiesen. Die Arbeit von Bass, Jain und Krishnan (2000) soll hier nur der Vollständigkeit halber erwähnt werden. Wegen des geringen Umfangs der betrachteten Zeitreihen und des Schwerpunktes auf Marketing-Mix-Modelle hat sie kaum eine Relevanz für die hier betrachtete Problematik.

Bremmaor und Lee (2002) vergleichen die Prognosegüte von einfachem Bass-Modell und Gamma-Shifted-Gompertz-Modell (GSG-Modell)[47]. Ein Vergleich der ein- bis dreistufigen Prognosen anhand von 12 realen Zeitreihen erweist eine höhere Prognosegüte des Bass-Modells bei zwei- und dreistufigen Prognosen. Lediglich einstufige Prognosen meistert das komplexere GSG-Modell besser. Meade und Islam (2006) sehen durch dieses Ergebnis tendenziell wiederum die Hypothese bestätigt, dass einfache Modelle zumindest bei längerfristigen Prognosen überlegen sind.

8.4.3 Zwischenfazit zur Modellauswahl

Die betrachteten Untersuchungen zur Modellauswahl für die prognostische Anwendung von Wachstumskurvenmodellen ergeben eine Vielzahl, einander zum Teil auch widersprechender, Erkenntnisse. Neben den erwähnten Primärstudien wird auch in den beiden Überblicksarbeiten von Meade und Islam (2001, 2006) das Thema Modellauswahl berücksichtigt. Im Kern können die bisherigen Erkenntnisse der Literatur (Bewley und Griffith 2003 [1], Hardie et al. 1998 [2], Meade und Islam 1995a [3], 1998 [4], 2001 [5], 2006 [6], Young und Ord 1989 [7], Young 1993 [8]) auf eine überschaubare Anzahl von Punkten zusammengefasst werden, die im Folgenden aufgeführt werden:[48]

- Es existiert kein bestes Modell für alle Prozesse [alle].
- Parametersparende Prognosemodelle tendieren zu besseren Prognosen als komplexe [2, 3, 4, 5, 6].
- Es existiert kein oder nur ein schwacher Zusammenhang zwischen Anpassungs- und Prognosegüte [2, 3, 8].

[47] Das von Bremmaor (1994) vorgestellte GSG-Modell ist flexibler als das Bass-Modell und beinhaltet dieses als Spezialfall.

[48] Die in eckigen Klammern angegebenen Ziffern dienen der Zuordnung der einzelnen Ergebnisse zu den jeweiligen Artikeln.

- Prognosekombination kann die Prognosegüte verbessern [4, 6].
- Die kurzfristige Prognosegüte ist ein Indikator für die Eignung eines Modells für mittel- und langfristige Prognosen [4, 5].
- Es gibt schwache Hinweise, dass bestimmte Verfahren im Mittel eine überdurchschnittliche Prognosegüte erreichen [1, 3, 4, 8]; eine sinnvolle Startauswahl bilden logistische Funktion, Gompertz-Kurve und Bass-Modell [5].
- Bei deterministisch identischen Funktionen ist die repräsentationsabhängige Fehlerstruktur relevant [7, 8].
- Autoregressive Modellrepräsentationen weisen eine hohe Prognosegüte auf [8, 3], insbesondere bei kurzen Prognosehorizonten [8].
- Die Konvergenz der Optimierung und theoriegerechte Parameterschätzer sind ein Indikator für adäquate Modelle [3, 4].
- Zeitreihenlänge und erreichter Diffusionsgrad haben möglicherweise Einfluss auf die Modellauswahl [5, 8]. Hardie et al. (1998) erkennen jedoch nur einen sehr schwachen Einfluss [2].
- Die Verwendung eines autoregressiven Fehlerterms ist ohne Einfluss auf Prognosegüte [3].
- Der Prognosehorizont hat keine Bedeutung für die Modellauswahl [8].

Hinsichtlich des Vorgehens bei der Modellauswahl lassen sich die folgenden übergreifenden Ansätze identifizieren:

- Die Ex-ante-Prognosegüte der unterschiedlichen Modelle wird im Rahmen von statischen Prognosesimulationen bewertet [1, 2, 3, 4, 8].
- Die Anpassungsgüte der Modelle wird anhand des Bestimmtheitsmaßes R^2 [2, 4] und des MSE [7, 8] bzw. des RMSE [3] verglichen.

- RMSE [3, 4, 8] und MAPE [2, 3, 8] sind weitverbreitet zur Messung der Ex-ante-Prognosegüte.
- Um belastbare Aussagen zu erhalten, werden Modellauswahlverfahren mit simulierten Zeitreihen, deren Eigenschaften ex ante bekannt und kontrollierbar sind, getestet [4, 7].
- Versuche, die Modellauswahl über Hypothesentests zu formalisieren, liefern ein heterogenes Bild. Meade und Islam (1995a) erzielen keine konsistenten Testergebnisse bei einem Vergleich von Anpassungs- und Prognosegüte unterschiedlicher Modelle auf einzelnen Zeitreihen. Dagegen konnten mit einer zeitreihenübergreifenden Rangvarianzanalyse erfolgreich signifikante Unterschiede zwischen den betrachteten Modellen identifiziert werden [3]. Meade und Islam (1998) verwenden Hypothesentests zur Überprüfung auf theoriegerechte Parameterschätzer sowie –zumindest auf längeren Zeitreihen erfolgreich– Stabilitätstests für einzelne Modelle [4].

Aus den bisherigen Untersuchungen ergibt sich zwar keine einheitliche, geschlossene Methodik zur Modellauswahl, sie stellen aber eine Reihe von heuristischen Anwendungsempfehlungen bereit und zeigen den weiteren Forschungsbedarf auf.

8.5 Modellschätzung und tentative Prognose

Die Schätzung der Modellparameter von Wachstumskurvenmodellen im Rahmen der Neuproduktprognostik steht generell im bereits skizzierten Spannungsfeld von Datenverfügbarkeit und dem frühzeitigen Bedarf nach Prognosen vor bzw. kurz nach Markteinführung des Produktes.

Aufgrund der Verlaufsform der Modelle stellt die Schätzung der Modellparameter in den meisten Fällen ein nicht-lineares Optimierungsproblem dar. Die Parameterschätzer einiger autoregressiver Modelle sowie linearisierter Modellrepräsentationen können jedoch mit gewöhnlicher Kleinste-Quadrate-Schätzung (OLS – Ordinary Least Squares) bestimmt werden. Die zur Linearisierung globaler Kurven notwendige Transformation der Zeitreihe erfordert jedoch die Ex-ante-Kenntnis des Marktsättigungsniveaus, was die praktische Relevanz wiederum einschränkt.[49] In der Modellübersicht in Anhang A.2 wird zu jedem Modell angegeben, ob lineare Regression möglich ist und ob dazu das Sättigungsniveau m ex ante bekannt sein muss.

In der Literatur zur Schätzung von Wachstumskurvenmodellen konkurrieren insbesondere nicht-lineare Kleinste-Quadrate-Schätzung (NLS – Non-linear Least Squares) und Maximum-Likelihood-Schätzung (MLE – Maximum Likelihood Estimation). Meade und Islam (2006) verweisen darauf, dass nach wie vor ungeklärt ist, welches Verfahren überlegen ist bzw. welches Verfahren in einer bestimmten Anwendungssituation verwendet werden sollte. Neben den genannten Ansätzen werden vereinzelt auch alternative Verfahren wie adaptive Schätzung mittels augmentiertem Kalman-Filter oder Kleinste-Quadrate-Schätzung mit genetischen Algorithmen in Pilotstudien angewendet (Xie et al. 1997 bzw. Venkatesan und Kumar 2002).

[49] Eine simultane Schätzung des Sättigungsniveaus bei linearisierten Modellen ist theoretisch ebenfalls möglich. Der Vorteil der Schätzbarkeit mit OLS wird dadurch jedoch aufgehoben.

In den folgenden Abschnitten werden die unterschiedlichen Schätzverfahren anhand des Bass-Modells illustriert. Drei Gründe sind für die Verwendung des Bass-Modells als Beispiel ausschlaggebend. Erstens sind die Ergebnisse wegen der weiten Verbreitung des Bass-Modells in der Literatur gut vergleichbar, zweitens ist das Bass-Modell auch mit OLS schätzbar und drittens sind die Ergebnisse leicht auf andere Modelle übertragbar.

Der Schwerpunkt der weiteren Betrachtung wird auf die Modellschätzung für Prognosen nach der Markteinführungsphase (≥ 7-10 Beobachtungen) gelegt. Diese Fokussierung wird vorgenommen, da wie bereits in Abschnitt III-6.3 dargelegt der Anwendungsschwerpunkt von Wachstumskurvenmodellen für Neuproduktprognosen auf der Prognose des Verlaufs der Marktdurchdringung und weniger auf einer frühzeitigen Prognose (keine oder sehr wenige Beobachtungen verfügbar) des langfristigen Erfolgspotenzials eines Neuproduktes liegt. Für Prognosen vor Markteinführung oder anhand erster Beobachtungen werden die entsprechenden Ansätze im Überblick aufgeführt und auf die entsprechende Literatur verwiesen.

8.5.1 Bestimmung der Modellparameter für Prognosen vor Markteinführung und in der Markteinführungsphase

Zur Schätzung der Modellparameter vor Markteinführung bzw. anhand erster Beobachtungen aus der Markteinführungsphase stehen unterschiedliche Verfahren zur Verfügung, die jedoch alle naturgemäß mit hoher Unsicherheit behaftet sind.

Die erste Kategorie umfasst Verfahren zur algebraischen Ermittlung der Modellparameter. Dabei treffen Experten Einschätzungen hinsichtlich des erwarteten Diffusionsverlaufs, aus denen die Parameter abgeleitet werden. Zu diesen Verfahren zählen die Ansätze von Lawrence und Lawton (1981) sowie von Mahajan and Sharma (1986), die beide auf dem Bass-Modell basieren. Das Verfahren von Lawrence und Lawton (1981) benötigt zur algebraischen Ermittlung der Parameterschätzer das erwartete Marktpotenzial m, die Anzahl Adoptionen x_1 in der ersten Periode sowie die Summe der Koeffizienten $p+q$. Das algebraische Verfahren von Mahajan und Sharma (1986) erfordert neben dem Marktpotenzial m die Abschätzung der Zeit bis zum erreichen des Maximums der Diffusionsrate und dessen Ausprägung. Das Hauptproblem dieser Verfahren liegt darin, dass die entsprechenden Management-Einschätzungen schwer zu treffen und sehr ungenau sind. Bass (1986) konstatiert: Wenn diese Informationen verfügbar sind, besteht nicht mehr unbedingt die Notwendigkeit, eine Diffusionskurve zu berechnen. Die Validität der algebraischen Verfahren kann jedoch durch zusätzlichen Input in Form von Meta-Analysen (z.B. Sultan et al. 1990), Conjoint-Analysen und einfachen Befragungen verbessert werden.

Eine alternative Vorgehensweise bei keinen oder nur wenigen verfügbaren Daten sind Analogieschlüsse (z.B. Thomas 1985, Choffray und Lilien 1986, Lilien et al. 2000). Dabei werden für das zu prognostizierende Neuprodukt ähnliche Produkte mit abgeschlossenem Diffusionsprozess identifiziert. Die Auswahl erfolgt subjektiv durch Experten oder im Rahmen umfangreicher Befragungen. Die Ähnlichkeit kann sich dabei sowohl auf Produkteigenschaften als auch auf den erwarteten Diffusionsverlauf beziehen. Die Bestimmung der Parameter erfolgt durch gewichtete Mittelung der Parameterschätzer der ausgewählten Vergleichsmodelle. Thomas (1985) unterstellt, dass der Nutzen der Attribute des neuen Produktes von denen der Analogieprodukte abgeleitet werden kann und verwendet zur Berechnung der Modellparameter für das Neuprodukt

$$\hat{p}=\sum_{j=1}^{n}\left(\sum_{i=1}^{k}V_iY_{ij}P_j\right),$$

$$\hat{q}=\sum_{j=1}^{n}\left(\sum_{i=1}^{k}V_iY_{ij}Q_j\right)$$

mit V_i als Gewichtung bzw. Präferenz für die $i=1,\ldots,k$ Produktattribute und Y_{ji} als Wahrnehmung der Konsumenten in welchem Ausmaß die Produkte $j=1,\ldots,n$ das Attribut i umfassen. P_j und Q_j entsprechen den Parameterschätzern des auf dem Diffusionsverlauf von Produkt $j=1,\ldots,n$ geschätzten Bass-Modells. Eine weitere Alternative, die ebenfalls auf bereits abgeschlossenen Diffusionsprozessen basiert, ist die Verwendung von Querschnittsanalysen und Paneldaten zur Erklärung der Parameterschätzer, bei denen die Produkteigenschaften als Regressoren verwendet werden (z.B. Bähr-Seppelfricke 1999). Zur Berechnung von Prognosen wird das Regressionsmodell zunächst auf bereits erfolgten Diffusionsverläufen parametrisiert. In einem nächsten Schritt werden die Produkteigenschaften des neuen Produktes bewertet und anhand des Regressionsmodells Parameterschätzer für das neue Produkt berechnet.

Alternativ zu den beschriebenen Vorgehensweisen werden Bayesianische Verfahren verwendet. Die wichtigste und grundlegendste Arbeit auf diesem Gebiet ist das hierarchische Bayes-Verfahren von Lenk und Rao (1990). Dabei kommt eine zweistufige Prior-Verteilung zum Einsatz. Die erste Prior-Verteilung beschreibt die Variation von Parametern unterschiedlicher Produkte mit bekanntem Diffusionsverlauf, während die zweite Priorverteilung die Unsicherheit der Hyperparameter des ersten Priors modelliert. Vor Markteinführung wird die Prognose anhand der Erwartungswerte der ersten Priorverteilung berechnet. Mit den nach Markteinführung erfolgenden Aktualisierungen passt sich die Prognose an den spezifischen Diffusionsverlauf des betrachteten Neuproduktes an. Lee et al. (2003) verwenden ebenfalls einen hierarchischen Bayes-Ansatz zur Prognose von CD-Verkaufszahlen vor Markteinführung.

Zur Bestimmung von Priorverteilungen vor Markteinführung werden ebenfalls subjektive Informationen verwendet. Der Vorteil bayesianischer Verfahren ist dabei, dass diese Verteilungen mit zunehmender Datenverfügbarkeit sukzessive aktualisiert werden können. Bayus (1993) und Bayus und Carlstrom (1990) entwickeln entsprechende Ansätze zur Gruppierung ähnlicher Produkte und leiten daraus die Priorverteilungen ab.

8.5.2 Schätzung der Modellparameter für Prognosen nach der Markteinführungsphase

Nach der Markteinführungsphase sind, wie in Abschnitt III-6.1 unterteilt, mehr als 7-10 Werte der Zeitreihe realisiert, so dass die Schätzung der Modellparameter anhand der verfügbaren Beobachtungen möglich ist. Die am weitesten verbreiteten Schätzverfahren für Wachstumskurvenmodelle

- Gewöhnliche Kleinste-Quadrate – OLS (Bass 1969)
- Nicht-lineare Kleinste-Quadrate – NLS (Srinivasan und Mason 1986) / gewichtete nicht-lineare Kleinste-Quadrate (weighted NLS)
- Maximum Likelihood – MLE (Schmittlein und Mahajan 1982)

werden in den folgenden Abschnitten vorgestellt und hinsichtlich ihrer Stärken und Schwächen bewertet.[50] Dabei wird auch auf die Bedeutung unterschiedlicher Modellfehlerstrukturen für die Schätzung eingegangen und es werden Möglichkeiten zur Berücksichtigung ausgewählter Fehlerstrukturen aufgezeigt. Mit Ausnahme der OLS-Schätzung erfordern die oben genannten Verfahren die Anwendung numerischer Optimierungsalgorithmen, die mit Fokus auf den Nelder-Mead-Simplex-Algorithmus in Abschnitt III- 8.5.2.4 näher behandelt werden.

Vor allem bei kurzen Zeitreihen ist es sinnvoll, die Parameterschätzer anhand exogener Informationen zu restringieren oder ggf. sogar einzelne Parameter extern vorzugeben. Zur restringierten Schätzung können zum einen spezielle restringierte Schätzverfahren verwendet werden, andererseits besteht auch die Möglichkeit, beliebige numerische Optimierungsalgorithmen mittels einer Logit-Transformation der zu

[50] Die aufgeführten Autoren stehen für die erstmalige Verwendung der genannten Verfahren bei der Schätzung von Diffusionsmodellen.

schätzenden Parameter zu beschränken. Das entsprechende Vorgehen wird in Abschnitt III-8.5.2.4 erörtert.

8.5.2.1 OLS – Gewöhnliche Kleinste-Quadrate-Schätzung

Gewöhnliche Kleinste-Quadrate-Schätzung kann zur Schätzung von linearisierten Wachstumskurvenmodellen bzw. autoregressiven Modellen, die linear in den Parametern sind, verwendet werden. Dementsprechend ist das Bass-Modell in der autoregressiven Modellvariante

$$X_t - X_{t-1} = pm + (q-p)X_{t-1} - \frac{q}{m}X_{t-1}^2 + \varepsilon_t$$

mit OLS schätzbar, da es linear in den Parametern des externen und internen Einflusses p und q sowie des Marktpotenzials m ist. Der Modellfehlerterm ε_t sei unabhängig identisch verteilt mit dem Erwartungswert $E(\varepsilon_t)=0$ und der konstanten Varianz $V(\varepsilon_t)=\sigma^2$.

Nach Umformung zu

$$\begin{aligned} X_t - X_{t-1} = x_t &= \beta_0 + \beta_1 X_{t-1} + \beta_2 X_{t-1}^2 + \varepsilon_t \\ &\Leftrightarrow \mathbf{x} = \mathbf{X}\boldsymbol{\beta} + \boldsymbol{\varepsilon} \end{aligned}$$

mit $\beta_0 = pm$, $\beta_1 = q-p$ und $\beta_2 = -q/m$ können die Parameter indirekt durch den gewöhnlichen Kleinste-Quadrate-Schätzer[51] $\hat{\boldsymbol{\beta}} = \left(\mathbf{X}^T\mathbf{X}\right)^{-1}\mathbf{X}^T\mathbf{x}$ geschätzt werden (Bass 1969). Seien $\{X_1,\ldots,X_T\}$ die verfügbaren Beobachtungen der Zeitreihe des Diffusionsgrades und $\{x_1,\ldots,x_T\}$ die korrespondierenden Werte der Diffusionsrate, dann um-

[51] Besteht Anlass die einzelnen Beobachtungen der Zeitreihe bei der Kleinsten-Quadrate-Schätzung ungleich zu gewichten, kann alternativ gewichtete Kleinste-Quadrate-Schätzung verwendet werden. Anwendung findet diese beispielsweise bei Young und Ord (1989).

fasst die Regressormatrix $\mathbf{X} = \left(\mathbf{1}, \mathbf{X}_{t-1}, \mathbf{X}_{t-1}^2\right)$ die Spaltenvektoren $\mathbf{1} = (1,\ldots,1)^T$, $\mathbf{X}_{t-1} = \left(X_0,\ldots,X_{T-1}\right)^T$ und $\mathbf{X}_{t-1}^2 = \left(X_0^2,\ldots,X_{T-1}^2\right)^T$ mit $X_0 = 0$. Für die abhängige Variable (Diffusionsrate) gilt $\mathbf{x} = \left(x_1,\ldots,x_T\right)^T$.[52]

Aus der Rück-Transformation von $\left(\hat{\beta}_0, \hat{\beta}_1, \hat{\beta}_2\right)$ resultiert für das Sättigungsniveau der Schätzer $\hat{m} = \left(-\hat{\beta}_1 \pm \sqrt{\hat{\beta}_1^2 - 4\hat{\beta}_2\hat{\beta}_0}\right) / 2\hat{\beta}_2$. Dieser Schätzer ist jedoch sinnvoller Weise auf positive Werte zu beschränken. Da aufgrund der Modelldefinition des Bass-Modells gilt $\beta_2 = -q/m < 0$ und $\beta_0 = pm > 0$ folgt grundsätzlich $\sqrt{\hat{\beta}_1^2 - 4\hat{\beta}_2\hat{\beta}_0} > \left|\hat{\beta}_1\right|$. Da für den Nenner gilt $2\hat{\beta}_2 < 0$, erfordert ein positiver Schätzer $\hat{m}$ einen ebenfalls negativen Zähler, der nur durch die Differenz $-\hat{\beta}_1 - \sqrt{\hat{\beta}_1^2 - 4\hat{\beta}_2\hat{\beta}_0}$ sichergestellt werden kann. Für den Schätzer des Sättigungsniveaus ergibt sich dementsprechend

$$\hat{m} = \frac{-\hat{\beta}_1 - \overbrace{\sqrt{\hat{\beta}_1^2 - 4\hat{\beta}_2\hat{\beta}_0}}^{>0 \wedge >|\beta_1|}}{\underbrace{2\hat{\beta}_2}_{<0}}.$$

Dies gilt sowohl für den Fall, dass der interne Einfluss dominiert ($\beta_1 = q - p > 0$ als Regelfall), als auch bei vorherrschendem externen Einfluss ($\beta_1 = q - p < 0$). Für die Schätzer des externen und internen Einflusses gilt folglich $\hat{p} = \hat{\beta}_0 / \hat{m}$ bzw. $\hat{q} = -\hat{\beta}_2\hat{m}$.

[52] Ist eine Zeitreihe nicht vollständig angegeben, sondern linksseitig trunkiert (vgl. Abschnitt III-8.3), muss die Schätzung auf den Zeitraum $t = 2,\ldots,T$ beschränkt werden, da in diesem Fall $X_0 = 0$ nicht mehr gilt und stattdessen X_0 unbekannt und gößer als Null ist.

Während die einfache Handhabung der entscheidende Vorteil der OLS-Schätzung ist, sprechen drei fundamentale Kritikpunkte gegen die OLS-Schätzung des Bass-Modells (Schmittlein und Mahajan 1982, Mahajan et al. 1993, Putsis 1996):

1. Die Kürze der Zeitreihen sowie die regelmäßig auftretende Multikollinearität zwischen den unabhängigen Variablen X_{t-1} und X_{t-1}^2 verursacht häufig instabile, teilweise negative Parameterschätzer. Während negative Schätzer nicht modellkonform sind, kennzeichnet instabile Schätzer eine starke, nicht-systematische Variation bei Veränderung des Umfangs der Kalibrationsstichprobe.
2. Aufgrund der Substitution des Differentials $\frac{dX(t)}{dt}$ durch die erste Differenz $X_t - X_{t-1}$ entsteht bei autoregressiven Modellvarianten eine systematische Abweichung der durch das Modell berechneten Werte von den tatsächlichen Erwartungswerten. Werte vor dem Maximum der Diffusionsrate werden systematisch über-, dahinter liegende Werte systematisch unterschätzt. Diese systematische Verzerrung wird in der Literatur als Time-Interval-Bias bezeichnet. Je höherfrequente Daten Verwendung finden (beispielsweise Monats- anstelle von Jahresdaten), desto geringer ist die Ausprägung des Time-Interval-Bias.
3. Im Rahmen der OLS-Schätzung berechnete Varianzen gelten unmittelbar lediglich für die geschätzten$\left(\hat{\beta}_0, \hat{\beta}_1, \hat{\beta}_2\right)$, nicht jedoch für die eigentlichen Parameterschätzer $(\hat{m}, \hat{p}, \hat{q})$. Hypothesentests auf statistische Signifikanz der Parameterschätzer können demzufolge nicht direkt durchgeführt werden. Mahajan et al. (1986) weisen aber darauf hin, dass die Varianzen von $(\hat{m}, \hat{p}, \hat{q})$ basierend auf der in Kendall und Stuart (1977, S. 247) skizzierten Transformation ermittelt werden können.

Prognoseformel

Prognosen des autoregressiven Bass-Modells werden üblicherweise ausgehend von der letzten verfügbaren Beobachtung erstellt. Dies geschieht analog zur Prognoseerstellung mit AR- bzw. ARIMA-Modellen (vgl. dazu beispielsweise Makridakis et al. 1998, S. 366, Küsters 2006). Für die h-stufige Prognose des Diffusionsgrades werden die Prognoseformeln

$$f_t(h) = \hat{p}\hat{m} + (\hat{q} - \hat{p}) \cdot F_t(h-1) - \frac{\hat{q}}{\hat{m}} F_t(h-1)^2 \text{ und}$$

$$F_t(h) = F_t(h-1) + f_t(h)$$

rekursiv für $h = 1,\dots,H$ durchlaufen. Dabei kennzeichnet $F_t(h)$ die Prognose des Diffusionsgrades, während $f_t(h)$ die Prognose der Diffusionsrate bezeichnet. Für $h = 1$ gilt $F_t(h-1) = X_t$. Dieser Ansatz hat den Vorteil, dass die erstellte Prognose auf der letzten gesicherten Beobachtung der Zeitreihe X_t basiert. Gegenüber globalen Kurven reagiert dieser Ansatz adaptiver auf Veränderungen der zugrunde liegenden Zeitreihe. Handelt es sich bei der letzten verfügbaren Beobachtung jedoch um einen unerkannten Ausreißer, kann diese Abhängigkeit von der letzten Beobachtung auch deutlich negativen Einfluss auf die Prognosegüte haben.

Bähr-Seppelfricke (1999) wählt alternativ eine rein modellgestützte Vorgehensweise, bei der die Prognose nur auf den Parameterschätzern aufbaut und keine empirischen Beobachtungen in die Prognose einfließen. Dabei wird für die erste Beobachtung des Diffusionsgrades $\hat{X}_1 = \hat{p} \cdot \hat{m}$ gesetzt. Zur Erstellung einer h-stufigen Prognose des Diffusionsgrades $\{X_1 \dots X_T\}$ zum Prognoseursprung T wird die Formel $\hat{X}_{t+1} = \hat{X}_t + \hat{x}_{t+1}$ mit $\hat{x}_{t+1} = \hat{p}\hat{m} + (\hat{q} - \hat{p})\hat{X}_t - \frac{\hat{q}}{\hat{m}}\hat{X}_t^2$ rekursiv für $t = 1 \dots T+h$ durchlaufen.

Als weitere Alternative könnte auch der letzte gefittete Wert als Ankerpunkt der Prognose dienen. Generell erscheint es jedoch in den meisten Fällen sinnvoller, die Prognose auf der letzten gesicherten Beobachtung zu verankern, da diese die Basis für die tatsächliche Entwicklung der Zeitreihe bildet.

Eine Verwendung der mit OLS ermittelten Parameterschätzer für Prognosen mit globalen, nicht-linearer Modellrepräsentationen wie beispielsweise dem einfachen Bass-Modell ist nicht zielführend, da die einzelnen Modellrepräsentationen für dieselben Parameter unterschiedliche Verlaufsformen aufweisen können (beispielsweise bedingt durch die bereits erwähnte Substitution des Differentials $\frac{dX(t)}{dt}$ durch die erste Differenz $X_t - X_{t-1}$ in autoregressiven Modellen).

8.5.2.2 MLE – Maximum-Likelihood-Schätzung

Das von Schmittlein und Mahajan (1982) vorgestellte Verfahren zur Maximum-Likelihood-Schätzung (MLE) des Bass-Modells wurde mit der Intention entwickelt, die erheblichen Schwächen der OLS-Schätzung zu vermeiden. Ausgangspunkt für die Herleitung des ML-Schätzers ist die linear steigende Hazard-Rate des Bass-Modells

$$h(t) = p + q \cdot F(t).$$

Die Dichtefunktion für eine Adoption zum Zeitpunkt t entspricht

$$f(t) = h(t) \cdot (1 - F(t))$$

bzw. nach Einsetzen der Hazard-Rate

$$f(t) = (p + qF(t))(1 - F(t)).$$

Die Integration dieser Dichtefunktion unter der Bedingung $F(0) = 0$ ergibt die Verteilungsfunktion

$$F(t)=\frac{1-\exp(-bt)}{1+a\exp(-bt)}$$

für die zeitliche Verteilung einer Adoption über den Produktlebenszyklus.[53] Diese Verteilungsfunktion gilt jedoch nur für die Wirtschaftssubjekte, die das Neuprodukt tatsächlich adoptieren, d.h. es handelt sich um eine konditionale Verteilungsfunktion unter der Maßgabe, dass letztlich alle Wirtschaftssubjekte zu Adoptern werden. Die zugehörige nicht-konditionale Verteilungsfunktion

$$\tilde{F}(t)=c\cdot\frac{(1-\exp(-bt))}{1+a\exp(-bt)}$$

resultiert aus der Multiplikation mit der Wahrscheinlichkeit c, dass ein Wirtschaftssubjekt letztlich Adopter eines Neuproduktes wird.

Sei M die Größe der Grundpopulation, in welcher der Diffusionsprozess abläuft, dann gilt für den Parameter der Marktsättigung $m=c\cdot M$. Für die Gesamtzahl der Adopter (Diffusionsgrad) zu jedem Zeitpunkt t beträgt der Erwartungswert dementsprechend

$$E(X_t)=c\cdot M\cdot F(t).$$

Sei T die Anzahl der zur Schätzung verwendeten Beobachtungen der Diffusionsrate und x_t die Anzahl der Erstkäufer (Neuadopter) im Zeitintervall $(t-1;t)$ für $t=1,\ldots,T$ mit $t_0=0$. Die Summe der Adoptionen, die nach dem Zeitpunkt T erfolgen, beträgt per Definition $M-\sum_{t=1}^{T}x_t=M-X_T$. Der Likelihood-Funktion wird ein Multinomial-Ansatz zugrunde gelegt, da die Adoption eines einzelnen Wirtschaftssubjektes in jeder Periode t erfolgen bzw. unterbleiben kann, d.h. in der entsprechenden Periode tritt das Ereignis „Adoption" entweder ein oder bleibt aus. Zur Aufstellung der Likelihood-

[53] Die Verteilungsfunktion entspricht für $a=q/p$ und $b=p+q$ dem Bass Modell ohne Multiplikation mit dem Marktsättigungsniveau m (vgl. Abschnitt II-2.2).

Funktion wird ein Typ 1 Censoring zum Zeitpunkt T durchgeführt, da die zukünftigen, nach dem Zeitpunkt T liegenden Adoptionen unbekannt sind und prognostiziert werden sollen. Die entsprechende Likelihood-Funktion mit Typ 1 Censoring lautet

$$L = \left[1 - cF(T)\right]^{M-X_T} \prod_{t=1}^{T} \left[c\left(F(t) - F(t-1)\right)\right]^{x_t} \rightarrow \max$$

bzw. als Log-Likelihood

$$\ln L = \sum_{t=1}^{T} x_t \left[\ln c + \ln\left[\frac{1-e^{-bt}}{1+a\cdot e^{-bt}} - \frac{1-e^{-b(t-1)}}{1+a\cdot e^{-b(t-1)}}\right]\right] + \left(M - X_T\right)\ln\left[1 - c\frac{1-e^{-bT}}{1+a\cdot e^{-bT}}\right] \rightarrow \max$$

Schmittlein und Mahajan (1982) restringieren die Maximierung der Log-Likelihood auf $\left(a \geq 0, b \geq 0, 0 \leq c \leq 1\right)$, um Konvergenzprobleme zu reduzieren. Diese Restringierung ist nach eigenen Analysen unbedingt erforderlich, da die Schätzung ansonsten extrem selten konvergiert. Zur Maximierung der Log-Likelihood-Funktion wird im Rahmen dieser Arbeit der Nelder-Mead-Simplex-Algorithmus verwendet (Nelder und Mead 1965, vgl. Abschnitt III-8.5.2.4). Dabei können die Parameter wie in Abschnitt III-8.5.2.5 beschrieben, restringiert werden. Eine mögliche Alternative ist auch der L-BFGS-B-Algorithmus, der eine unmittelbare Restringierung der Schätzung ermöglicht (Byrd et al. 1995).

Da die ML-Schätzung auf der Diffusionsrate basiert, ist die Kenntnis der vollständigen Zeitreihe einschließlich der Beobachtung zum Zeitpunkt der Markteinführung erforderlich. Eine Schätzung auf Basis einer linksseitig trunkierten Zeitreihe, deren erste Beobachtungen fehlen, würde zumindest bei Prognosen des Diffusionsgrades zu gravierenden Unterprognosen führen, wie bereits in Abschnitt III-8.3 erörtert.

Die resultierenden ML-Schätzer der einzelnen Parameter sind bei Erfüllung der allgemeinen Regularitätsbedingungen asymptotisch konsistent, normalverteilt und effizient (z.B. Greene 2003, S. 473ff.). Analog zur gewöhnlichen Kleinste-Quadrate-Schätzung ergeben sich die Schätzer für p, q, und m nicht unmittelbar aus der Schätzung; sie können jedoch über die folgenden Ausdrücke abgeleitet werden:

$$\hat{p} = \frac{\hat{b}}{(\hat{a}+1)},$$

$$\hat{q} = \frac{\hat{a}\hat{b}}{(\hat{a}+1)}$$

$$\text{und } \hat{m} = \hat{c}M .$$

Für eine unendliche (bzw. sehr große) Grundpopulation M kann die Varianz-Kovarianz-Matrix $\mathbf{\Sigma}$ der Schätzer $\hat{\boldsymbol{\theta}} = (\hat{a}, \hat{b}, \hat{c})$ anhand der Inversen der Informationsmatrix

$$\mathbf{I}(\boldsymbol{\theta}) = -E\left[\frac{\partial^2 \ln L}{\partial \boldsymbol{\theta}\, \partial \boldsymbol{\theta}^T}\right] = E\left[\left(\frac{\partial \ln L}{\partial \boldsymbol{\theta}}\right)\left(\frac{\partial \ln L}{\partial \boldsymbol{\theta}}\right)^T\right]$$

approximativ mit

$$\Sigma = \mathbf{I}(\theta)^{-1} = \begin{bmatrix} \sigma_{aa} & \sigma_{ab} & \sigma_{ac} \\ \sigma_{ab} & \sigma_{bb} & \sigma_{bc} \\ \sigma_{ac} & \sigma_{bc} & \sigma_{cc} \end{bmatrix}$$

berechnet werden (Greene 2003, S. 473ff.). Korrespondierende Varianzen und Kovarianzen der ML-Schätzer $\hat{p}$, $\hat{q}$, und $\hat{m}$ ergeben sich als (vgl. Kendall und Stuart 1977, S. 247):

$$\sigma_{pp}=\frac{b^2}{(a+1)^4}\sigma_{aa}+\frac{\sigma_{bb}}{(a+1)^2}-\frac{2b}{(a+1)^3}\sigma_{ab}$$

$$\sigma_{pq}=\frac{-b^2}{(a+1)^4}\sigma_{aa}+\frac{a}{(a+1)^2}\sigma_{bb}-\frac{b(a-1)}{(a+1)^3}\sigma_{ab}$$

$$\sigma_{pm}=\frac{\sigma_{bc}}{a+1}-\frac{b\sigma_{ac}}{(a+1)^2}$$

$$\sigma_{qq}=\frac{b^2}{(a+1)^4}\sigma_{aa}+\frac{a^2}{(a+1)^2}\sigma_{bb}+\frac{2ab}{(a+1)^3}\sigma_{ab}$$

$$\sigma_{qm}=\frac{b\sigma_{ac}}{(a+1)^2}-\frac{a\sigma_{bc}}{(a+1)}$$

$$\sigma_{pp}=M^2\sigma_{cc}$$

In einer Untersuchung von 7 ausgewählten Zeitreihen für langlebige Konsumgüter und Medizininnovationen zeigt der ML-Schätzer gegenüber der OLS-Schätzung eine höhere Anpassungsgüte und geringere Autokorrelation 1. Ordnung der Residuen (Schmittlein und Mahajan 1982). Außerdem treten dabei im Gegensatz zum gewöhnlichen OLS-Schätzer keine negativen Parameterschätzer auf. Für einstufige Prognosen zeigt der ML-Schätzer ebenfalls eine deutlich höhere Prognosegüte als der gewöhnliche Kleinste-Quadrate-Schätzer. Srinivasan und Mason (1986) bestätigen diese Ergebnisse im Hinblick auf einen Vergleich mit OLS. Srinivasan und Mason (1986) verweisen jedoch darauf, dass die aus der ML-Schätzung resultierenden Standardfehler nicht die gesamte Unsicherheit abbilden, sondern lediglich dem Stichprobenfehler Rechnung tragen. Alle anderen Fehler, die beispielsweise durch die Nichtberücksichtigung von exogenen Erklärenden wie Marketing-Mix-Variablen resultieren, bleiben unberücksichtigt. Srinivasan und Mason stellen daher einen Ansatz zur nicht-linearen Kleinste-Quadrate-Schätzung (NLS) vor, der eine dem ML-Schätzer vergleichbare Anpassungs- und Prognosegüte aufweist und dessen Standardfehler realistischer sind (vgl. Abschnitt III- 8.5.2.3).

Prognoseformel

Basierend auf den Parameterschätzern können unmittelbar Prognosen für die beobachteten Zeitreihen von Diffusionsrate $\{x_1,\dots,x_T\}$ und Diffusionsgrad $\{X_1,\dots,X_T\}$ berechnet werden. Die Prognoseformeln für h-stufige Prognosen zum Prognoseursprung T lauten

$$f_T(h)=\hat{m}\left[\frac{1-\exp\left(-(\hat{p}+\hat{q})(T+h)\right)}{1+\frac{\hat{q}}{\hat{p}}\exp\left(-(\hat{p}+\hat{q})(T+h)\right)}-\frac{1-\exp\left(-(\hat{p}+\hat{q})(T+h-1)\right)}{1+\frac{\hat{q}}{\hat{p}}\exp\left(-(\hat{p}+\hat{q})(T+h-1)\right)}\right]$$

für die Diffusionsrate bzw.

$$F_T(h)=\hat{m}\left[\frac{1-\exp\left(-(\hat{p}+\hat{q})(T+h)\right)}{1+\frac{\hat{q}}{\hat{p}}\exp\left(-(\hat{p}+\hat{q})(T+h)\right)}\right]$$

für den Diffusionsgrad.

8.5.2.3 NLS – Nicht-lineare Kleinste-Quadrate-Schätzung

Grundprinzip der nicht-linearen Kleinste-Quadrate-Schätzung (NLS) ist wie bei der OLS-Schätzung die Minimierung der Summe der Abstandsquadrate. Grundsätzlich existieren zwei unterschiedliche Ansätze zur Schätzung von Wachstumskurvenmodellen mit nicht-linearer Kleinste-Quadrate-Schätzung. So kann die Schätzung zum einen auf der Diffusionsrate, d.h. auf den periodenbezogenen Neuadoptionen erfolgen, während andererseits auch eine Schätzung auf dem kumulierten Diffusionsgrad möglich ist. Beide Ansätze ermöglichen es, unterschiedliche Modellfehlerstrukturen zu berücksichtigen (vgl. Abschnitt III-7.2). Während bei Annahme konstanter Varianz des Fehlerterms die einfache NLS-Schätzung ausreichend ist, erfordert die Berücksichtigung von Heteroskedastizität oder eine mit fortschreitendem Diffusionsverlauf abnehmende Varianz die Anwendung gewichteter NLS.

Nicht-lineare KQS der Diffusionsrate

Motiviert durch die Feststellung, dass die Standardfehler der Parameterschätzer bei der ML-Schätzung deutlich unterschätzt werden, da nur der Stichprobenfehler berücksichtigt wird, führen Srinivasan und Mason (1986) die NLS-Schätzung der Diffusionsrate als alternatives Schätzverfahren ein.

Wird die Zeitreihe der Diffusionsrate $\{x_1,\ldots x_T\}$ anhand des Bass-Modells modelliert, dann gilt für die Neuadopter in Periode t

$$x_t = m\big(F(t)-F(t-1)\big)+\varepsilon_t$$

mit

$$F(t)=\frac{1-\exp\big(-(p+q)t\big)}{1+\frac{q}{p}\exp\big(-(p+q)t\big)}.$$

Sei ε_t ein additiver Fehlerterm mit $E(\varepsilon_t)=0$ und konstanter Varianz $V(\varepsilon_t)=\sigma^2$ so gilt für den nicht-linearen Kleinste-Quadrate-Schätzer

$$\sum_{t=1}^{T}\varepsilon_t^2=\sum_{t=1}^{T}\big[x_t-m\big(F(t)-F(t-1)\big)\big]^2\rightarrow\min.$$

Die Minimierung der Summe der Abstandsquadrate erfolgt dabei wie bei der ML-Schätzung über ein numerisches Optimierungsverfahren wie beispielsweise den Nelder-Mead-Simplex-Algorithmus. Insbesondere wenn eine obere Schranke für das Sättigungsniveau durch Kenntnis der Größe der Grundpopulation oder prozentuale Diffusionsdaten gegeben ist, sollte die Parameterschätzung sinnvoller Weise restringiert werden (vgl. Abschnitt III-8.5.2.5).

Neben realistischeren Standardfehlern der Parameterschätzer hat die NLS-Schätzung gegenüber der ML-Schätzung den Vorteil, dass sie unmittelbar auf nahezu beliebige Modelle übertragbar ist, da das entsprechende Modell direkt verwendet werden kann, ohne dass die Aufstellung einer Likelihood-Funktion erforderlich ist. Die Prognosegüte von NLS-Schätzung und ML-Schätzung bewegt sich, wie bereits Srinivasan und Mason (1986) konstatieren, auf ähnlichem Niveau. Mahajan et al. (1986) stellen als Ergebnis ihrer Vergleichsstudie von ML- und NLS-Schätzung eine Überlegenheit der nicht-linearen Kleinste-Quadrate-Schätzung bei einstufigen Prognosen fest. Obwohl Meade und Islam (2006) ebenfalls bei jüngeren Arbeiten Vorteile zugunsten von NLS erkennen, halten sie die Frage, welches Verfahren letztendlich bei Prognosen überlegen ist, nach wie vor für ungeklärt.

Van den Bulte und Lilien (1997) untersuchen die Ausprägung der NLS-Schätzer in Abhängigkeit von der Datenverfügbarkeit. Dabei identifizieren die Autoren systematische Veränderungen und Verzerrungen (Bias) der Parameterschätzer des Bass-Modells. Zum einen werden in typischen Anwendungssituationen das Sättigungsniveau m und der Parameter des externen Einflusses p regelmäßig um bis zu 20% unterschätzt, während der Parameter des internen Einflusses q um bis zu 30% überschätzt wird. Mit zunehmender Datenverfügbarkeit treten systematische Veränderungen auf, die diesen Bias reduzieren. Eine 10-prozentige Zunahme des Diffusionsgrades geht in etwa mit einem 5-prozentigen Anstieg des Sättigungsniveaus m und einer 15-prozentigen Zunahme der Parameters p einher, während gleichzeitig der interne Einfluss q um 10% abnimmt. Als Ursache für diese systematische Parameterveränderungen vermuten die Autoren unberücksichtigte erklärende Variablen wie das Wachstum der Grundpopulation, Marketing-Mix-Variablen, sozio-ökonomische Variablen sowie die fehlende Modellierung von Populationsheterogenität. Versuche diese Fehlspezifikationen durch flexiblere Modellvarianten mit zusätzlichen Parametern (NUI-Modell, generalisiertes Bass-Modell) zu vermeiden, zeigen jedoch den gegenteiligen Effekt verstärkter systematischer Veränderungen der Parameterschätzer und bestätigen damit die bereits in Abschnitt III-8.4 postulierte Verwendung einfacher Modelle. Van den Bulte und Lilien (1997) sehen in der üblicherweise geringen Zahl zur Schätzung verwendeter Beobachtungen die Hauptursache für die systematischen Veränderungen und

Verzerrungen. Dementsprechend existiert bislang auch kein Ansatz zur grundlegenden Vermeidung der skizzierten Phänomene, sondern lediglich zu ihrer Reduzierung. So empfehlen van den Bulte und Lilien (1997) die Zahl der zu schätzenden Parameter durch die exogene Vorgabe des Sättigungsniveaus m auf Basis von Marktforschungsinformationen bzw. durch die von Parker (1994) erwogene Fixierung von p auf den Wert $\frac{x_1}{m}$ zu reduzieren. Weitere Möglichkeiten zur Reduzierung der Effekte ist die Verwendung restringierter Schätzverfahren sowie die von Putsis (1996) propagierte Nutzung höherfrequenter Daten, d.h. beispielsweise Monats- oder Quartals- anstelle von Jahresdaten (vgl. Abschnitt III-8.2). Obwohl van den Bulte und Lilien (1997) ihre Analyse anhand des Bass-Modells und nicht-linearer Kleinster-Quadrate-Schätzung durchführen, sind die Autoren überzeugt, dass ähnliche Effekte auch bei anderen Modellen und Schätzverfahren auftreten, da auch hier die geringe Datenverfügbarkeit das Hauptproblem bildet.

Standardfehler der Parameterschätzer und Varianz-Kovarianz-Matrix

Die Varianz-Kovarianz-Matrix, aus der über die Varianzen auch die Standardfehler der Parameterschätzer ermittelt werden können, wird bei NLS analog zur OLS-Schätzung berechnet. Für die Varianz-Kovarianz-Matrix der Parameter gilt bei unabhängig, identisch verteilten Fehlern asymptotisch

$$\mathbf{\Sigma} \cong \sigma_\varepsilon^2 \left(\left(\mathbf{X}^0 \right)^T \mathbf{X}^0 \right)^{-1}$$

mit $\mathbf{X}^0 = \left. \frac{\partial f(\mathbf{t}, \boldsymbol{\theta})}{\partial \boldsymbol{\theta}} \right|_{\boldsymbol{\theta}^{(0)}}$ als Jacobi-Matrix der Wachstumskurvenfunktion für den wahren Parametervektor $\boldsymbol{\theta}^{(0)}$ und σ_ε^2 als Varianz des Fehlerterms (Gallant 1987, S. 17 sowie Greene 2003, S. 165ff.).

Die geschätzte, asymptotische Varianz-Kovarianz-Matrix $\hat{\mathbf{\Sigma}}$ berechnet sich dementsprechend als

$$\hat{\mathbf{\Sigma}} = \hat{\sigma}_\varepsilon^2 \left(\left(\mathbf{X}^0 \right)^T \mathbf{X}^0 \right)^{-1}$$

mit $\hat{\sigma}_\varepsilon^2$ als Schätzer für die Varianz des Fehlerterms und $\mathbf{X}^0$ ausgewertet für den Vektor der Parameterschätzer $\left(\boldsymbol{\theta}^{(0)} = \hat{\boldsymbol{\theta}} \right)$. Ein konsistenter Schätzer für die Varianz des Fehlerterms wird durch die Residualvarianz

$$\hat{\sigma}_\varepsilon^2 = \frac{1}{T-j} \sum \hat{\varepsilon}_t^2 = \frac{SSE}{T-j}$$

gegeben. Dabei entspricht T dem Prognoseursprung und damit der Anzahl der berechneten Residuen, *SSE* (Sum of Squared Errors) der Summe der Residualquadrate und j der Anzahl der geschätzten Parameter[54].

WNLS – Gewichtete NLS-Schätzung der Diffusionsrate

Der Ansatz von Srinivasan und Mason (1986) unterstellt explizit eine konstante Varianz des Modellfehlerterms $V(\varepsilon_t) = \sigma^2$. Wie Islam (1996, S. 148f.) bei seiner Analyse von 106 Zeitreihen zeigt, ist diese Annahme für den Großteil der praktischen Anwendungsfälle zutreffend. Ist die Zeitreihe jedoch heteroskedastisch oder liegt eine mit zunehmendem Diffusionsgrad abnehmende Varianz vor (vgl. Abschnitt III-7.2), ist der einfache NLS-Schätzer nicht mehr effizient (Greene 2003, S. 217). Anstelle dessen ist

[54] Während Greene (2003, S. 170) die Korrektur um die Anzahl der Parameter j aufgrund der generell asymptotischen Betrachtung nicht für erforderlich hält, wird diese von Davidson und MacKinnon (1993, S. 89) propagiert, da die Varianz σ_ε^2 ansonsten im Durchschnitt unterschätzt werde. Da die Freiheitsgrad-Korrektur unter dem Gesichtspunkt der Erwartungstreue sinnvoll und richtig ist, wird diesem Ansatz hier gefolgt.

gewichtete nicht-lineare Kleinste-Quadrate-Schätzung (Weighted Non-linear Least Squares – WNLS) zu verwenden. Sei u_t der Modellfehlerterm mit einer nicht-konstanten Varianz $V(u_t) = \sigma_t^2$ und einem Erwartungswert von weiterhin $E(u_t) = 0$, dann lautet die Zielfunktion des WNLS-Schätzers

$$\sum_{t=1}^{T}\left(\frac{u_t}{\sqrt{w_t}}\right)^2 = \sum_{t=1}^{T}\frac{1}{w_t}\left[x_t - m\left(F(t) - F(t-1)\right)\right]^2 \rightarrow \min$$

mit $\mathbf{w} = (w_1, \ldots, w_T)$ als Gewichtungsvektor. Für die in Abschnitt III-7.2 eingeführten Strukturen des Fehlerterms korrespondiert der Gewichtungsvektor

- $\mathbf{w} = \left(x_1^{2\gamma}, \ldots, x_T^{2\gamma}\right)$ zu einem Fehlerterm der Form $u_t = x_t^{\gamma}\,\varepsilon_t$ (ε_t ist i.i.d) für heteroskedastische Zeitreihen. Typische Werte für γ sind $\frac{1}{2}$ und 1 (Greene 2003, S. 226).
- $\mathbf{w} = \left((m - X_1)^{2\alpha}, \ldots, (m - X_T)^{2\alpha}\right)$ zu einem Fehlerterm $u_t = (m - X_t)^{\alpha}\,\varepsilon_t$ (ε_t ist i.i.d) für Zeitreihen deren Varianz mit zunehmendem Diffusionsgrad abnimmt. Diese Fehlerstruktur hat jedoch den Nachteil, dass mit α ein zusätzlicher Parameter zu schätzen ist. Außerdem ist mit dem Sättigungsniveau m ein üblicherweise zu schätzender Parameter Bestandteil des Gewichtungsvektors.

Der ungewichtete NLS-Schätzer ist letztendlich nur ein Spezialfall des WNLS-Schätzers bei dem alle Beobachtungen bzw. Fehler gleich gewichtet werden $\left(\mathbf{w} = (1_1, \ldots, 1_T)\right)$.

NLS-Schätzung anhand des Diffusionsgrades

Ein alternatives Vorgehen zu Srinivasan und Mason (1986) ist die NLS-Schätzung anhand des Diffusionsgrades. Dieser Ansatz unterstellt ein Modell der Form

$$X_t = mF(t) + \varepsilon_t$$

mit

$$F(t)=\frac{1-\exp(-(p+q)t)}{1+\frac{q}{p}\exp(-(p+q)t)}$$

und einem zunächst unabhängig identisch verteilten Fehlerterm ε_t. Ein Fehlerterm mit konstanter Varianz für ein Modell der aggregierten Zeitreihe impliziert, dass die Varianz nicht periodenbezogen, sondern auf den aggregierten Daten entsteht, was wie bereits in Abschnitt III-7.2 erwähnt, nur dann theoretisch plausibel ist, wenn bereits erfolgte Adoptionen als umkehrbar betrachtet werden. Obwohl dies in den Modellannahmen nicht vorgesehen ist, werden Modelle für den Diffusionsgrad mit konstanter Varianz des Fehlerterms verwendet (z.B. Meade 1984, Meade und Islam 1995a, 2001, Hardie et al. 1998). Da der Diffusionsgrad durch die Kumulation der Zeitreihe wesentlich glatter verläuft als die Diffusionsrate, ist zu erwarten, dass die Schätzung generell robuster ist. Im Gegensatz zu einer Schätzung auf der Diffusionsrate ist die Schätzung anhand des Diffusionsgrades auch dann sinnvoll möglich, wenn die Zeitreihe linksseitig gestutzt, d.h. wenn X_1 deutlich größer Null ist. Während die Schätzung auf der Diffusionsrate in diesem Fall zu einer systematischen Unterprognose des Diffusionsgrades führt, wird diese durch fehlende Werte bedingte Verschiebung so vermieden.

Nachteil der nicht-linearen Schätzung des Diffusionsgrades ist allerdings eine häufige Überschätzung des Sättigungsniveaus, wenn in den Daten der Wendepunkt bzw. eine Sättigungstendenz (abnehmende Steigung, $\frac{d^2X(t)}{dt^2}<0$) nicht oder nur schwer erkennbar ist (Hardie et al. 1998). Durch eine auf Grundlage exogener Informationen restringierte Schätzung kann diese Schwäche jedoch kompensiert werden. Heteroskedastizität und Autokorrelation der Residuen sind bei der kumulativen NLS-Schätzung ein wesentlich größeres Problem als bei nicht-kumulativen NLS (Mahajan et al. 1986, Hardie et al. 1998). Wie die nicht-kumulative NLS-Schätzung ist das Verfahren einfach zu implementieren und anzuwenden. Jedoch ist auch bei kumulativen NLS die

Startwertabhängigkeit der Parameterschätzer erheblich (Problematik lokaler Minima der Zielfunktion).

Entsprechend der Modellform lautet die Zielfunktion des kumulativen NLS-Schätzers

$$\sum_{t=1}^{T}\varepsilon_t^2 = \sum_{t=1}^{T}\left[X_t - mF(t)\right]^2 \to \min .$$

Diese ist wiederum ein Spezialfall der Zielfunktion des gewichteten kumulativen NLS-Schätzers

$$\sum_{t=1}^{T}\left(\frac{v_t}{\sqrt{w_t}}\right)^2 = \sum_{t=1}^{T}\frac{1}{w_t}\left[X_t - mF(t)\right]^2 \to \min$$

mit v_t als Fehlerterm mit $E(v_t)=0$ und einer nicht-homogenen Varianz $V(v_t)=\sigma_t^2$. Die Gewichtungsvektoren für die in Abschnitt III-7.2 eingeführten Strukturen des Fehlerterms unterscheiden sich jedoch von denen des nicht-kumulativen NLS-Schätzers, da bei der Modellierung des Diffusionsgrades auch die Fehlerterme kumuliert werden. Dabei werden die drei für die Diffusionsrate verwendeten Fehlerstrukturen (konstante Varianz, Heteroskedastizität und mit zunehmendem Diffusionsgrad abnehmende Varianz) als Ausgangspunkt betrachtet und entsprechend auf die kumulative Schätzung des Diffusionsgrades übertragen. Neben der Gleichgewichtung der Fehler bei konstanter Varianz des Diffusionsgrades $\left(\mathbf{w}=\left(1_1,\ldots,1_T\right)\right)$, zu der keine korrespondierende Fehlerstruktur der Diffusionsrate existiert, werden daher die folgenden drei Gewichtungsschemata unterschieden (vgl. Abschnitt III-7.2):

- $\mathbf{w}=(1,\ldots,T)$ mit $v_t=\sum_{i=1}^{t}\varepsilon_i$ (ε_t ist i.i.d.) und $V(v_t)=\sum_{i=1}^{t}\sigma_\varepsilon^2 = t\sigma_\varepsilon^2$ korrespondieren zu einer homoskedastische Diffusionsrate.

- $\mathbf{w}=\left(\sum_{t=1}^{1}x_1^{2\gamma},\ldots,\sum_{t=1}^{T}x_T^{2\gamma}\right)$ für heteroskedastische Zeitreihen der Diffusionsrate mit einem kumulativen Fehlerterm der Form $v_t=\sum_{i=1}^{t}x_i^{\gamma}\,\varepsilon_i$ und der Varianz $V(v_t)=\sigma_\varepsilon^2\sum_{i=1}^{t}x_i^{2\gamma}$. Typische Werte für γ sind analog zu Modellierung der Diffusionsrate $\frac{1}{2}$ und 1.
- $\mathbf{w}=\left(\sum_{t=1}^{1}(m-X_1)^{2\alpha},\ldots,\sum_{t=1}^{T}(m-X_T)^{2\alpha}\right)$ bei mit zunehmendem Diffusionsgrad abnehmender Varianz der Diffusionsrate mit $V(v_t)=\sigma_\varepsilon^2\sum_{i=1}^{t}(m-X_i)^{\alpha}$ und $v_t=\sum_{i=1}^{t}(m-X_i)^{\alpha}\,\varepsilon_i$.

Prognoseformel

Die Prognoseformeln des mit NLS geschätzten Bass-Modells entsprechen denen aus Abschnitt III-8.5.2.2 für die ML-Schätzung. Die Prognoseformeln für Diffusionsrate und -grad sind auch davon unabhängig, ob die NLS-Schätzung gewichtet oder ungewichtet erfolgt oder ob das Modell auf der Diffusionsrate oder dem Diffusionsgrad geschätzt wird.

8.5.2.4 Optimierungsalgorithmen

Mit Ausnahme der linearisierten und teilweise auch der autoregressiven Modelle, deren Parameterschätzer mit gewöhnlicher Kleinste-Quadrate-Schätzung ermittelt werden können, handelt es sich bei der Schätzung von Wachstumskurvenmodellen um nichtlineare, mehrdimensionale Optimierungsprobleme, die den Einsatz numerischer Optimierungsalgorithmen erfordern. Die Auswahl der prinzipiell zur Verfügung stehenden Verfahren ist relativ groß. Dazu zählen neben gradienten-basierten Verfahren[55]

[55] Ein Überblick zu gradienten-basierten Verfahren findet sich in Greene (2003, S. 935ff.).

wie dem BFGS-Verfahren von Broyden-Fletcher-Goldfarb-Shanno (Broyden 1970, Fletcher 1970, Goldfarb 1970, Shanno 1970) bzw. dem L-BFGS-B (Byrd et al. 1995) für restringierte Schätzung auch neuere Verfahren wie Simulated Annealing und genetische Algorithmen (Goffe et al. 1994).

Als besonders geeignet aufgrund seiner Robustheit hat sich der Nelder-Mead-Simplex-Algorithmus erwiesen (Nelder und Mead 1965), der im Rahmen dieser Arbeit durchgängig zur numerischen Optimierung verwendet wird. Neben der Robustheit hat das Verfahren den Vorteil, dass es allein auf Auswertungen der Zielfunktion basiert und keine Differenzierung notwendig ist. Allerdings ist der Nelder-Mead-Simplex nicht besonders effizient hinsichtlich der benötigten Berechnungsschritte; ein Nachteil, der angesichts der ständig voranschreitenden Leistungsfähigkeit moderner Computer zunehmend in den Hintergrund tritt. Die nachfolgende Darstellung des Nelder-Mead-Simplex folgt Press et al. (2002, S. 413ff.).

Der Nelder-Mead-Simplex-Algorithmus ist grundsätzlich ein Minimierungsverfahren. Damit ist es prädestiniert für die Lösung von nicht-linearen Kleinste-Quadrate-Kalkülen. Es ist aber auch problemlos möglich, durch Multiplikation der Zielfunktion mit (-1) Maximierungsprobleme, wie bei der Maximum-Likelihood-Schätzung, zu lösen. Das Verfahren basiert auf der Grundidee, durch systematische Reflexion sowie Streckung und Stauchung eines Simplex im n-dimensionalen Raum ein (zumindest lokales) Minimum der Zielfunktion zu finden. Der Begriff „Simplex" bezeichnet einen n-dimensionalen geometrischen Körper bestehend aus $n+1$ Punkten und den diese verbindenden Liniensegmenten. Im zweidimensionalen Raum handelt es sich um ein Dreieck, im dreidimensionalen Raum dementsprechend um einen Tetraeder. Wird ein Punkt des Simplex als Ausgangspunkt betrachtet, spannen die weiteren n Punkte einen n-dimensionalen Vektorraum auf. Voraussetzung dafür ist die lineare Unabhängigkeit dieser Vektoren, da der Simplex ansonsten degeneriert.

Zu Beginn der Optimierung ist es erforderlich, zumindest einen n-dimensionalen Vektor mit Startwerten für die zu optimierenden Parameter vorzugeben. Die Auswertung der Zielfunktion für die initialen Parameterschätzer, ergibt den Startpunkt $\mathbf{P}_0$ des initialen Simplex. Um den Simplex aufzuspannen, werden jedoch $n+1$ Punkte benötigt. Da im Regelfall nur ein Vektor mit Startwerten vorgegeben wird, können die weiteren n Punkte des initialen Simplex über den Ausdruck

$$\mathbf{P}_i = \mathbf{P}_0 + \lambda \mathbf{e}_i$$

berechnet werden. Wobei λ eine subjektiv gesetzte Konstante und die Vektoren $\mathbf{e}_i$ n Einheitsvektoren für $i = 1 \ldots n$ sind.

Das Verfahren ist so konzipiert, dass es anhand des Ausgangs-Simplex selbständig den Abwärtsweg zum (lokalen) Minimum findet. Dazu werden zunächst der höchste und niedrigste Punkt des Simplex bestimmt. Darauf basierend können verschiedene Schritte zur Verbesserung, d.h. zur Bestimmung eines neuen niedrigsten Punktes vorgenommen werden.

Abbildung III-6 illustriert die vier möglichen Schritte zur Eingrenzung des Minimums:

1. Reflexion, d.h. der Simplex wird an der vom niedrigsten Punkt ausgehenden $n-1$- dimensionalen Hyperebene, die den höchsten Punkt nicht beinhaltet, gespiegelt.

2. Reflexion und Expansion: Reflexion wie unter Punkt 1 und zusätzliche Streckung des Simplex, um die Geschwindigkeit, mit der sich der Simplex dem Minimum annähert, zu erhöhen.

3. Kontraktion: Bringt eine Reflexion keine Verbesserung, ist das Minimum möglicherweise bereits in der Nähe einzelner Punkte des Simplex und kann durch eine Kontraktion entlang einer Dimension vom höchsten Punkt ausgehend weiter eingekreist werden.

4. Multiple Kontraktion: Kontraktion des Simplex in Richtung des niedrigsten Punktes entlang aller Dimensionen.

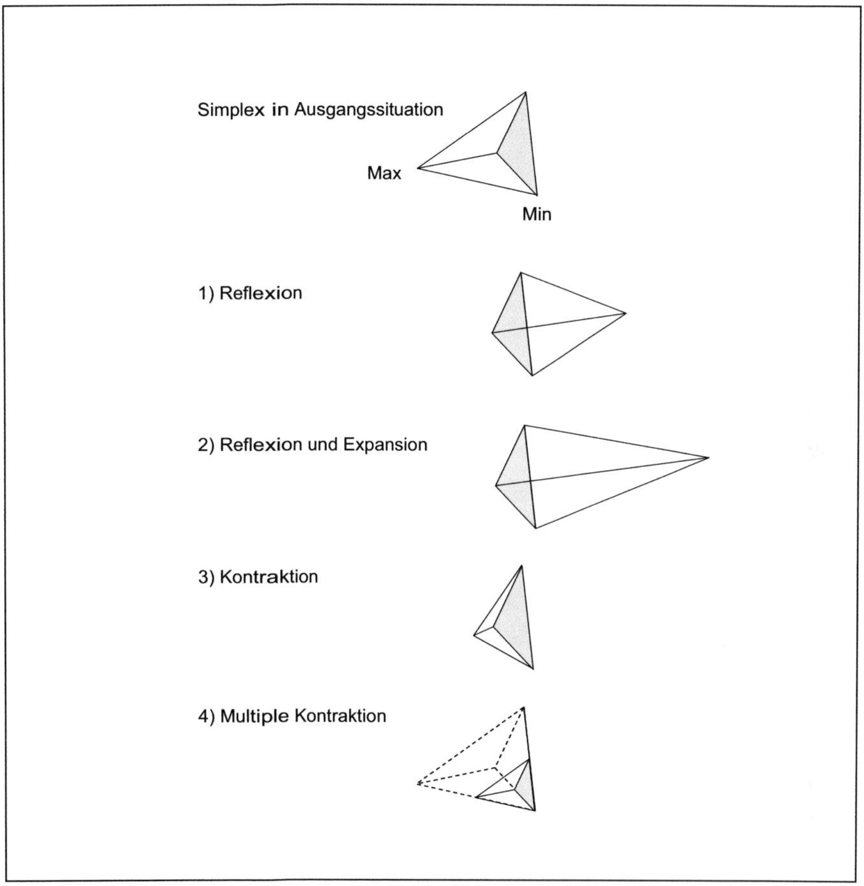

Abbildung III-6: Nelder-Mead-Simplex-Algorithmus
Quelle: Press et al. (2002, S. 414)

Anhand dieser Schritte wird ein lokales Minimum sukzessive eingekreist. Erreicht der Simplex den Grund eines Tales in einem 3-dimensionalen Gebirge der Zielfunktion, verkleinert er sich durch Kontraktionen immer weiter und versucht so die tiefste Stelle des Tales zu finden.

Startwertproblematik numerischer Optimierungsverfahren

Numerische Optimierungsverfahren erfordern in der Regel die Vorgabe von Startwerten für die zu optimierenden Parameter. Diese Startwerte sollten sorgfältig und auf der Basis sämtlichen verfügbaren Wissens gesetzt werden, da sie auf die Ausprägung des ermittelten Optimums erheblichen Einfluss haben können. Ursache für diese Startwertabhängigkeit numerischer Optimierungsverfahren sind multiple lokale Minima bzw. Maxima der Zielfunktion. Putsis und Srinivasan (2000) halten daher in praktischen Anwendungen einen Vergleich mehrerer Schätzungen mit unterschiedlichen Startwerten für sinnvoll. Neben der Sensitivität der Parameterschätzer hat die Wahl der Startwerte auch erheblichen Einfluss darauf, ob die Schätzung überhaupt konvergiert. Die Verwendung möglichst robuster Startwerte ist daher ein entscheidender Erfolgsfaktor. Bei Modellen zu denen linearisierte Repräsentationen bzw. mit OLS schätzbare Repräsentationen existieren, ist die Verwendung der Ergebnisse dieser Schätzungen als Startwerte für die numerische Optimierung eine mögliche Alternative und damit gleichzeitig auch eine Rechtfertigung für die Verwendung der generell unterlegenen OLS. Allerdings ist dieses Vorgehen wie beispielsweise im Fall des Bass-Modells nicht immer ein gangbarer Weg, da die resultierenden OLS-Schätzer in erheblichem Umfang nicht modelltheoriekonform sind, d.h. es treten vielfach negative Parameterschätzer auf, die als Startwerte der NLS-Schätzung nicht sinnvoll sind. Meade und Islam (1995a und 1998) propagieren die Verwendung der Drei-Punkt-Methode von Gregg et al. (1964). Dabei handelt es sich im Prinzip um die Lösung eines nichtlinearen, inhomogenen Gleichungssystems mit 3 Gleichungen und den 3 Parametern als Unbekannten. Dieses Gleichungssystem wird simultan für einen Punkt zu Beginn, in der Mitte und am Ende der zur Schätzung verwendeten Zeitreihe gelöst.[56] Die resultierenden Werte für die Modellparameter werden als Startwerte für die numerische

[56] Um den Einfluss einzelner Beobachtungen gering zu halten, wird de facto nicht jeweils eine einzelne Beobachtung der Zeitreihe, sondern ein Durchschnitt von jeweils drei Beobachtungen verwendet.

Schätzung des Modells verwendet. Die Drei-Punkt-Methode leidet jedoch ebenso wie lineare Modellrepräsentationen unter vielfach nicht theoriekonformen Ergebnissen, die als Startwerte für die numerische Schätzung ungeeignet sind.

Eine weitere Alternative ist die Vorgabe von Startwerten auf der Basis von Meta-Analysen, in denen typische Werte der Modellparameter analysiert werden. Für das Bass-Modell bietet die umfangreiche Meta-Analyse von Sultan et al. (1990) zur Ausprägung der Parameter des Bass-Modells für unterschiedliche Zeitreihen-Kategorien eine solide Informationsquelle. Startwerte für ein wesentlich breiteres Modellspektrum lassen sich aus den von Islam (1996; S. 242) angegebenen Intervallen typischer Werte der einzelnen Modellparameter[57] ableiten. Startwerte für das Marktsättigungsniveau m können aufgrund unterschiedlicher Skalen nicht aus Meta-Analysen vorgegeben werden, sondern müssen zeitreihenspezifisch gewählt werden. Ein oftmals erfolgreicher Ansatz ist die Verwendung der letzten Beobachtung des Diffusionsgrades als Startwert; bei prozentualen Daten ist auch die obere Schranke von 100% als Startwert vielfach zielführend.

8.5.2.5 Parameterrestriktionen

Im Regelfall entspricht der Wertebereich der einzelnen Parameter θ_i der hier verwendeten Modelle nicht der Menge der reellen Zahlen $\mathbb{R}$, sondern ist aus modelltheoretischen und/oder sachlogischen Gründen auf eine Teilmenge restringiert.

Modelltheoretische Beschränkungen der Parameter sind vielfach durch die zugrunde liegende Hazard-Rate oder generell durch den Funktionsverlauf der Modelle bedingt (vgl. Teil II). Bei den meisten Modellen sind alle Parameter auf positive Werte beschränkt. So gilt für die Parameter des externen und internen Einflusses des Bass-Modells eine Beschränkung auf Werte größer als Null. Daneben muss der Sättigungs-

[57] Eine Übersicht dazu gibt Tabelle V-1 in Teil V.

parameter m aus sachlogischen Gesichtspunkten stets positiv und kleiner als die Grundpopulation bzw. bei relativem Diffusionsgrad kleiner als 100% sein. Dies unterstreicht den Vorteil der Verwendung von relativen Daten, da in diesem Fall stets eine natürliche obere Grenze von 100% Marktdurchdringung $(m \leq 1)$ gegeben ist.

Um die Konvergenz des Optimierungsalgorithmus zu verbessern und extreme Fehlprognosen zu vermeiden, sollten insbesondere bei endogener Schätzung des Marktpotenzials sämtliche ex ante verfügbaren Informationen zur Restriktion der Parameterschätzer berücksichtigt werden. Bei kurzen Zeitreihen und noch nicht erreichtem Wendepunkt ist die Notwendigkeit, das Schätzverfahren zu restringieren umso größer. Parker (1994) kritisiert, dass Parameterrestriktionen in empirischen Arbeiten kaum verwendet werden, obwohl unplausible Parameterschätzer, miserable Langfristprognosen und eine schlechte Bestimmung des Marktsättigungsniveaus vielfach die Folge sind. Ebenso wie van den Bulte und Lilien (1997) wendet sich Parker (1994) gegen eine unrestringierte, rein auf der Zeitreihe basierende Schätzung. Vielmehr sollten sämtliche zum Prognoseursprung verfügbaren Informationen in die Bestimmung der Parameterschätzer einfließen.

Im Rahmen der Parameterschätzung können Wertebereichsrestriktionen durch die Verwendung restringierter numerischer Optimierungsverfahren wie zum Beispiel des L-BFGS-B von Byrd et al. (1995), einer Modifikation des quasi-newton Verfahrens von Broyden-Fletcher-Goldfarb-Shanno (BFGS), berücksichtigt werden. Der L-BFGS-B ermöglicht die direkte Vorgabe von Unter- und Obergrenzen für einzelne Parameter.

Eine generellere Alternative zur Restriktion der Schätzung bietet jedoch die Verwendung einer Logit-Transformation. Sei der zu schätzende Parameter θ_i beschränkt auf das Intervall $\theta_i \in \left[\underline{\theta}_i , \overline{\theta}_i\right]$ dann lautet die zugehörige Logit-Transformation

$$\theta_i\left(\psi_j\right) = \frac{\underline{\theta}_i + \overline{\theta}_i \exp\left(\psi_j\right)}{1 + \exp\left(\psi_j\right)}$$

mit $\theta_i(\psi_j) \in [\underline{\theta}_i, \overline{\theta}_i]$ und unrestringiertem ψ_j (Küsters 1987, Maddala 1983). In der Zielfunktion wird θ_i durch die Logit-Transformation substituiert, so dass ψ_j unrestringiert geschätzt werden kann. Der große Vorteil der Logit-Transformation ist, dass beliebige numerische Optimierungsverfahren zur restringierten Schätzung verwendet werden können.

8.5.3 Zwischenfazit zur Modellschätzung

Die Erörterung der unterschiedlichen Schätzverfahren hat letztlich keine eindeutige Präferenz ergeben. Unstreitig ist, dass die gewöhnliche Kleinste-Quadrate-Schätzung aufgrund des Time-Interval-Bias und der häufig instabilen Parameterschätzer grundsätzlich nicht verwendet werden sollte. Hinsichtlich des Vergleichs von ML-Schätzung, NLS-Schätzung und NLS-Schätzung des Diffusionsgrades (NLS-cum.) sind die Erkenntnisse weniger eindeutig. Zwar wird NLS-cum. zum Teil wegen hoher Autokorrelation der Residuen[58] und MLE wegen des Downward-Bias der Standardfehler abgelehnt, doch größere Studien zur Bewertung der Ex-ante-Prognosegüte der NLS-Schätzung existieren bislang nicht. Putsis und Srinivasan (2000) konstatieren zwar, dass sich die NLS-Schätzung der Diffusionsrate zum de facto Standard entwickelt habe, da empirische Untersuchungen Hinweise auf bessere Anpassungsgüte und Prognosegüte im Vergleich zur ML-Schätzung gäben und die Standardfehler realistischer seien. Einen konkreten Nachweis bleiben die Autoren aber schuldig. Um die Erkenntnislage zur Wahl des Schätzverfahrens zu verbessern, wird in Teil IV dieser Arbeit eine Simulationsstudie zur Modellschätzung durchgeführt.

[58] Eine hohe Autokorrelation der Residuen spricht wiederum für eine Schätzung der einfach differenzierten Zeitreihe, d.h. für eine Schätzung der Diffusionsrate.

8.6 Modelldiagnostik und Prognoseevaluation

Innerhalb des Prognoseprozesses wird im Rahmen der Modelldiagnostik und Prognoseevaluation beurteilt, inwiefern das gewählte und spezifizierte Modell zur Prognose der betrachteten Zeitreihe geeignet ist. Im Einzelnen sollen bei der Modelldiagnostik für die Neuproduktprognose mit Wachstumskurvenmodellen folgende Punkte betrachtet werden:

- Überprüfung der geschätzten Modellparameter auf statistische Signifikanz, Plausibilität und Übereinstimmung mit der Modelldefinition
- Analyse der Residuen zur Bewertung der Eignung des Modells
- Genauigkeit des Prognosemodells
    - Anpassungsgüte des Modells basierend auf Ex-post-Prognosen
    - Bewertung der Ex-ante-Prognosegüte

Entscheidendes, aber auch am schwierigsten zu bewertendes Kriterium ist dabei naheliegenderweise die Einschätzung der Ex-ante-Prognosegüte. Da diese jedoch zum Zeitpunkt der Prognoseerstellung lediglich auf Basis von in der Vergangenheit erstellter Prognosen oder anhand von Prognosesimulationen erfolgen kann, dienen die weiteren oben genannten Punkte als zusätzliche Bewertungskriterien.

Bei der folgenden detaillierten Betrachtung der einzelnen Elemente der Modelldiagnostik werden neben allgemeingültigen Aspekten der Prognoseevaluation, wie sie beispielsweise in den Arbeiten von Armstrong und Collopy (1992), Tashman (2000) und Küsters (2004) ausführlich dargestellt werden, die spezifischen Erfordernisse der Neuproduktprognose mit Wachstumskurvenmodellen behandelt.

8.6.1 Diagnose der Modellparameter

Die Diagnose der Modellparameter bezieht sich zum einen auf die Überprüfung, ob die Parameterschätzer konform zu den theoretischen Wertebereichen der Modellparameter sind und zum anderen, ob die Parameter statistisch signifikant, d.h. signifikant von Null verschieden sind. Neben diesen theoretisch motivierten Aspekten hat die Überprüfung der Parameter auf Plausibilität, insbesondere hinsichtlich des geschätzten Sättigungsniveaus m, hohe praktische Relevanz. Hypothesentests zur Parametersignifikanz haben in der Literatur zu Prognosen mit Wachstumskurvenmodellen zwar zunehmend Verbreitung gefunden, sind aber bei weitem noch nicht allgegenwärtig (Meade und Islam 2006).

Für den Test auf statistische Signifikanz der einzelnen Modellparameter kann auf Basis des Wald-Prinzips[59] die Teststatistik

$$\frac{\hat{\theta} - \theta_0}{s_{\hat{\theta}}}$$

abgeleitet werden (Davidson und MacKinnon 1993, S. 89), wobei $s_{\hat{\theta}}$ der Standardabweichung des Parameterschätzers $\hat{\theta}$ aus der Varianz-Kovarianz-Matrix entspricht (vgl. zur Berechnung III-8.5.2.3). Die Teststatistik wird von Davidson und MacKinnon als Pseudo-t-Statistik bezeichnet, da sie in finiten Stichproben bei Nichtlinearität in den Parametern, Verwendung verzögerter endogener Variablen (autoregressive Modelle) oder nicht-normalverteilten Fehlertermen nicht exakt einer t-Verteilung folgt. Trotzdem wird die Verteilung der Statistik in finiten Stichproben regelmäßig gut durch eine t-Verteilung mit $n-j$ Freiheitsgraden[60] approximiert; asymptotisch ist die Teststatistik jedoch standardnormalverteilt $N(0,1)$ (Davidson und MacKinnon 1993, S. 89).

---

[59] Allgemeinere Tests können sowohl auf Grundlage des Wald-Prinzips als auch der asymptotisch äquivalenten Likelihood-Ratio- und Lagrange-Multiplier-Prinzipien entwickelt werden (Davidson und MacKinnon 1993, S. 89ff.).

[60] $n-j$: Anzahl zur Schätzung verwendeter Beobachtungen (n) minus geschätzter Parameter (j).

Bei Verwendung der t-Verteilung lautet die Testvorschrift für den zweiseitigen Test der Signifikanz der Modellparameter

$$\left| \frac{\hat{\theta} - \theta_0}{s_{\hat{\theta}}} \right| > t_{n-j,1-\frac{\alpha}{2}}$$

mit $t_{n-j,1-\frac{\alpha}{2}}$ als $1-\frac{\alpha}{2}$-Quantil der t-Verteilung. Ist die Testvorschrift erfüllt, wird die Nullhypothese $H_0 : \theta = \theta_0$, üblicherweise $\theta_0 = 0$, verworfen. Allerdings ist unter den besonderen Umständen von Neuproduktprognosen ein derartiger Signifikanztest nicht unproblematisch, da der Annahmebereich aufgrund der üblicherweise kurzen Zeitreihen relativ breit ist und somit die Nullhypothese eines insignifikanten Schätzers erst bei massiver Evidenz gegen H_0 verworfen wird.

Neben der statischen Signifikanz der Parameter ist zu klären, ob die geschätzten Parameter den theoretischen Modellannahmen entsprechen.[61] Zumindest einzelne Parameter sämtlicher hier betrachteter Modelle unterliegenden gewissen Restriktionen hinsichtlich des Wertebereiches. So sind beispielsweise die Parameter des externen und internen Einflusses des einfachen Bass-Modells auf positive Werte beschränkt. Der in nahezu allen Modellen berücksichtigte Parameter des Marktsättigungsniveaus m ist aus modelltheoretischen und sachlogischen Gründen einerseits auf Werte größer Null beschränkt, andererseits bildet die Größe der Grundpopulation M die Obergrenze für die kumulierte Gesamtzahl der Adopter. Hinsichtlich der Beurteilung, ob die theoretischen Modellannahmen erfüllt werden, sind zwei unterschiedliche Vorgehensweisen denkbar:

[61] Sofern sämtliche theoretischen Beschränkungen der Parameter im Rahmen einer restringierten Schätzung berücksichtigt werden, ist diese Überprüfung obsolet.

1. Abgleich der Parameterschätzer mit den vorgegebenen Restriktionen, d.h. Überprüfung, ob die Schätzer innerhalb des für die Modellparameter vorgegebenen Wertebereichs liegen.
2. Verwendung statistischer Hypothesentests zur Prüfung, ob der wahre aber unbekannte Parameter die Restriktionen erfüllt.[62]

Obwohl der Hypothesentest hinsichtlich der Ausprägung des wahren Parameters unter rein statistischen Gesichtspunkten die korrekte Vorgehensweise ist, wird die erste Alternative unter praktischen Gesichtspunkten vorgezogen. Grund dafür ist insbesondere, dass Parameterschätzer, die den Wert der Ober- bzw. Untergrenze einnehmen oder in der Nähe dieser Grenzen liegen, bei Signifikanztests zur Beibehaltung der Nullhypothese führen. Damit der Test die Einhaltung einer Restriktion zum vorgegebenen Signifikanzniveau aber durch Ablehnung der Nullhypothese bestätigt, ist es vielmehr notwendig, dass die Parameterschätzer deutlich oberhalb der unteren bzw. unterhalb der oberen Schranke liegen. Aufgrund der breiten Annahmebereiche der Nullhypothese bei kurzen empirischen Zeitreihen ist zum Teil eine deutliche Distanz zu den Schranken notwendig, damit die Konformität mit den Restriktionen durch einen Signifikanztest bestätigt wird.

Grundsätzlich stellt sich die Frage, welche Konsequenzen aus insignifikanten Parametern bzw. Schätzern, die nicht konform zu den theoretischen Wertebereichen sind, gezogen werden. Im Gegensatz zu multiplen, linearen Regressionsmodellen besteht bei Wachstumskurven in der Regel nicht die Möglichkeit, insignifikante Regressoren (und die zugehörigen Parameter) aus dem Modell auszuschließen, da die Parameter fundamentaler Modellbestandteil sind. Als Konsequenz bleibt lediglich, das Modell oder zumindest das Schätzverfahren für die betrachtete Zeitreihe als ungeeignet zu verwer-

[62] Dieser Hypothesentest kann ebenfalls mit dem oben dargestellten t-Test erfolgen, wobei der Test hier einseitig durchgeführt wird.

fen oder die Insignifikanzen zu ignorieren.[63] Ähnlich verhält es sich, wenn die Parameterschätzer nicht konform zu den theoretischen Wertebereichen sind. Da die Modelle zum Teil erratisch auf Parameter reagieren, die die Restriktionen nicht erfüllen, ist das jeweilige Modell für die betrachtete Zeitreihe als nicht geeignet einzustufen, bzw. alternativ ein restringiertes Schätzverfahren zu verwenden.

Islam (1996, S. 142f.) stuft dementsprechend die Modellschätzung als erfolgreich ein, wenn die Parameter auf einem Signifikanzniveau von 5% von Null verschieden sind und die Schätzer innerhalb des theoretischen Wertbereichs liegen.[64] Andernfalls wird das geschätzte Modell für die Zeitreihe als ungeeignet betrachtet. Für Meade und Islam (1998) ist die Konsistenz der Parameterschätzer zu den theoretischen Wertebereichen ebenfalls eine entscheidende Anwendungsvoraussetzung. Meade und Islam (1995a) testen ebenfalls die Signifikanz der Parameter und untersuchen zusätzlich, ob die geschätzte Korrelationsmatrix der Parameter hohe Korrelationen (nahe -1 bzw. 1) beinhaltet. Diese können ein Hinweis darauf sein, dass zumindest ein Parameter nur einen geringen bzw. keinen zusätzlichen Erklärungsbeitrag leistet.

Besonderes Augenmerk bei der Diagnose der Modellparameter gilt dem Marktsättigungsniveau m, da hier wie bereits in Abschnitt III-8.5.2.5 erwähnt, bei kurzen Zeitreihen und unrestringierter Schätzung erhebliche Fehlspezifikationen auftreten können. Daher sollte sofern möglich restringierte Schätzung mit der Größe der Grundpopulation M bzw. bei prozentualen Penetrationsdaten 100% als Obergrenze verwendet werden. Bewley und Griffiths (2003) ziehen bei unrestringierter Schätzung die Anzahl der

[63] Ausnahmen bilden lediglich Modelle wie das Extended Logistic Modell, das bei insignifikantem Parameter c_1 zur einfachen logistischen Funktion degeneriert.

[64] Für das Marktsättigungniveau m ist es sinnvoll, neben der Bedigung $m > 0$ weitere Kriterien zu prüfen (siehe folgenden Absatz).

Fälle, in denen gilt $\hat{m} > 100\%$, als ein Kriterium zum Vergleich unterschiedlicher Modelle heran

Jedoch ist nicht nur die Überschätzung sondern auch Unterschätzung des Sättigungsniveaus ein großes Problem. So stellen van den Bulte und Lilien (1997), wie bereits in Abschnitt III-8.5.2.3 thematisiert, bei NLS-Schätzung der Diffusionsrate generell eine Verzerrung des Schätzers $\hat{m}$ nach unten fest. Besonders kritisch ist vor diesem Hintergrund ein Schätzer $\hat{m}$, der kleiner ist als der letzte zur Modellkalibration verwendete Wert der kumulierten Zeitreihe (Diffusionsgrad). Hardie et al. (1998) sowie Islam (1996, S. 145f.) gehen einen Schritt weiter und untersuchen im Rahmen einer Out-of-Sample-Betrachtung, ob der Schätzer des Sättigungsniveaus $\hat{m}$ kleiner ist als die letzte verfügbare Beobachtung der verwendeten Teststichprobe. Ob die Eignung des spezifizierten Modells in diesen Fällen in Frage zu stellen ist, hängt dabei vom Ausmaß der Abweichung und der jeweiligen Phase des Diffusionsprozesses ab. So deutet eine geringe Unterschreitung der letzten Beobachtung der Teststichprobe bei weit fortgeschrittenem Diffusionsverlauf (Sättigungsniveau nahezu erreicht) nicht zwangsläufig auf ein ungeeignetes Modell hin.

8.6.2 Analyse der Residuen

Die Analyse der Residuen $\hat{\varepsilon}_t = x_t - \hat{x}_t$, d.h. der Abweichung zwischen den tatsächlichen und den durch das Modell angepassten Werten, ist ein wichtiges Element zur Überprüfung der Modellspezifikation. Trotz deren grundsätzlicher Bedeutung wird das Thema in der Literatur zur Neuproduktprognose mit Wachstumskurvenmodellen kaum thematisiert. Naheliegende Ursache dafür sind die üblicherweise kurzen Stichproben, durch die einerseits die Aussagekraft der Residuendiagnostik relativ gering und andererseits die Verwendung alternativer Verfahren bei erkennbaren Fehlspezifikationen eingeschränkt ist.

Ziel der Residuendiagnostik ist es, zu überprüfen, ob die dem Modell zugrunde liegenden Annahmen erfüllt sind. Im Einzelnen sind dies folgende Punkte:

- Erwartungswert des Fehlerterms: $E(\varepsilon_t) = 0$
- Korrekte Annahme hinsichtlich der Struktur des Fehlerterms
- Unabhängigkeit der Fehler

Hinweise auf unzureichende Spezifikation bzw. Untauglichkeit des Modells geben Muster und Strukturen in den Residuen. Angesichts der üblicherweise kurzen Neuproduktzeitreihen, empfehlen sich graphische Analysen gegenüber statistischen Tests.

Sinnvolle Plots zur Analyse der Residuen sind unter anderem (z.B. Huet et al. 2004, S. 95ff.):

- Plot der Residuen ε_t gegenüber den durch das Modell angepassten Werten $\hat{x}_t = f(t|\hat{\boldsymbol{\theta}})$[65]. Dabei kann sowohl die Diffusionsrate als auch der Diffusionsgrad Gegenstand der Betrachtung sein. Typische Hinweise auf Fehlspezifikationen sind:
  - Vom Niveau der Zeitreihe abhängige Residuen → Nicht modellierte Heteroskedastizität.
  - Nicht gleichmäßig um Null verteilte Residuen → Verletzung der Annahme $E(\varepsilon_t) = 0$.
- Plot der Residuen $\hat{\varepsilon}_t$ gegenüber den eigenen, um eine Periode verzögerten Werten $\hat{\varepsilon}_{t-1}$. Erkennbare Strukturen deuten auf Autokorrelation erster Ordnung der Residuen hin.
- Plot der Residuen $\hat{\varepsilon}_t$ gegenüber der Zeit t: Auftretende Muster indizieren ebenfalls nicht korrekt modellierte Modellfehlerterme oder ein generell ungeeignetes Modell.

[65] Mit $\hat{\boldsymbol{\theta}}$ als Vektor der Parameterschätzer.

Weitere Möglichkeiten zur Aufdeckung von Autokorrelation in den Residuen, d.h. zeitinvarianten Zusammenhangsstrukturen zwischen äquidistanten Beobachtungen, bieten die Autokorrelationsfunktion (ACF) und Plots der resultierenden Autokorrelationswerte. Die Autokorrelation k-ter Ordnung ρ_k entspricht dem einfachen paarweisen Korrelationskoeffizienten $\text{cor}(\varepsilon_t;\varepsilon_{t-k})$ der jeweils um k Perioden versetzten Residuen (Küsters 2006). Zeigt ein Plot der ACF für die Lags $k=1,\ldots,K$ noch auffällige Muster, sind nicht modellierte Informationen in den Residuen enthalten und das Modell ist nicht korrekt spezifiziert.

Neben der graphischen Analyse der ACF kann auch anhand von Statistiken wie der Ljung-Box-Statistik

$$Q_{LB}(K)=N(N+2)\sum_{k=1}^{K}\left(\frac{1}{N-k}\right)\hat{\rho}_{\hat{\varepsilon},k}^{2}$$

auf Autokorrelation getestet werden (z.B. Diebold 2004, S. 137ff., Küsters 2006). Dabei entspricht der Stichprobenumfang N der zur Schätzung verwendeten Zeitreihe und $\hat{\rho}_{\hat{\varepsilon},k}^{2}$ dem quadrierten Autokorrelationskoeffizienten k-ter Ordnung für die Residuen. Unter der Nullhypothese, dass die Residuen keine Autokorrelation aufweisen, ist die Statistik $Q_{LB}(K)$ approximativ χ_K^2-verteilt, d.h. die Nullhypothese wird abgelehnt, wenn die Teststatistik das $1-\eta$-Quantil der $\chi_{K;1-\eta}^2$-Verteilung überschreitet. Der maximale betrachtete Lag K wird üblicherweise in der Größenordnung von $\sqrt{N}$ gewählt.

Werden Fehlspezifikationen im Rahmen der Residuendiagnostik aufgedeckt, ist eine Rückkopplung im Prognoseprozess erforderlich. Ansatzpunkte dabei sind die Auswahl eines anderen Modells bzw. einer alternativen Modellrepräsentation sowie ggf. die Anpassung des Modellfehlerterms an die tatsächliche Varianzstruktur.

8.6.3 Evaluation der Prognosegüte

Die Evaluation der Prognosegüte erfolgt anhand unterschiedlicher Evaluationsmaße, deren Berechnung und Eigenschaften in Abschnitt III-8.6.3.2 behandelt werden. Zunächst werden jedoch in Abschnitt III-8.6.3.1 unterschiedliche Untersuchungsdesigns zur Anwendung dieser Evaluationsmaße diskutiert.

8.6.3.1 Untersuchungsdesigns

Entscheidendes Kriterium für die Auswahl und Verwendung eines Prognosemodells bildet letztlich die Prognosegüte. Grundsätzlich stehen drei verschiedene Untersuchungsdesigns zur Evaluation der Prognosegüte zur Verfügung (Küsters 2004)[66]:

1. Evaluation der Anpassungsgüte des Modells anhand von einstufigen Ex-post-Prognosen.
2. Messung der Prognosegüte anhand der retrospektiven Analyse von Track Records von ex ante berechneten Prognosen. Dabei werden die zum Zeitpunkt T in einer realen Entscheidungssituation erstellten Prognosen $f_T(1,\dots,H)=\{\hat{x}_{T+1},\dots\hat{x}_{T+H}\}$ mit den tatsächlich in der Zukunft realisierten Werten $\{x_{T+1},x_{T+2},\dots,x_{T+H}\}$ verglichen.
3. Durchführung einer Prognosesimulation, d.h. Aufteilung der Zeitreihe $\{x_1,\dots,x_T\}$ in eine Kalibrationsstichprobe $\{x_1,\dots,x_N\}$ und eine Teststichprobe $\{x_{N+1},\dots,x_T\}$. Auf der Kalibrationsstichprobe wird das betrachtete Modell geschätzt und anhand des so spezifizierten Modells werden Ex-ante-Prognosen für die Teststichprobe erstellt und evaluiert.

[66] Die Darstellungen erfolgt nachstehend zunächst für Zeitreihen, die in Form der Diffusionsrate $\{x_1\dots,x_T\}$ vorliegen. Die Berechnungen sind analog auch für den Diffusionsgrad $\{X_1\dots,X_T\}$ möglich.

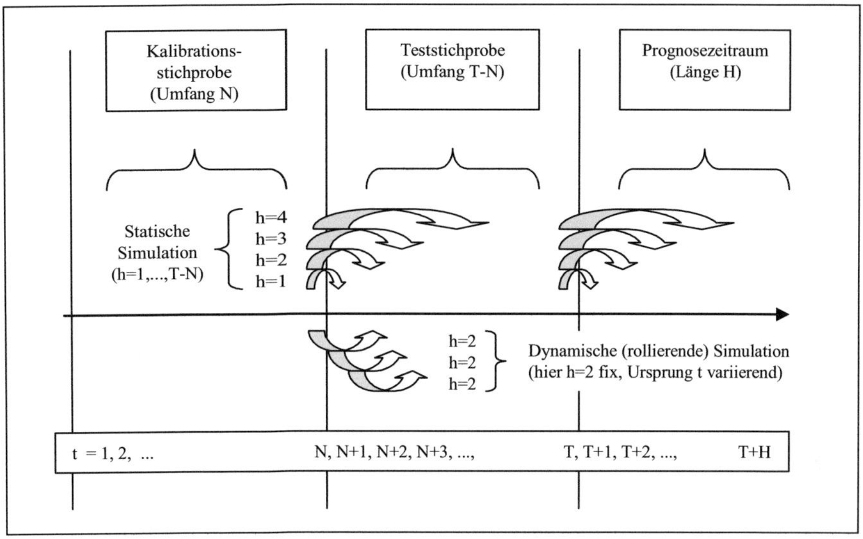

Abbildung III-7: Kalibrationsstichprobe, Teststichprobe und Prognosezeitraum
Quelle: Küsters (2004)

Im Folgenden werden diese 3 prinzipiellen Vorgehensweisen zur Prognoseevaluation anhand von Abbildung III-7 näher erörtert, wobei eine Zeitreihe $\{x_1,\ldots,x_N,x_{N+1},\ldots,x_T\}$ der Länge T zugrunde gelegt wird.

Die Evaluation der Ex-post-Prognosegüte hat im Rahmen der Prognoseevaluation nur untergeordnete Bedeutung, da nicht die Ex-ante-Prognosegüte, sondern lediglich die Anpassungsgüte des Modells gemessen wird. Zahlreiche Untersuchungen zeigen, dass in vielen Fällen bestenfalls ein geringer Zusammenhang zwischen der Ex-post-Anpassungsgüte und der Ex-ante-Prognosefähigkeit eines Modells existiert (Armstrong 2001). Dieser Effekt ist, wie bereits in Abschnitt III-8.4.3 ausgeführt, auch bei Neuproduktprognosen zu beobachten. Eine einseitige Konzentration auf minimale Ex-post-Prognosefehler (Residuen) $\varepsilon_t = x_t - f_{t-1}(1)$ führt zur Auswahl komplexer hochparametrischer Modelle, die aufgrund von so genanntem Overfitting die Vergangenheitsdaten nahezu beliebig genau anpassen, aber für Prognosen zukünftiger Werte ungeeignet sind, da sie gegenüber leichten Strukturveränderungen der Zeitreihe nicht robust sind.

Die Track Record Analyse der 1- bis H-stufigen Ex-ante-Prognosen $f_T(h)$ zum Prognoseursprung T ist ein zuverlässiges Instrument, die Prognosegüte eines Modells anhand der Prognosefehler $e_{T+h} = x_{T+h} - f_T(h)$ retrospektiv zu bestimmen. Für die Auswahl konkurrierender Prognosemodelle zum Prognoseursprung T ist die Track Record Analyse jedoch nur geeignet, wenn in der Vergangenheit Prognosen der konkurrierenden Modelle für den letztlichen Prognoseursprung T und davorliegende Perioden erstellt wurden.

Die Prognosesimulation als dritte Alternative zur Evaluation der Prognosegüte ist heute weitverbreiteter Standard, auch wenn noch nicht allgegenwärtig in der Prognoseliteratur. Hinsichtlich der Vorgehensweise sind

- statische Prognosesimulation und
- dynamische Prognosesimulation

als unterschiedliche Formen der Prognosesimulation zu unterscheiden (vgl. hier und im Folgenden Tashman 2000, Küsters 2004).

Bei der statischen Prognosesimulation werden Kalibrations- und Teststichprobe einmalig aufgeteilt und 1-bis H-stufige Prognosen für den Zeitraum der Teststichprobe anhand des spezifizierten Modells erstellt. Für jeden Prognosehorizont liegt somit ein Prognosefehler $e_N(h) = x_{N+h} - f_N(h)$ für $h = 1,\ldots,T-N$ vor. Die statische Prognosesimulation ermöglicht in begrenztem Umfang die Durchschnittsbildung über mehrere Prognosefehler. Eine Möglichkeit ist die Mittelung von Prognosefehlern unterschiedlicher Prognosehorizonte (üblicherweise $h = 1,\ldots,T-N$) zu einem einheitlichen Prognoseursprung N. Alternativ dazu können auch zeitreihenübergreifende Durchschnitte von Prognosefehlern $e_{N+h}^{(i)}(h) = x_{N+h}^{(i)} - f_N^{(i)}(h)$ für Prognosen mehrerer Zeitreihen i zu einem festen Prognoseursprung N und Horizont h berechnet werden. Dieses Vorgehen ist insbesondere zum Vergleich der generellen Prognosegüte unterschiedlicher Modelle relevant, wie sie beispielsweise in Prognosewettbewerben (z.B. M-Competition) erfolgt (Küsters 2004).

Die dynamische Prognosesimulation basiert auf der Idee einer sukzessiven Erweiterung der Kalibrationsstichprobe, die mit einer korrespondierenden Verkleinerung der Teststichprobe einhergeht. Ausgehend von der Einteilung in Kalibrations- $\{x_1,\ldots,x_N\}$ und Teststichprobe $\{x_{N+1},\ldots,x_T\}$ wird eine initiale Schätzung und Prognose für die Teststichprobe durchgeführt. Auf dieser Basis werden analog zur statischen Prognosesimulation $T-N$ Prognosefehler $e_N(h)=x_{N+h}-f_N(h)$ mit $h=1,\ldots,T-N$ berechnet. In einem nächsten Schritt wird die Kalibrationsstichprobe um eine Beobachtung aus der Teststichprobe erweitert $\{x_1,\ldots,x_N,x_{N+1}\}$ und die Teststichprobe dementsprechend verkleinert $\{x_{N+2},\ldots,x_T\}$. Auf der erweiterten Kalibrationsstichprobe wird das Modell zumindest aktualisiert oder komplett neu geschätzt.[67] Da stets sämtliche bis zum Prognoseursprung verfügbaren Informationen zur Modellschätzung verwendet werden sollten und heutzutage die Computer-Rechenkapazität für mehrfache Neuschätzung der betrachteten Modelle im Regelfall problemlos ausreicht, ist die Neuschätzung gegenüber der reinen Aktualisierung in meisten Fällen vorzuziehen (Tashman 2000). Anhand des neugeschätzten Modells werden 1- bis T-N-1-stufige Prognosen für die Teststichprobe berechnet und die entsprechenden Prognosefehler ermittelt. Im nächsten Schritt wird die Kalibrationsstichprobe um eine weitere Beobachtung vergrößert auf

[67] Unter dem Begriff Aktualisierung wird die Verwendung einer zusätzlichen Beobachtung bei adaptiven Modellen verstanden, ohne erneute Schätzung der Modellparameter. Diese Vorgehensweise ist jedoch bei den in dieser Arbeit betrachteten Modellen von untergeordneter Relevanz, da die Verwendung einer zusätzlichen Beobachtung nur bei autoregressiven Modellrepräsentationen Einfluss auf die Prognosewerte hat, während bei den überwiegend verwendeten globalen Kurven ohne Neuschätzung keine Veränderung der Prognosen eintritt.

$\{x_1,\ldots,x_N,x_{N+1},x_{N+2}\}$ und die Teststichprobe analog weiter verkleinert. Dieses Vorgehen wird solange fortgesetzt, bis die Teststichprobe nur noch einen Umfang von einer Beobachtung hat. In jedem Schritt wird das Modell jeweils neu geschätzt und Prognosen einschließlich der Prognosefehler für die Teststichprobe berechnet. Insgesamt resultieren bei der dynamischen Prognosesimulation $T-N$ einstufige Prognosefehler, $T-N-1$ zweistufige Prognosefehler und letztlich ein $T-N$-stufiger Prognosefehler.

Da für jeden Prognosehorizont (mit Ausnahme $T-N$) mehrere Prognosefehler zur Verfügung stehen, kann bei der dynamischen Prognosesimulation bereits anhand einer einzelnen Zeitreihe die Prognosegüte eines Modells für verschiedene Horizonte beurteilt werden. Vor diesem Hintergrund eignet sich die dynamische Prognosesimulation besonders zur Auswahl und Spezifikation unterschiedlicher Modelle für eine einzelne Zeitreihe. Primäres Anwendungsgebiet der statischen Prognosesimulation sind dagegen zeitreihenübergreifende Vergleiche der Prognosegüte zu festen Prognoseursprüngen, da hier zu einzelnen Horizonten ohnehin eine größere Zahl von Prognosefehlern verfügbar ist (Küsters 2004).

Jedoch ist die Anwendung von dynamischen Prognosesimulationen bei der Prognose von Diffusionsverläufen nicht unproblematisch, da die übliche Mittelung der Prognosefehler eines Horizonts h erhebliche Fehlschlüsse verursachen kann, wenn der variierende Prognoseursprung in unterschiedlichen Phasen des Diffusionsprozesses liegt. Vor allem besteht die Gefahr durch die Mittelung von Prognosefehlern für gleiche Horizonte, deren Prognoseursprünge sowohl vor als hinter dem für die Prognosegüte bedeutenden Wendepunkt liegen, inkorrekte Schlussfolgerungen zu treffen. Um diesen Effekt zu vermeiden, empfiehlt es sich, die Teststichprobe so festzulegen, dass diese vollständig vor oder nach dem Wendepunkt liegt.

Die Länge der Teststichprobe sollte bei statischer wie auch dynamischer Prognosesimulation so gewählt werden, dass sie zumindest dem maximalen Horizont der tatsächlich benötigten Prognose entspricht. Soll im Rahmen einer dynamischen Prognosesimulation die Prognosegüte für diesen Horizont anhand mehrerer Prognosefehler j evaluiert werden, ist die Länge der Teststichprobe auf $h+j-1$ festzulegen (Tashman 2000). Die einerseits unter dem Gesichtspunkt der Prognoseevaluation wünschenswerte Länge der Teststichprobe ist bei den hier betrachteten kurzen Zeitreihen gegenüber dem daraus resultierenden Verlust an Informationen für die Schätzung abzuwägen. So erscheint es sinnvoll, zumindest 7-10 Beobachtungen für die Kalibrationsstichprobe zu verwenden (Heeler und Hustad (1980), Srinivasan und Mason (1986) sowie Abschnitt III-6.1). Regelmäßig tritt daher bei Neuproduktprognosen in der Praxis das Problem auf, dass eine Prognosesimulation de facto nicht durchgeführt werden kann. Auch bei der Einteilung von Kalibrations- und Teststichprobe sollte beachtet werden, dass die Güte von Prognosen erheblich von der Lage des Wendepunktes in Relation zum Prognoseursprung abhängig ist. So ist es beispielsweise nur bedingt sinnvoll, für Zeitreihen deren finaler Prognoseursprung hinter dem Wendepunkt liegt, eine Kalibrationsstichprobe mit vor dem Wendepunkt liegendem Prognoseursprung zu verwenden.

8.6.3.2 Prognoseevaluationsmaße

Zur Evaluation der Prognosegüte stellt die Prognoseliteratur eine Vielzahl unterschiedlicher Fehlermaße zur Verfügung, deren detaillierte Beschreibung und Vergleich in zahlreichen Übersichtsarbeiten erfolgt (z.B. Küsters 2004, Armstrong 2001, Makridakis 1993 sowie Armstrong und Collopy 1992).

Im Folgenden werden zunächst die gängigsten Evaluationsmaße vorgestellt und deren Eigenschaften erläutert. Im Anschluss daran werden die Evaluationsmaße im Hinblick auf ihre Eignung für die Besonderheiten der Neuproduktprognose bewertet.

Tabelle III-9 zeigt die gängigsten Fehlermaße einschließlich ihrer primären Eigenschaften im Überblick. Zu jedem Maß wird angegeben, ob sich positive und negative Fehler ausgleichen (Fehlerausgleich), ob es sich um ein relatives oder absolutes Maß handelt, ob die Gewichtung des Fehlers proportional oder überproportional zur Ausprägung erfolgt und ob das Fehlermaß der Skalierung der Zeitreihe entspricht.

Maß	**Operation**	**Fehlerausgleich**	**Absolutes (A) bzw. relatives (R) Maß**	**Proportionale (P) oder überproportionale (Ü) Fehlergewichtung**	**Skalenerhaltend**
Mittlerer Fehler	$ME = \frac{1}{J}\sum_{j=1}^{J}\left(x_j - \hat{x}_j\right)$	J	A	P	J
Mittlerer absoluter Fehler	$MAE = \frac{1}{J}\sum_{j=1}^{J}\left\|x_j - \hat{x}_j\right\|$	N	A	P	J
Mittlerer quadratischer Fehler	$MSE = \frac{1}{J}\sum_{j=1}^{J}\left(x_j - \hat{x}_j\right)^2$	N	A	Ü	N
Standardabweichung	$RMSE = \sqrt{MSE}$	N	A	Ü	J
Mittlerer prozentualer Fehler [in %]	$MPE = 100\% \cdot \frac{1}{J}\sum_{j=1}^{J}\left(\frac{x_j - \hat{x}_j}{x_j}\right)$	J	R	P	N
Mittlerer absoluter prozentualer Fehler [in %]	$MAPE = 100\% \cdot \frac{1}{J}\sum_{j=1}^{J}\left\|\frac{x_j - \hat{x}_j}{x_j}\right\|$	N	R	P	N
Symmetrischer mittlerer absoluter prozentualer Fehler [in %]	$MAPE_s = 100\% \cdot \frac{1}{J}\sum_{j=1}^{J}\left\|\frac{x_j - \hat{x}_j}{\frac{x_j + \hat{x}_j}{2}}\right\|$	N	R	P	N

Tabelle III-9: Ausgewählte Fehlermaße
Quelle: Küsters (2004)

Die Maße werden in allgemeiner Form dargestellt, d.h. es wird zunächst nicht differenziert, ob über verschiedene Zeitreihen, Prognoseursprünge, Horizonte oder Methoden gemittelt wird. Als Mittelungsoperation wird durchgängig das arithmetische Mittel verwendet und die Diffusionszeitreihe wird in Form der Diffusionsrate betrachtet.

Alle aufgeführten Evaluationsmaße basieren auf dem Prognosefehler

$$e_j = x_j - \hat{x}_j$$

zwischen dem wahren, beobachteten Wert der Zeitreihe x_j und dem durch das Modell prognostizierten Wert $\hat{x}_j$.

Der mittlere Fehler (ME) entspricht dem einfachen arithmetischen Mittel der betrachteten Prognosefehler und ist damit ein skalenerhaltendes absolutes Maß, bei dem die Fehler proportional gewichtet werden. Während sich beim mittleren Fehler positive und negative Werte ausgleichen, ist dies beim mittleren absoluten Fehler (MAE) nicht der Fall. Ob ein Maß mit oder ohne Fehlerausgleich verwendet wird, richtet sich stark nach der Anwendungssituation. Wenn sich die Folgen aus Unter- und Überprognosen zwischen einzelnen Perioden ausgleichen können, sollte ein Maß mit Fehlerausgleich verwendet werden, andernfalls jedoch ohne. Mittlerer Fehler und mittlerer absoluter Fehler eigenen sich zur Identifikation systematischer Verzerrungen. Die anderen Maße zeigen hingegen den kombinierten Effekt aus Verzerrung und Streuung.

Im Gegensatz zum ME und MAE gewichtet der Mittlere quadratische Fehler (MSE) bzw. der RMSE große Abweichungen aufgrund der Quadrierung überproportional stark und reagieren daher sensibel auf Ausreißer. Besonders bei zeitreihenübergreifenden Vergleichen, können daher die Fehlerwerte für einzelne Zeitreihen das Ergebnis dominieren. Ohnehin ist die Eignung von ME, MAE und RMSE für zeitreihenübergreifende Betrachtungen sehr eingeschränkt, da sie als absolute Maße nicht dimensionslos sind und nur zum Vergleich verwendet werden können, wenn die Zeitreihen eine gemeinsame Skala bzw. inhaltlich vergleichbare bzw. verrechenbare (z.B. Umsatz in EUR) Dimension haben (Küsters 2004).

Der mittlere prozentuale Fehler sowie der mittlere absolute prozentuale Fehler sind im Unterschied dazu relative, dimensionslose Maße, zu deren Berechnung der Prognosefehler in Relation zum entsprechenden Wert der Zeitreihe gesetzt wird. Beide Maße geben dementsprechend eine mittlere prozentuale Abweichung zum Wert der Zeitreihe an. Die Werte unterscheiden sich lediglich dahingehend, dass beim MAPE der Betrag des Fehlers verwendet wird (kein Fehlerausgleich), während der MPE einen Ausgleich der Fehler vorsieht. Aufgrund der Berechnungsvorschrift sind MPE und MAPE nur für streng positive Zeitreihen geeignet. Die Werte werden in der Literatur und Praxis teilweise als Prozentwerte, teilweise aber auch ohne Multiplikation mit 100% ausgegeben. Da MPE und MAPE dimensionslos sind, eignen sie sich insbesondere für zeitreihenübergreifende Vergleiche bei unterschiedlichen Skalierungen bzw. Dimensionen der betrachteten Zeitreihen. Da in der Regel Über- und Unterprognosen als einander nicht ausgleichend eingestuft werden, ist der MAPE das in Theorie und Praxis verbreitetere Maß.

Der MAPE wird jedoch dahingehend kritisiert, dass vom Betrag her gleiche Über- und Unterprognosen bei der Berechnung unterschiedlich gewichtet werden. So ist der Wertebereich eines einzelnen APE (absoluter prozentualer Fehler) für Unterprognosen auf das Intervall $[0\%,100\%]$ beschränkt, während es bei Überprognosen nach oben hin offen ist $[0\%,+\infty\%)$. Zur Vermeidung dieser Problematik stellt Makridakis (1993) den symmetrischen $MAPE_s$ vor, der für positive und negative Abweichungen auf Werte zwischen 0% und 200% beschränkt ist. Allerdings gewichtet der $MAPE_s$ entgegen seiner Bezeichnung positive und negative Abweichungen keinesfalls gleich, sondern hat eine asymmetrische Risikofunktion (Goodwin und Lawton 1999, Koehler 2001). Daneben ist der $MAPE_s$ auch inhaltlich wesentlich schwieriger interpretierbar als der gewöhnliche MAPE.

Neben den in Tabelle III-9 aufgeführten Maßen, die sämtlich ohne Referenz zu einem Benchmark arbeiten, existieren auch benchmarkbasierte Verfahren (z.B. Theil's U2, GMRAE), bei denen der Prognosefehler des betrachteten Verfahrens in Relation zu einem Benchmark bewertet wird (Küsters 2004). Als Benchmark wird vielfach ein Random-Walk verwendet, was aber im Kontext von Wachstumskurvenmodellen aufgrund der S-förmigen Verlaufsformen nicht sinnvoll ist. Denkbar wäre jedoch das jeweilige Verfahren zu einem Benchmark-Modell, beispielsweise dem Bass-Modell, ins Verhältnis zu setzten.

Bei der Evaluation von Prognosen für Diffusionsprozesse stellt sich grundsätzlich die Frage, ob die Prognoseevaluation auf Basis der Zeitreihe von Diffusionsrate oder Diffusionsgrad erfolgen soll, da sich in Abhängigkeit davon zum Teil erhebliche Abweichungen beim Vergleich einzelner Modelle ergeben können. Außerdem sind nicht alle Prognoseevaluationsmaße in gleicher Weise für diese beiden unterschiedlichen Betrachtungsebenen geeignet. Die Entscheidung, ob die Zeitreihe der periodenbezogenen Daten oder die kumulierte Zeitreihe verwendet werden soll, richtet sich jedoch hautsächlich nach der Anwendungssituation und dem Interesse des Nutzers wie in III-5.1 ausgeführt.

Bei der Prognose der glockenförmigen Diffusionsrate, besonders wenn diese anstelle von absoluten in prozentualen Werten bzw. Anteilswerten ausgedrückt wird, tritt bei der Verwendung relativer Evaluationsmaße zu Beginn und zum Ende des Diffusionsprozesses das Problem auf, dass absolut unbedeutende Abweichungen aufgrund des sehr niedrigen Niveaus der Zeitreihe zu prozentual starken Abweichungen führen. Der Einfluss dieses Effektes auf den Vergleich unterschiedlicher Prognosen kann durch folgende Maßnahmen reduziert werden:

- Zum Vergleich der Prognosegüte unterschiedlicher Modelle für ein und dieselbe Zeitreihe sollten vorzugsweise absolute Maße wie der RMSE verwendet werden.
- Bei zeitreihenübergreifenden Betrachtungen kann durch die Verwendung des Medians (Md) als Mittelungsoperation die Robustheit gegenüber derartigen Ausreißern erhöht werden, so dass der MdAPE anstelle des MAPE berechnet wird. Dieses Vorgehen erscheint gegenüber der Verwendung des auf den Wertebereich $[0\%, 200\%]$ beschränkten $MAPE_s$ als sinnvollere Alternative, da der $MAPE_s$ wie bereits skizziert erhebliche Unzulänglichkeiten aufweist.

Im Folgenden soll erörtert werden, welche der betrachteten Evaluationsmaße für die Bewertung der Within-Sample-Anpassungsgüte und der Out-of-Sample-Prognosegüte besonders geeignet sind.

Evaluation der Within-Sample-Anpassungsgüte

Zur Bewertung der Within-Sample-Anpassungsgüte steht alternativ zu den genannten Maßen auch das ebenfalls dimensionslose Bestimmtheitsmaß R^2 zur Verfügung, das in empirischen Anwendungen von Wachstumskurvenmodellen weitverbreitete Anwendung findet. Obwohl das Bestimmtheitsmaß dimensionslos ist, hat es nicht den oben skizzierten Nachteil der relativen Maße und ist daher sowohl für zeitreihenübergreifende als auch zeitreihenimmanente Vergleiche geeignet. Bei Anwendung für die im Rahmen dieser Arbeit verwendeten nicht-linearen Modelle ist das Bestimmtheitsmaß

$$R^2 = 1 - \frac{\sum_{t=1}^{T} e_t^2}{\sum_{t=1}^{T} \left(y_t - \bar{y}\right)}$$

wegen des fehlenden Absolutgliedes (Achsenabschnitt) nicht auf den Wertebereich $[0,1]$ beschränkt. Es eignet sich aber dennoch als deskriptives Maß für die Anpassungsgüte des Modells (Greene 2003, S. 170).

Neben dem Bestimmtheitsmaß kann die Anpassungsgüte auch anhand des Within-Sample MSE, RMSE oder MAPE evaluiert werden. Da das Bestimmtheitsmaß die Vorteile relativer Maße ohne deren bereits erwähnte Nachteile bietet, wird es in den Teilen IV und V dieser Arbeit zur Bewertung der Anpassungsgüte verwendet.

Bewertung der Ex-ante-Prognosegüte

Zur Evaluation der Out-of-Sample-Prognosegüte, sowohl im Rahmen von rollierenden als auch statischen Prognosesimulationen, sind RMSE und MAPE weit verbreitet. Dabei eignet sich wie bereits erörtert der RMSE insbesondere für zeitreihenimmanente

Prognoseevaluationen, während der MAPE (bzw. MdAPE) für zeitreihenübergreifende Analysen besonders geeignet ist.

Neben der Prognosegenauigkeit für den Verlauf von Diffusionsrate und Diffusionsgrad liegt das Augenmerk auch auf der möglichst exakten Prognose des Sättigungsniveaus sowie der Lage und Ausprägung des Wendepunktes bzw. des Maximums der Diffusionsrate. Evaluationsmaße für beide Größen können aber nur berechnet werden, wenn der wahre Wert bekannt ist.[68] Abweichungen bei der Prognose des Maximums der Diffusionsrate sowie des Sättigungsniveaus können unproblematisch anhand von RMSE bzw. MAPE evaluiert werden. Zur Bewertung von Prognosen für den Zeitpunkt des Maximums der Diffusionsrate verwendet Islam (1996, S. 154f.) den mittleren absoluten Fehler (MAE). Dieser hat bei gleichen Zeitachsen (z.B. Jahresdaten) prinzipiell den Vorteil der leichten Interpretierbarkeit, allerdings kann es bei zeitreihenübergreifenden Vergleichen mit unterschiedlichen Zeitachsen oder bei unterschiedlich langen Diffusionsprozessen sinnvoll sein, auch in diesem Fall auf relative Maße zurückzugreifen.

Neben den genannten Evaluationsmaßen können bei zeitreihenübergreifenden Vergleichen der einzelnen Modelle auch abgeleitete Bewertungen, wie beispielsweise der Anteil zu dem ein Modell die höchste Prognose- bzw. Anpassungsgüte erreicht, zum Einsatz kommen.

[68] Das tatsächliche Sättigungsniveau ist in praktischen Anwendungen erst zum Abschluss des Diffusionsprozesses bekannt; eine Prognose ist zu diesem Zeitpunkt nicht mehr erforderlich.

8.7 Finale Prognose und Prognosekonfidenzintervalle

Nachdem in den einzelnen Schritten des Prognoseprozesses das beste oder zumindest ein zufriedenstellendes Modell für die betrachtete Zeitreihe identifiziert wurde, erfolgt die finale Prognose. Da die betrachteten Zeitreihen regelmäßig sehr kurz sind, empfiehlt es sich, die gesamte Datenbasis $\{x_1,\ldots,x_T\}$ als Grundlage zur Erstellung der finalen Prognose zu verwenden. Dies gilt auch, wenn zur Modellauswahl eine Prognosesimulation durchgeführt wird, bei der die Zeitreihe in eine Kalibrations- und eine Teststichprobe unterteilt wird.

Modellkategorie	Prognose Diffusionsgrad	Prognose Diffusionsrate
1) Globale nichtlineare Kurven für den Diffusionsgrad: $X_t = f_1(t)$	$\hat{X}_{T+h} = \hat{f}_1(T+h)$	$\hat{x}_{T+h} = \hat{f}_1(T+h) - \hat{f}_1(T+h-1)$
2) Linearisierte Modelle: $f_2(X_t) = a + bt$	$\hat{X}_{T+h} = f_2^{-1}\left[\hat{a} + \hat{b}(T+h)\right]$ mit f_2^{-1} als Umkehrfunktion	$\hat{x}_{T+h} = f_2^{-1}\left[\hat{a} + \hat{b}(T+h)\right]$ $-f_2^{-1}\left[\hat{a} + \hat{b}(T+h-1)\right]$
3) Autoregressive Modelle für a) Diffusionsrate	a) $\hat{X}_{T+h} = \hat{f}_{3a,T}\left[\hat{F}_T(h-1)\right] + \hat{F}_T(h-1)$ $\hat{F}_T(h) = \hat{X}_{T+h}$ rekursiv für $h = 1,\ldots,H$ mit $\hat{F}_T(0) = X_T$	a) $\hat{x}_{T+h} = \hat{f}_{3a,T}\left[\hat{F}_T(h-1)\right]$ $\hat{F}_T(h) = \hat{F}_T(h-1) + \hat{x}_{T+h}$ rekursiv für $h = 1,\ldots,H$ mit $F_T(0) = X_T$
b) Diffusionsgrad	b) $\hat{X}_{T+h} = f_{3b,T}\left[\hat{F}_T(h-1)\right]$ $\hat{F}_T(h) = \hat{X}_{T+h}$ rekursiv für $h = 1,\ldots,H$ mit $\hat{F}_T(0) = X_T$	b) $\hat{X}_{T+h} = f_{3b,T}\left[\hat{F}_T(h-1)\right] - \hat{F}_T(h-1)$ $\hat{F}_T(h) = \hat{X}_{T+h}$ rekursiv für $h = 1,\ldots,H$ mit $\hat{F}_T(0) = X_T$

Tabelle III-10: Prognoseformeln

Die Prognoseformeln für die Punktprognosen zum Prognoseursprung T und Prognosehorizont h sind für die in Abschnitt III-7.1 abgegrenzten Modellkategorien in Tabelle III-10 aufgeführt. Während die Berechnung der Prognosen für die Kategorien 2 und 3 unkompliziert ist, erfordern die autoregressiven Modelle eine rekursive Berechnung der Prognosewerte, ausgehend von der letzten verfügbaren Beobachtung. Die Prognoseformeln der nicht in der Tabelle aufgeführten hybriden Modelle (Modellkategorie 4) sind in hohem Maße modellspezifisch. Sofern die Modelle jedoch autoregressive Elemente beinhalten, ist im Regelfall wiederum eine rekursive Berechnung notwendig.

Prognosekonfidenzintervalle

Vielfach werden jedoch nicht nur die reinen Punktprognosen benötigt, sondern auch die zugehörigen Prognosekonfidenzintervalle. Die maßgebliche Arbeit zum Thema Konfidenzintervalle für Prognosen mit Wachstumskurvenmodellen stammt von Meade und Islam (1995b) und stellt 3 unterschiedliche Verfahren zur Berechnung der Prognosekonfidenzintervalle vor:

- *Prognosekonfidenzintervalle auf Basis einer Approximation der Varianz*
  Für die Erstellung der Intervallprognosen wird die Varianz der Prognosefehler durch eine Taylorreihenentwicklung approximiert. Basierend auf dieser geschätzten Varianz wird unter Annahme von Normalverteilung ein Konfidenzintervall für die zugrunde liegenden Punktprognosen berechnet.

- *Schätzung der expliziten Dichte des Prognosefehlers*
  Unter der Annahme, dass die Parameterschätzer des betrachteten Modells asymptotisch multivariat normalverteilt sind, wird der Wertebereich des Parametervektors anhand eines feinmaschigen Gitters diskretisiert. Bei 3 Modellparametern werden somit Würfel definiert, für deren Mittelpunkte die gemeinsame Wahrscheinlichkeit mittels multivariater Normalverteilung berechnet wird. Für sämtliche Würfelmittelpunkte, d.h. sämtliche mögliche Kombinationen der ein-

zelnen Parameter, wird das Modell ausgewertet. Durch Subtraktion des ursprünglich geschätzten Modells werden geschätzte Prognosefehler für sämtliche Parameterkombinationen berechnet. Anhand der empirischen Verteilung dieser Prognosefehler, deren Wahrscheinlichkeit der des entsprechenden Würfels im angelegten Gitter entspricht, werden die Prognosekonfidenzintervalle berechnet.

- *Intervallprognose mittels Bootstrapping*
  Zur Berechnung der Prognosekonfidenzintervalle mittels Bootstrapping wird das betrachtete Modell zunächst geschätzt und die resultierenden Residuen zwischen beobachteten und angepassten Werten berechnet. Aus diesen Residuen wird durch Ziehen mit Zurücklegen ein Set von Pseudo-Residuen generiert. Dieses Set von Pseudo-Residuen wird den durch das Modell angepassten Werten hinzuaddiert, so dass eine Zeitreihe aus Pseudo-Beobachtungen entsteht, für die das Modell wiederum geschätzt wird. Anhand des Ergebnisses dieser Schätzung wird eine Punktprognose der Pseudozeitreihe erstellt. Insgesamt wird eine große Zahl an Pseudozeitreihen generiert, so dass anhand der empirischen Verteilung der Prognosen dieser Pseudo-Zeitreihen Prognosekonfidenzintervalle abgeleitet werden können.

Eine Re-Analyse dieser 3 Verfahren anhand ausgewählter Zeitreihen hat ergeben, dass weder die Taylor-Approximation, die explizite Dichte, noch das Bootstrapping rundum überzeugende Intervallprognosen ergeben. Alle drei Verfahren tendierten, besonders bei langen Prognosehorizonten, zu teilweise erheblich zu engen Konfidenzintervallen (Wintz 2001). Weil jedoch Wachstumskurvenmodelle in erster Linie zur lang- und mittelfristigen Prognose verwendet werden, ist dieses Ergebnis problematisch.

Für eine detaillierte Darstellung zur Berechnung von Prognosekonfidenzintervallen für Wachstumskurvenmodelle wird auf Meade und Islam (1995b) verwiesen.

8.8 Fazit

Durch die Definition eines an die Besonderheiten der Prognose mit Wachstumskurvenmodellen angepassten Prognoseprozesses wurden die vielfach singulären Konzepte und Ansätze aus der Literatur in ein einheitliches Gesamtkonzept eingebettet. Für die einzelnen Prozessphasen wurden die zur Erstellung von erfolgreichen Neuproduktprognosen erforderlichen Analysen und Operationen aufgeführt und diskutiert.

Dabei hat sich gezeigt, dass sich sogar hinsichtlich der wichtigsten Prozessschritte, Modellauswahl und -schätzung, noch keine herrschende Meinung in der Literatur etabliert hat. Auch existieren nur wenige Vergleichsstudien zu diesen Themengebieten. Daher werden in den beiden folgenden Teilen dieser Arbeit detailliertere Untersuchungen zur Modellschätzung und Modellauswahl angestellt. Ziel dieser Analysen ist es, die bestehenden Ansatzpunkte zur Auswahl der Schätzverfahren und Modelle zu erweitern und ein konsistentes Vorgehen zu entwickeln. Dazu erfolgt zunächst eine umfangreiche Untersuchung zur Modellschätzung, damit die Analyse der Modellauswahl nicht durch ungeklärte Fragen hinsichtlich der Auswahl des Schätzverfahrens kontaminiert wird. Im Rahmen dieser Untersuchung werden die unterschiedlichen Schätzverfahren anhand einer Vielzahl von Zeitreihen, die sich hinsichtlich ihrer Länge, der Lage des Wendepunktes und der bereits erreichten Penetration unterscheiden, miteinander verglichen. Im Anschluss daran wird auf Basis der so verbesserten Erkenntnisse zur Modellschätzung das Thema Modellselektion eingehend behandelt.

IV Studie zur Modellschätzung

9 *Motivation und Ziel der Untersuchung*

Trotz der umfangreichen Literatur zur Prognose mit Wachstumskurvenmodellen behandeln nur wenige Arbeiten explizit den Einfluss unterschiedlicher Schätzverfahren auf die Prognosegüte. Wie bereits in Abschnitt III-8.5 erörtert, ist nach wie vor ungeklärt, welches der klassischen Verfahren, d.h. OLS, MLE und NLS, das mehrheitlich überlegene ist.[69] Immerhin herrscht Konsens, dass die gewöhnliche Kleinste-Quadrate-Schätzung der ML- und NLS-Schätzung vor allem aufgrund instabiler Parameterschätzer und des Time-Interval-Bias (vgl. Abschnitt III-8.5.2.1) unterlegen ist.[70] Ein direkter Vergleich von ML- und NLS-Schätzung fällt jedoch weit weniger klar aus. Zwar hat sich die NLS-Schätzung auf der Diffusionsrate als de facto Standard etabliert (Putsis und Srinivasan 2000). Umfangreiche Vergleichsstudien von ML- und NLS-Schätzung, die diese Entwicklung stützen, existieren jedoch nicht. Neben der grundlegenden Arbeit von Srinivasan und Mason (1986) zur Einführung der NLS-Schätzung, die an einer kleinen Zahl von lediglich vier Zeitreihen eine vergleichbare Prognosegüte von ML- und NLS-Schätzung feststellt, sowie Mahajan et al. (1986), die zumindest für einstufige Prognosen einen Vorteil zugunsten der NLS-Schätzung bestätigen, führen lediglich Hardie et al. (1998) einen systematischen Vergleich unterschiedlicher Schätzverfahren durch, wenn auch mit dem gegenteiligen Ergebnis leicht geringerer Prognosefehler der ML-Schätzung.

[69] Da bereits unklar ist, welches der genannten klassischen Verfahren überlegen ist, werden diese im Folgenden miteinander verglichen. Alternative Ansätze wie beispielsweise adaptive Schätzverfahren werden nicht betrachtet.

[70] Der Vollständigkeit halber wird die gewöhnliche Kleinste-Quadrate-Schätzung trotzdem in die Studie mit einbezogen.

Angesichts dieses uneinheitlichen Bildes sprechen nach dem derzeitigen Kenntnisstand in erster Linie die valideren Standardfehler der Parameterschätzer und die einfachere Handhabung für eine Verwendung der NLS-Schätzung. Neben der Frage, ob ein Schätzverfahren generell überlegen ist, ist vor allem von Interesse, ob einzelne Schätzverfahren für bestimmte Zeitreihentypen bzw. Anwendungssituationen besonders geeignet sind.

Daher ist es Ziel der folgenden Untersuchung, den Einfluss unterschiedlicher Schätzverfahren auf die Prognosegüte zu analysieren und anhand der Ergebnisse Empfehlungen zur Auswahl des Schätzverfahrens abzuleiten. Im Einzelnen soll untersucht werden, welche der folgenden Verfahren

- Gewöhnliche Kleinste-Quadrate-Schätzung (OLS)
- Maximum-Likelihood-Schätzung (MLE)
- NLS-Schätzung auf der Diffusionsrate (NLS)
- NLS-Schätzung auf dem Diffusionsgrad (NLS cum.)

für bestimmte Zeitreihencharakteristika die besten Ergebnisse, d.h. die höchste Prognosegüte erreichen. Analog zur Studie von Meade und Islam (1998) zur Modellauswahl werden als möglicherweise relevante Faktoren für die Auswahl eines Schätzverfahrens

1. die Zeitreihenlänge (Anzahl der zur Schätzung verwendeter Beobachtungen),
2. der Grad der bereits erreichten Penetration in Relation zum Sättigungsniveau (und damit implizit auch die Diffusionsgeschwindigkeit) sowie
3. die Lage des Wendepunktes inner- oder außerhalb der Kalibrationsstichprobe

untersucht.

Dabei ist von besonderem Interesse, ob Interaktionseffekte existieren, d.h. beispielsweise ob ein bestimmtes Schätzverfahren für besonders kurze Zeitreihen überlegen ist oder ob ein oder mehrere Verfahren unabhängig von den Zeitreihencharakteristika dominant sind.

Diese Analyse zur Auswahl des geeigneten Schätzverfahrens ist Bestandteil eines zweistufigen Vorgehens zur Verbesserung des Prognoseprozesses für Neuprodukt-prognosen mit Wachstumskurven. Zunächst soll hier in Teil IV die Frage der Auswahl des Schätzverfahrens näher untersucht und im Anschluss in Teil V ein verbessertes Verfahren zur Modellauswahl entwickelt werden.

10 Vorgehen

Der Gang der Untersuchung folgt einem dreistufigen Aufbau:

1. Zeitreihensimulation
2. Schätzung der simulierten Zeitreihen mit den betrachteten Schätzverfahren
3. Analyse der Ergebnisse der erfolgreichen Schätzungen

Um trennscharfe und nachvollziehbare Ergebnisse zu gewährleisten, werden für die Studie simulierte Daten verwendet, da anhand von empirischen Zeitreihen eine Analyse des Einflusses unterschiedlicher Charakteristika wie Zeitreihenlänge, erreichter Diffusionsgrad und Lage des Wendepunktes nicht möglich wäre. Dies liegt daran, dass zum einen die Eigenschaften empirischer Zeitreihen nicht in jedem Fall trennscharf bestimmt werden können und zum anderen empirische Zeitreihen nicht in einem für valide Ergebnisse erforderlichen Umfang verfügbar sind.

Die gesamte Untersuchung wird exemplarisch anhand des Bass-Modells durchgeführt, da eine modellspezifische Untersuchung des Einflusses unterschiedlicher Schätzverfahren auf die Prognosegüte zu komplex wäre. Die Auswahl des Bass-Modells erfolgt aus vier Gründen:

1. Das Bass-Modell ist mit Abstand am weitesten verbreitet, d.h. die Ergebnisse der Analyse haben die größte Auswirkung auf die Anwendung.
2. Das Bass-Modell beinhaltet zusätzlich das logistische Modell und die Exponentialfunktion als Grenzfälle.
3. Das Bass-Modell (einfaches und autoregressives Bass-Modell) ist mit sämtlichen hier betrachteten Verfahren schätzbar.
4. Die Vergleichbarkeit der Ergebnisse mit den bisherigen Untersuchungen ist gewährleistet, da diese ebenfalls das Bass-Modell verwenden.

10.1 Simulation der Zeitreihen

Da die gesamte Untersuchung durchgängig anhand des Bass-Modells erfolgt, wird dieses Modell auch zur Simulation der Zeitreihen verwendet. So wird sichergestellt, dass der wahre Datengenerierungsprozess (DGP) bekannt ist und Effekte einer fehlerhaften Modellauswahl das Ergebnis nicht beeinflussen.

Zur Analyse von Interaktionseffekten zwischen Schätzverfahren und Zeitreihenlänge, erreichtem Penetrationsniveau sowie der Lage des Wendepunktes inner- vs. außerhalb der Kalibrationsstichprobe soll ein faktorielles Design mit folgendem Aufbau verwendet werden:

- 5 unterschiedliche Zeitreihen-Längen (17, 20, 23, 26, 30 Beobachtungen). 10 Beobachtungen werden jeweils als Teststichprobe zurückgehalten und nicht zur Modellschätzung verwendet.
- 3 unterschiedliche Niveaus für den Grad der bereits erreichten Penetration innerhalb der Kalibrationsstichprobe. Für die letzte Beobachtung der Kalibrationsstichprobe X_N werden die folgenden Grenzen in Relation zum Sättigungsniveau m festgelegt:
  - $0,5m \leq X_N < 1m$
  - $0,3m \leq X_N < 0,5m$
  - $0,05m \leq X_N < 0,3m$
- Wendepunkt innerhalb der Kalibrationsstichprobe (Ja/Nein). Ein Wendepunkt innerhalb der Kalibrationsstichprobe ist beim Bass-Modell nur bei Penetrationsniveaus $\leq 0,5m$ möglich.[71]

Ein vollständiges faktorielles Design würde demzufolge aus 30 Kategorien (5 Längen x 3 Penetrationsniveaus x 2 Wendepunkt-Alternativen) bestehen (z.B. Malhotra und

---

[71] Für den Funktionswert des Bass-Modells am Wendepunkt gilt per Modelldefinition $X(t^*) \leq 0,5m$.

Birks 2003, S. 277). Aufgrund der modellbedingt beschränkten Flexibilität des Wendepunktes sind jedoch 5 Kombinationen nicht möglich. Daher resultiert insgesamt ein Untersuchungsdesign bestehend aus 25 Zeitreihenkategorien. Wegen dieser Unvollständigkeit wird das verwendete Design in dieser Arbeit als „quasi-faktoriell" bezeichnet.

Datensatztyp	Anzahl Datensätze	Zeitreihenlänge	Kalibrationsstichprobe	Erreichte Penetration	Wendepunkt in Kalibrationsstichprobe
1	250	30	20	$0,5m \leq X_N < 1m$	Ja
2	250	30	20	$0,3m \leq X_N < 0,5m$	Nein
3	250	30	20	$0,3m \leq X_N < 0,5m$	Ja
4	250	30	20	$0,05m \leq X_N < 0,3m$	Nein
5	250	30	20	$0,05m \leq X_N < 0,3m$	Ja
6	250	26	16	$0,5m \leq X_N < 1m$	Ja
7	250	26	16	$0,3m \leq X_N < 0,5m$	Nein
8	250	26	16	$0,3m \leq X_N < 0,5m$	Ja
9	250	26	16	$0,05m \leq X_N < 0,3m$	Nein
10	250	26	16	$0,05m \leq X_N < 0,3m$	Ja
11	250	23	13	$0,5m \leq X_N < 1m$	Ja
12	250	23	13	$0,3m \leq X_N < 0,5m$	Nein
13	250	23	13	$0,3m \leq X_N < 0,5m$	Ja
14	250	23	13	$0,05m \leq X_N < 0,3m$	Nein
15	250	23	13	$0,05m \leq X_N < 0,3m$	Ja
16	250	20	10	$0,5m \leq X_N < 1m$	Ja
17	250	20	10	$0,3m \leq X_N < 0,5m$	Nein
18	250	20	10	$0,3m \leq X_N < 0,5m$	Ja
19	250	20	10	$0,05m \leq X_N < 0,3m$	Nein
20	250	20	10	$0,05m \leq X_N < 0,3m$	Ja
21	250	17	7	$0,5m \leq X_N < 1m$	Ja
22	250	17	7	$0,3m \leq X_N < 0,5m$	Nein
23	250	17	7	$0,3m \leq X_N < 0,5m$	Ja
24	250	17	7	$0,05m \leq X_N < 0,3m$	Nein
25	250	17	7	$0,05m \leq X_N < 0,3m$	Ja

Tabelle IV-1: Simulationsstudie zur Modellschätzung – Übersicht der generierten Zeitreihen

Um zuverlässige Aussagen zu ermöglichen, sollen pro Kategorie 250 Zeitreihen simuliert werden, d.h. insgesamt werden 6250 Datensätze generiert. Tabelle IV-1 zeigt eine Übersicht der entsprechend dem Untersuchungsdesign zu generierenden Zeitreihen.

Für die Simulation wird die realistische Annahme getroffen, dass die Variation der Zeitreihe periodenbezogen, d.h. auf der Diffusionsrate entsteht. Dementsprechend wird zur Simulation der Zeitreihen das einfachen Bass-Modells der Form

$$x_t = m\left(F(t) - F(t-1)\right) + \varepsilon_t$$

mit

$$F(t) = \frac{1 - \exp\left(-(p+q)t\right)}{1 + \frac{q}{p}\exp\left(-(p+q)t\right)}$$

und ε_t als additivem normalverteilten Fehlerterm $N\left(0;\sigma^2\right)$ verwendet.

Die Zeitreihensimulation erfolgt analog zum Vorgehen von Meade und Islam (1998). Dabei werden für jede zu simulierende Zeitreihe die Modellparameter p und q ebenso wie die Varianz des Fehlerterms als Zufallszahlen aus einer Gleichverteilung gezogen. Die Unter- und Obergrenzen der zur Simulation der Modellparameter p und q verwendeten Gleichverteilung wurden von Islam (1996) anhand von empirischen Zeitreihen ermittelt. Als Unter- und Obergrenzen für die Parameter des Bass-Modells werden entsprechend die folgenden Intervalle verwendet:

- Koeffizient des externen Einflusses $p \in [0{,}001;0{,}03]$
- Koeffizient des internen Einflusses $q \in [0{,}05;0{,}6]$.

Für das Sättigungsniveau wird eine maximale Penetration der Grundpopulation zwischen 50% und 100% angenommen. Das Intervall für die zur Simulation des Parameters m verwendete Gleichverteilung beträgt infolgedessen $[0{,}5;1]$.

Die Varianz des Fehlerterms wird aus einer Gleichverteilung mit den Grenzen $[0{,}000001;0{,}0001]$ gezogen, d.h. die Standardabweichung liegt im Intervall $[0{,}001;0{,}01]$.[72] Basierend auf dieser zeitreihenspezifischen Varianz σ^2 werden Fehlerterme in der notwendigen Anzahl, d.h. entsprechend der Zeitreihenlänge aus einer Normalverteilung $N(0;\sigma^2)$ generiert.

Die Erzeugung der Zufallszahlen erfolgt mit der konsolenbasierten Open Source Statistiksoftware R in der Version 2.7.0 (R Development Core Team 2008). Für gleichverteilte Zufallszahlen wird die Funktion `runif()`, für normalverteilte Zufallszahlen die Funktion `rnorm()` verwendet. Um die Reproduzierbarkeit der Ergebnisse zu gewährleisten, wird der Zufallszahlengenerator jeweils mit der Funktion `set.seed()` initialisiert. Alle nachfolgend in diesem Teil der Arbeit beschriebenen Schätzungen und Auswertungen werden ebenfalls mit dieser Software durchgeführt.

Für die Simulation einer Zeitreihe $\{x_1,\ldots,x_T\}$ der Länge T werden die Funktionswerte für $t=1,\ldots,T$ anhand der erzeugten Parameter p,q,m berechnet und die normalverteilten Modellfehlerterme ε_t hinzuaddiert. Dabei kann die Problematik auftreten, dass einzelne Werte x_t der erzeugten Zeitreihe negativ sind, insbesondere bei kleinen Funktionswerten zu Beginn und Ende des Diffusionsprozesses und gleichzeitig großer Varianz des Fehlerterms. Dieses Problem könnte nur durch die Verwendung eines heteroskedastischen Fehlerterms, dessen Varianz sich proportional zum Wert der Zeitreihe verhält, umgangen werden. In diesem Fall wäre auch die von van den Bulte und Lilien (1997) verwendete Zeitreihensimulation mit einem log-normalverteilten multiplikativen Fehlerterm eine mögliche Alternative. Aus den bereits in Abschnitt III-7.2

---

[72] Die von Meade und Islam (1998) bei der Erzeugung von Zeitreihen des Diffusionsgrades verwendeten Grenzen für die Varianz von $[0{,}0001;0{,}001]$ sind für Simulationen der Diffusionrate deutlich zu groß, da die Fehlerterme so regelmäßig ein Mehrfaches des Funktionswertes betragen.

thematisierten Gründen (mehrheitlich sind empirische Zeitreihen homoskedastisch / schwierige Identifizierbarkeit alternativer Fehlerstrukturen bei kurzen Zeitreihen) wird jedoch, wie auch bei Meade und Islam (1998), eine homoskedastische Varianz des Fehlerterms unterstellt.

Zur Generierung der in Tabelle IV-1 aufgeführten Datensätze wird pro Zeitreihenkategorie das folgende dreistufige Vorgehen verwendet:

1. Simulation einer Zeitreihe mit einer der Kategorie entsprechenden Länge.
2. Prüfung, ob alle Beobachtungen der simulierten Zeitreihe positiv sind. Ist dies nicht der Fall, wird die Zeitreihe verworfen.[73]
3. Besteht die Zeitreihe aus ausschließlich positiven Werten, wird geprüft, ob die Zeitreihe die Kriterien der jeweiligen Kategorie hinsichtlich erreichtem Penetrationsniveau und Lage des Wendepunktes erfüllt. Die Lage des Wendepunktes wird sowohl mit Hilfe des tatsächlichen Maximums der Diffusionsrate als auch anhand der theoretischen Lage entsprechend der Modellparameter (vgl. Abschnitt II-2.2) verifiziert.[74] Zeitreihen, die den Kriterien nicht entsprechen, werden verworfen.

Es werden so viele Zeitreihen generiert, bis sämtlichen Kategorien 250 Zeitreihen zugeordnet sind. Da das Bass-Modell auf unterschiedliche Kombinationen der Parameter p und q relativ erratisch reagiert, ist eine gezieltere Simulation der Zeitreihen für einzelne Zeitreihenkategorien nicht möglich. Für die Schätzung von Zeitreihen auf dem Diffusionsgrad werden die simulierten Zeitreihen einfach aufkumuliert.

---

[73] Ein dabei eventuell auftretender Survivor-Bias ist für den Vergleich der Schätzverfahren von untergeordneter Bedeutung, da alle betrachteten Verfahren davon gleichermaßen betroffen sind.

[74] Verschiebungen zwischen den beiden Betrachtungsweisen können durch die Fehlerterme bedingt sein.

10.2 Schätzung der generierten Zeitreihen

Zur Schätzung der Zeitreihen werden diese zunächst in Kalibrations- und Teststichprobe unterteilt, wobei die Teststichprobe bei allen Zeitreihenkategorien 10 Beobachtungen umfasst. Die Schätzung des Bass-Modells auf den simulierten Zeitreihen erfolgt mit den fünf für die Untersuchung ausgewählten Verfahren[75]:

1. OLS – Gewöhnliche Kleinste-Quadrate-Schätzung des autoregressiven Bass-Modells.
2. MLE – Maximum-Likelihood-Schätzung.
3. NLS – Nicht-lineare Kleinste-Quadrate-Schätzung auf der Diffusionsrate; Annahme einer konstanten Varianz des Fehlerterms.
4. NLS cum. – Nicht-lineare Kleinste-Quadrate-Schätzung anhand des Diffusionsgrades unter der Annahme eines unabhängig identisch verteilten Fehlerterms. Dieser Ansatz ist ausdrücklich nicht konform zu der bei der Datensimulation getroffenen Annahme eines periodenbezogenen Fehlerterms und ist auch unter theoretischen Gesichtspunkten wenig plausibel (vgl. Abschnitt III-7.2). Er wird hier aber der Vollständigkeit halber aufgenommen, da er verschiedentlich in der Literatur Anwendung findet (u.a. Meade und Islam 1995a, 2001 und Hardie et al. 1998).
5. WNLS cum. – Gewichtete, nicht-lineare Kleinste-Quadrate-Schätzung des Diffusionsgrades. Es wird dabei eine homoskedastische Varianz der Diffusionsrate angenommen. Aufgrund der Kumulation der homoskedastischen Diffusionsrate hat der Modellfehlerterm die Struktur $v_t = \sum_{i=1}^{t} \varepsilon_i$ mit $\varepsilon_i \sim i.i.d.$ und der Varianz

[75] Eine detaillierte Darstellung der verwendeten Schätzverfahren findet sich in Abschnitt III-8.5.2

$V(v_t) = \sum_{i=1}^{t} \sigma_\varepsilon^2 = t\sigma_\varepsilon^2$. Im Rahmen der Optimierung erfolgt dementsprechend die Gewichtung $\mathbf{w} = (1,\ldots,N)$ mit N als letzter Beobachtung innerhalb der Kalibrationsstichprobe. Hinsichtlich der Fehlerstruktur entspricht dieses Vorgehen dem der nicht-linearen Kleinste-Quadrate-Schätzung der Diffusionsrate unter Punkt 3.

Zur Modellschätzung wird mit Ausnahme der OLS-Schätzung der Nelder-Mead-Simplex-Algorithmus (vgl. Abschnitt III-8.5.2.4) implementiert in der R-Funktion `optim()` zur numerischen Optimierung verwendet. Dabei werden maximal 8000 Iterationen bis zum Erreichen der Konvergenz des Verfahrens zugelassen.[76]

Die für die numerische Optimierung erforderlichen Startwerte für p und q orientieren sich an den Erwartungswerten der Gleichverteilung anhand derer die Parameter für die Zeitreihensimulation generiert wurden. Die verwendeten Startwerte lauten $\hat{p}_0 = 0{,}015$ und $\hat{q}_0 = 0{,}3$. Als Startwert für den Parameter des Sättigungsniveaus m wird das Maximum des Diffusionsgrades innerhalb der Kalibrationsstichprobe herangezogen, d.h. die letzte Beobachtung des Diffusionsgrades innerhalb der Kalibrationsstichprobe $\hat{m}_0 = X_N$. Da bei der ML-Schätzung die Parameter p, q und m nicht direkt, sondern die Proxy-Schätzer a, b und c geschätzt werden (vgl. Abschnitt III-8.5.2.2), sind auch die Startwerte entsprechend zu transformieren: $\hat{a}_0 = \frac{\hat{q}_0}{\hat{p}_0}$, $\hat{b}_0 = \hat{p}_0 + \hat{q}_0$ und $\hat{c}_0 = \frac{\hat{m}_0}{M}$.

[76] Durch die Wahl einer hohen Obergrenze für die Zahl der Iterationen wird sichergestellt, dass eine eventuelle Nicht-Konvergenz der Schätzung nicht auf eine unzureichende Zahl an Iterationen zurückzuführen ist. In der großen Mehrzahl der Fälle konvergiert die Schätzung bei unter 100 Iterationen.

Die Parameterschätzung wird anhand der zum Prognoseursprung verfügbaren exogenen Informationen restringiert, um die Konvergenz des Algorithmus zu erhöhen und das Risiko extremer Fehlprognosen zu reduzieren (vg. Abschnitt III-8.5.2.5). Die Restringierung der Schätzung erfolgt mit der ebenfalls in Abschnitt III-8.5.2.5 dargestellten Logit-Transformation (Küsters 1987, Maddala 1983). Für den Parameter des Sättigungsniveaus m wird das Intervall $(0,1]$ als Restriktion verwendet; die Parameter p und q werden jeweils de facto auf Werte größer als Null beschränkt.[77] Bei Verwendung der Logit-Transformation ist es notwendig, die Startwerte der Parameterschätzer ebenfalls entsprechend zu transformieren. Beispielsweise ergibt sich für den Parameter p mit dem Startwert $\hat{p}_0 = 0,015$ und der Beschränkung $p \in \left[\underline{p} = 10^{-7}, \overline{p} = 10^{12} \right]$ nach Anwendung der inversen Transformation $\ln\left(\frac{\underline{p} - \hat{p}_0}{\hat{p}_0 - \overline{p}} \right)$ ein Startwert von $-31,83$.

Für alle Zeitreihen, bei denen der Optimierungsalgorithmus erfolgreich konvergiert, werden jeweils zehnstufige Prognosen für den Zeitraum der Teststichprobe sowohl für Diffusionsrate und Diffusionsgrad berechnet.

[77] Als tatsächliche Untergrenze für alle drei Parameterschätzer wird 10^{-7} verwendet. Um in der Logit-Transformation $+\infty$ als Obergrenze für die Parameter p und q zu vermeiden, werden diese mit einer oberen Schranke von 10^{12} restringiert. Diese Schranke liegt weit oberhalb typischer empirischer Werte.

11 *Analyse und Ergebnisse*

11.1 Vergleich des Schätzerfolgs der unterschiedlichen Verfahren

Zunächst sollen die einzelnen Schätzverfahren hinsichtlich ihrer Eignung die betrachteten Zeitreihen erfolgreich zu schätzen, untersucht werden. Als erfolgreich werden die Schätzungen eingestuft, wenn alle folgenden Bedingungen erfüllt sind:

- Konvergenz des Optimierungsverfahrens.
- Alle Modellparameterschätzer sind reelle Zahlen.
- Alle Modellparameterschätzer sind größer Null (bei den numerischen Verfahren sichergestellt durch die Restriktionen, insbesondere relevant für OLS-Schätzung)
- Der Parameterschätzer $\hat{m}$ ist größer oder gleich der letzten Beobachtung des Diffusionsgrades innerhalb der Kalibrationsstichprobe $\left(\hat{m} \geq X_N\right)$ und kleiner oder gleich der oberen Schranke des Sättigungsniveaus von 1 $\left(\hat{m} \leq 1\right)$.
- Das Bestimmtheitsmaß der Anpassungsgüte für Diffusionsrate und -grad ist größer oder gleich Null $\left(R_{DR}^2 \geq 0 \wedge R_{DG}^2 \geq 0\right)$. Bei nicht-linearer Regression ist es grundsätzlich möglich, dass das Bestimmtheitsmaß negative Werte annimmt. Dies ist jedoch bei den hier betrachteten Zeitreihen nur dann der Fall, wenn die Schätzung de facto erfolglos war und das resultierende Modell vollkommen ungeeignet ist.

Mit Ausnahme der OLS-Schätzung ist der Anteil erfolgreicher Schätzungen von im Durchschnitt über 90% sehr hoch; den höchsten Anteil erfolgreicher Schätzungen verzeichnen ML- und NLS-Schätzung mit jeweils ~98% erfolgreichen Schätzungen. Während die NLS-Schätzung des Diffusionsgrades (NLS-cum) noch auf ~95% und die gewichtete NLS-Schätzung des Diffusionsgrades auf ~92,5% erfolgreiche Schätzungen kommen, liegt die OLS-Schätzung deutlich abgeschlagen bei ~73% erfolgreichen

Schätzungen, was vor allem auf die relativ häufig auftretenden negativen Parameterschätzer zurückzuführen ist.

In Tabelle IV-2 wird der Schätzerfolg der einzelnen Verfahren in Abhängigkeit von der Zeitreihenlänge betrachtet. Dabei wird zum einen deutlich, dass die Zeitreihenlänge allenfalls einen geringen Einfluss auf den Schätzerfolg hat. Außerdem ist klar zu erkennen, dass NLS und MLE durchgängig den höchsten Anteil erfolgreicher Schätzungen zu verzeichnen haben; ein deutlicher Unterschied hinsichtlich des Schätzerfolgs existiert zwischen den beiden Verfahren nicht.[78] Daneben sind auch keine Interaktionseffekte, d.h. die besondere Eignung einzelner Verfahren für bestimmte Zeitreihenlängen, erkennbar.

	Schätzverfahren					
Länge der Kalibrationsstichprobe	OLS	MLE	NLS	NLS-cum	weighted NLS-cum	Gesamt
20	74,2%	**97,5%**	97,4%	95,2%	92,8%	91,4%
16	74,1%	98,1%	**98,2%**	95,8%	92,7%	91,8%
13	69,6%	97,8%	**98,0%**	95,4%	92,3%	90,6%
10	70,5%	**97,1%**	**97,1%**	94,2%	91,6%	90,1%
7	75,0%	**98,8%**	**98,8%**	96,6%	93,3%	92,5%
Gesamt	72,7%	**97,9%**	**97,9%**	95,4%	92,5%	91,3%

Tabelle IV-2: Anteil erfolgreicher Modellschätzung in Abhängigkeit von der Zeitreihenlänge

Auch die Lage des Wendepunktes inner- oder außerhalb der Kalibrationsstichprobe hat insgesamt nur einen geringen Einfluss auf den Schätzerfolg (Tabelle IV-3). Bei den numerischen Schätzverfahren ist erwartungsgemäß der Anteil erfolgreicher Schätzungen bei einem Wendepunkt innerhalb der Kalibrationsstichprobe leicht erhöht. Para-

[78] Die jeweils besten Werte in den Tabellen Tabelle IV-2 bis Tabelle IV-4 werden durch Fettdruck verdeutlicht.

doxerweise hat ein Wendepunkt innerhalb der Kalibrationsstichprobe bei OLS negativen Einfluss auf den Schätzerfolg.

	Schätzverfahren					
Wendepunkt in Kalibrationsstichprobe	OLS	MLE	NLS	NLS-cum	weighted NLS-cum	Gesamt
ja	63,2%	**99,2%**	99,2%	97,3%	94,9%	90,8%
nein	79,0%	97,0%	**97,1%**	94,2%	91,0%	91,6%
Gesamt	72,7%	**97,9%**	**97,9%**	95,4%	92,5%	91,3%

Tabelle IV-3: Anteil erfolgreicher Modellschätzung in Abhängigkeit von der Lage des Wendepunktes

Einen leicht stärkeren Einfluss als die Kriterien Zeitreihenlänge und Lage des Wendepunktes hat die am Prognoseursprung erreichte Penetration in Relation zum wahren Sättigungsniveau auf den Erfolg der Schätzung (Tabelle IV-4). Insbesondere Zeitreihen, die zum Prognoseursprung weniger als 30% des Sättigungsniveaus *m* erreicht haben, werden in geringerem Ausmaß erfolgreich geschätzt.

	Schätzverfahren					
Penetration am Prognoseursprung	OLS	MLE	NLS	NLS-cum	weighted NLS-cum	Gesamt
[0,05m-0,3m)	60,4%	95,7%	**95,8%**	90,5%	84,8%	85,4%
[0,3m-0,5m)	75,2%	**99,1%**	**99,1%**	98,3%	96,9%	93,7%
[0,5m-1m)	92,2%	**99,7%**	**99,7%**	99,6%	99,3%	98,1%
Gesamt	72,7%	**97,9%**	**97,9%**	95,4%	92,5%	91,3%

Tabelle IV-4: Anteil erfolgreicher Modellschätzung in Abhängigkeit von der erreichten Penetration

Schließlich ist hinsichtlich des Schätzerfolges festzuhalten, dass bei NLS und MLE der Anteil erfolgreicher Schätzungen de facto gleich ausfällt. Abgesehen von den dargestellten Untersuchungsergebnissen hat jedoch die NLS-Schätzung gegenüber der MLE-Schätzung den Vorteil, dass sie nicht zwangsläufig auf Restriktionen angewiesen ist. Versuche die MLE-Schätzer in unrestringierter Schätzung zu ermitteln, haben sich als nahezu erfolglos erwiesen, da der Optimierungsalgorithmus in diesen Fällen nur sehr selten konvergiert.

11.2 Vergleich der Within-Sample-Anpassungsgüte

Zum Vergleich der Within-Sample-Anpassungsgüte und der Out-of-Sample-Prognosegüte werden im Folgenden nur Zeitreihen verwendet, die jeweils von allen fünf Verfahren erfolgreich geschätzt wurden. Zur Bewertung der Anpassungsgüte innerhalb der Kalibrationsstichprobe werden primär das Bestimmtheitsmaß R^2 und der MAPE verwendet. Neben dem einfachen MAPE wird auch der von Makridakis (1993) vorgeschlagene symmetrische $MAPE_s$, der wie in Abschnitt III-8.6.3.2 gezeigt, die Asymmetrie des gewöhnlichen MAPE vermeidet, als zusätzliches Kriterium angegeben.

Einen ersten Überblick über die mit den einzelnen Schätzverfahren erreichte Anpassungsgüte gibt Tabelle IV-5. Zur Querschnittsanalyse der betrachteten Zeitreihen werden Mediane als robuste, ausreißerresistente Mittelwerte verwendet, d.h. alle in der Tabelle angegebenen Werte sind Mediane der Einzelwerte. So geben beispielsweise die in der Tabelle aufgeführten Werte für den MAPE den Median der einzelnen MAPE wieder. Der jeweils beste Wert wird dabei durch Fettdruck herausgestellt.

		Schätzverfahren				
Daten-grundlage	Statistik (Median)	OLS	MLE	NLS	NLS-cum	weighted NLS-cum
Diffusions-rate	R^2	0,732	0,756	**0,760**	0,751	0,739
	MAPE	18,7%	**17,3%**	17,7%	17,6%	17,7%
	$MAPE_s$	17,1%	**16,1%**	16,3%	16,4%	16,4%
Diffusions-grad	R^2	**0,999**	**0,999**	**0,999**	**0,999**	**0,999**
	MAPE	5,0%	4,4%	4,8%	4,5%	**4,2%**
	$MAPE_s$	4,9%	4,4%	4,8%	4,5%	**4,2%**

Tabelle IV-5: Within-Sample-Anpassungsgüte

Analog zu den erstellten Prognosen werden die betrachteten Maße jeweils für Diffusionsrate und -grad separat ausgewiesen. Erwartungsgemäß fallen die gleichen Fehlermaße beim Diffusionsgrad deutlich niedriger aus als bei der Diffusionsrate. Diese Tatsache unterstreicht noch einmal die Notwendigkeit, bei zeitreihen- und verfahrensübergreifenden Vergleichen stets die Verwendung derselben Betrachtungsebene sicherzustellen. Dieser Umstand erschwert auch Quervergleiche zur Prognosegüte anhand der Literatur, da nur in den wenigsten Arbeiten explizit herausgestellt wird, ob sich die ermittelten Fehlermaße auf Diffusionsgrad oder -rate beziehen. Vielfach kann die Betrachtungsebene nur aus dem Zusammenhang geschlossen bzw. vermutet werden.

Für die Wahl der Betrachtungsebene ist der Anwendungskontext ausschlaggebend. Wird eine Prognose der Diffusionsrate benötigt, werden die entsprechenden Fehlermaße für die Diffusionsrate als Kriterien für die Modellauswahl oder auch die Auswahl des geeigneten Schätzverfahrens verwendet; analog wird für den Diffusionsgrad vorgegangen.

Im Einzelnen ist in Tabelle IV-5 zu erkennen, dass für die Diffusionsrate die einfache NLS-Schätzung das höchste Bestimmtheitsmaß mit 0,76 aufweist, während für die Maximum-Likelihood-Schätzung der geringste MAPE und $MAPE_s$ mit im Mittel 17,3% bzw. 16,1% resultieren. Die Unterschiede zwischen den einzelnen Verfahren, insbesondere zwischen der MLE- und NLS-Schätzung sind jedoch relativ gering. Die gewöhnliche Kleinste-Quadrate-Schätzung schneidet bei allen drei Fehlermaßen am schlechtesten ab.

Bei der Analyse des Diffusionsgrades sticht das sehr hohe Bestimmtheitsmaß heraus, das bei allen Verfahren bei 0,999 liegt. Dieser Effekt wird durch die mit der Kumulation der Zeitreihe verbundenen Glättung bedingt. Während beim Bestimmtheitsmaß zumindest auf drei Nachkommastellen keine Unterschiede erkennbar sind, weist die gewichtete Kleinste-Quadrate-Schätzung des Diffusionsgrades (weighted NLS-cum) mit im Mittel 4,2% den geringsten MAPE und $MAPE_s$ auf. Wobei auch hier wiederum die Unterschiede zwischen den Verfahren gering sind und alle Werte für MAPE und $MAPE_s$ kleiner oder gleich 5% sind. Die in Tabelle IV-5 aufgeführten Ergebnisse lassen jedoch noch keine Rückschlüsse darauf zu, ob ein Schätzverfahren eventuell für bestimmte Zeitreihen und Anwendungssituationen eine besonders hohe Anpassungsgüte erzielt.

Abbildung IV-1 illustriert die in Tabelle IV-5 gezeigten Daten zum einen anhand (a) eines Boxplots[79] des Bestimmtheitsmaßes R^2 für die Diffusionsrate sowie (b) Interaktionsplots zur Abhängigkeit von Schätzverfahren und Zeitreihenlänge, (c) Lage des Wendepunktes in Relation zur Kalibrationsstichprobe und (d) der zum Ende der Kalibrationsstichprobe erreichten Penetration.

Der Boxplot zeigt zum einen, dass die NLS-Schätzung die besten Ergebnisse erzielt, andererseits wird aber auch deutlich, wie nahe bei einander die Ergebnisse der einzelnen Verfahren liegen. Auch die Interaktionsplots bestätigen die NLS-Schätzung als leicht überlegenes Verfahren hinsichtlich des Bestimmtheitsmaßes. Der nahezu parallele Verlauf der Linien für die Mittelwerte der einzelnen Faktoren gibt keinen Hinweis auf Interaktionseffekte. Insgesamt erreicht die NLS-Schätzung gemessen anhand des Bestimmtheitsmaßes R^2 für die Diffusionsrate und die hier betrachteten Konstellationen knapp die höchste Anpassungsgüte.

[79] In der im Rahmen dieser Arbeit verwendeten Fassung des Boxplots entsprechen die Whiskers dem äußersten Datenpunkt, der nicht weiter als der 1,5-fache Interquartilsabstand von der Box entfernt ist. Zusätzlich zum Median werden Notches als Indikator für signifikante Unterschiede angezeigt, d.h. wenn die Notches zweier Plots nicht überlappen, ist dies eine starke Evidenz dafür, dass der wahre Wert der beiden Mediane sich unterscheidet (Chambers et al. 1983, R 2.7.0 Documentation).

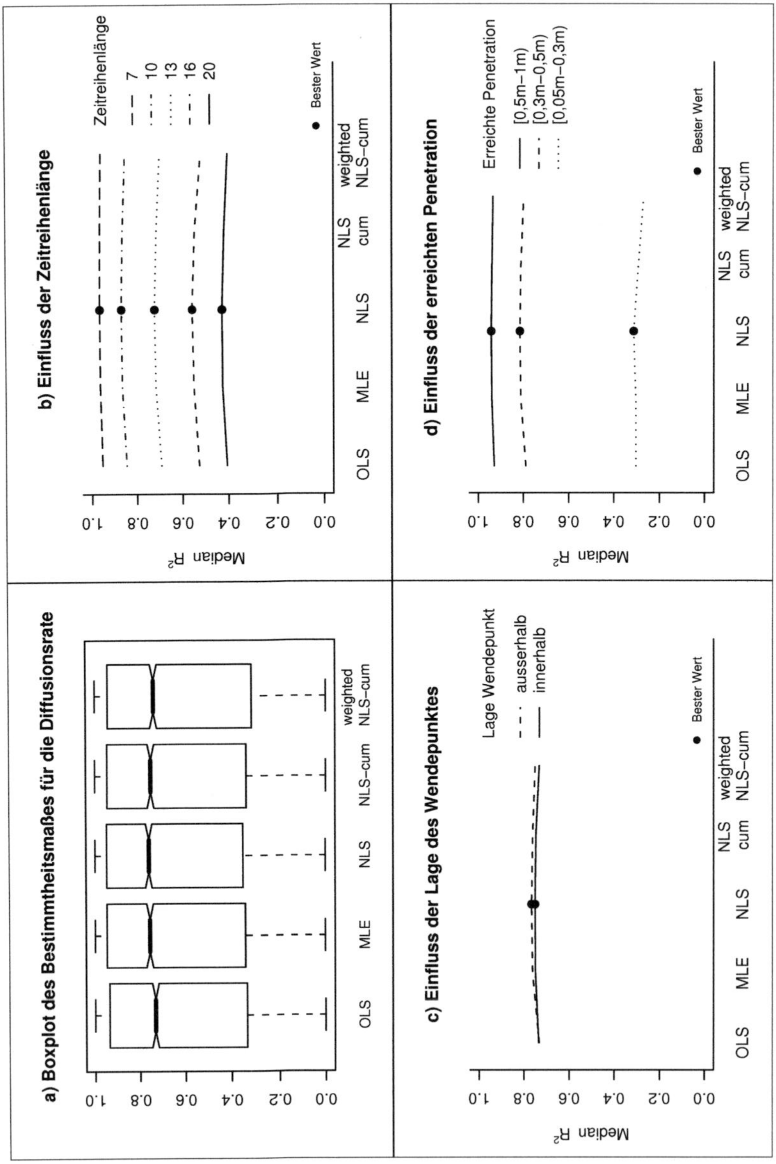

Abbildung IV-1: Bestimmtheitsmaß R^2 für die Diffusionsrate: Boxplot und Interaktionsplots

Wird hingegen der Within-Sample MAPE als Kriterium verwendet, ergibt sich ein deutlich anderes Bild (vgl. Abbildung IV-2). Mit einem Median des MAPE von insgesamt 17,3% schneidet die ML-Schätzung nicht nur insgesamt am besten ab, sondern ist auch in der überwiegenden Mehrheit der Ausprägungen von Zeitreihenlänge, Lage des Wendepunktes und erreichter Penetration das überlegene Verfahren. Allerdings sind auch in diesem Fall die Unterschiede zwischen den einzelnen Verfahren gering. Für die Diffusionsrate sind daher die Resultate für die Bewertung der Anpassungsgüte zum einen wenig trennscharf und zum anderen widersprüchlich hinsichtlich der Kriterien MAPE und R^2. Lediglich die OLS-Schätzung fällt relativ deutlich gegenüber den anderen Verfahren zurück. Die letztliche Auswahl eines Schätzverfahrens sollte aber weniger an der Anpassungsgüte als vielmehr an der Prognosegüte festgemacht werden.

Während die bisherigen Betrachtungen der Diffusionsrate leichte Vorteile der NLS- und ML-Schätzung bezüglich der Anpassungsgüte ergaben, offenbart die gleiche Analyse durchgeführt für den Diffusionsgrad eine leichte Überlegenheit der NLS-Schätzung auf dem Diffusionsgrad (NLS cum. / weighted NLS cum.). Die in Tabelle IV-5 aufgeführten Ergebnisse werden auch im Detail in Abbildung IV-3 und Abbildung IV-4 bestätigt. So schneidet in allen Konstellationen NLS-cum für das Bestimmtheitsmaß R^2 am besten ab, während gewichtete NLS-cum die besten Resultate für den Within-Sample MAPE ergeben. Die Überlegenheit der auf dem Aggregat geschätzten Verfahren für die Anpassung des Diffusionsgrades ist wenig überraschend, da ein minimales R^2 für den Diffusionsgrad eben gerade dem Optimierungskalkül der NLS-cum Schätzung entspricht.

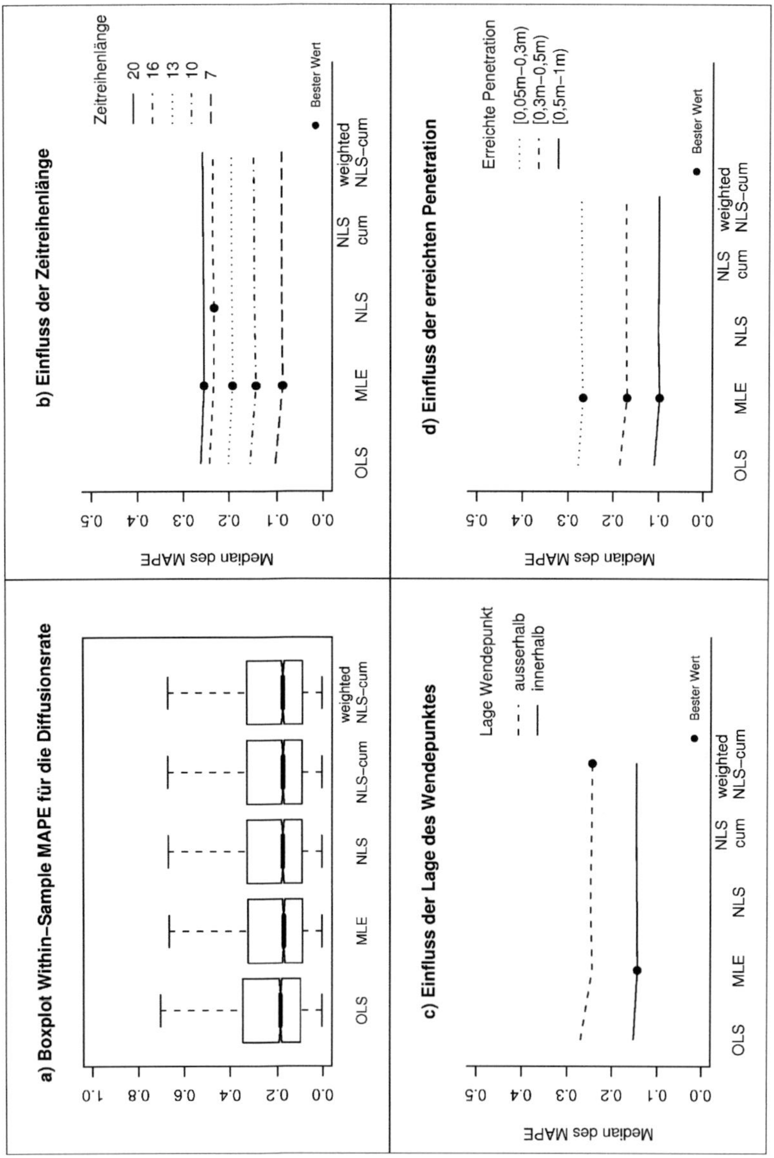

Abbildung IV-2: Within-Sample MAPE für die Diffusionsrate: Boxplot und Interaktionsplots

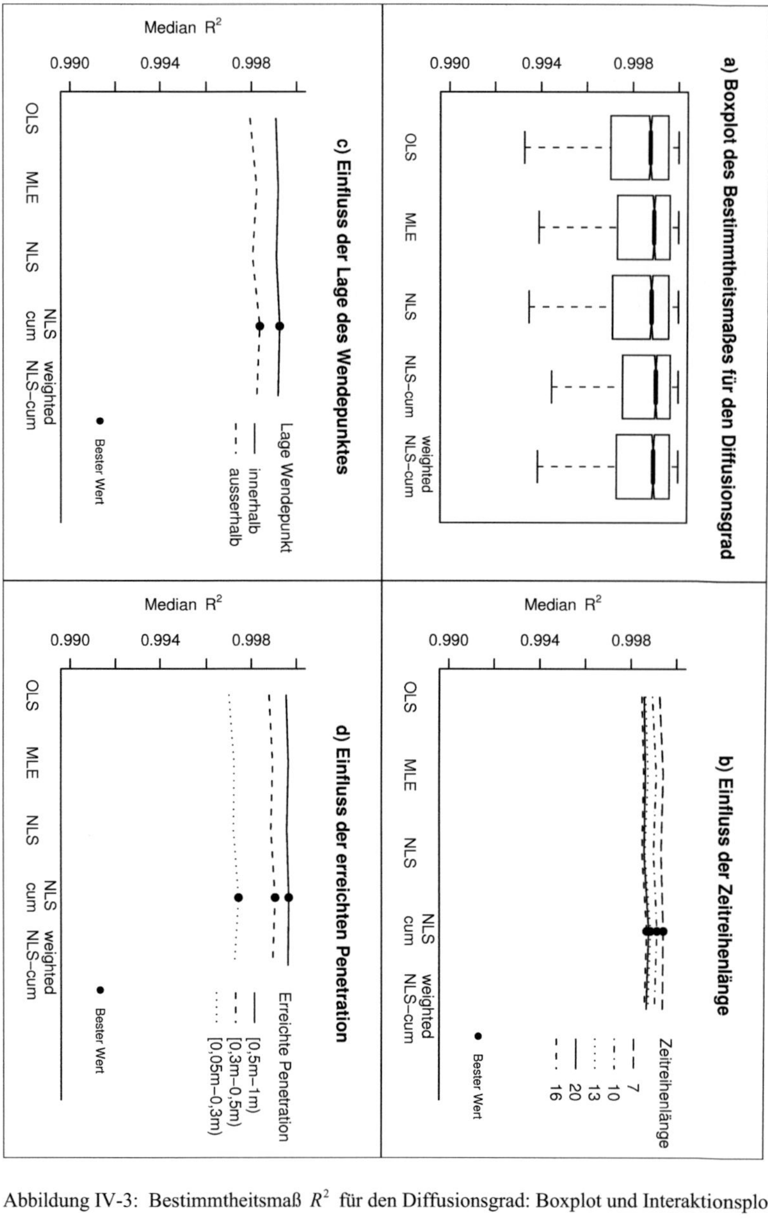

Abbildung IV-3: Bestimmtheitsmaß R^2 für den Diffusionsgrad: Boxplot und Interaktionsplots

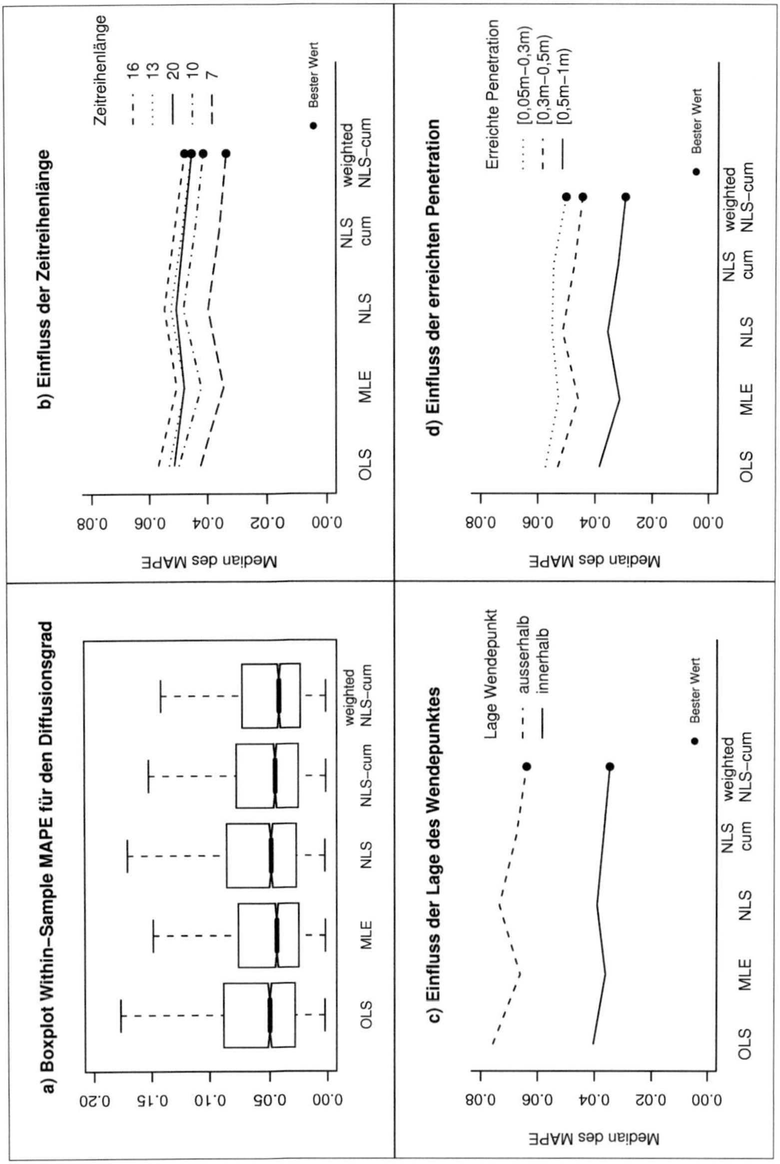

Abbildung IV-4: Within-Sample MAPE für die Diffusionsrate: Boxplot und Interaktionsplots

Zusammenfassend ist hinsichtlich der Within-Sample-Anpassungsgüte festzuhalten:

- Die Ergebnisse der einzelnen Schätzverfahren weichen nur geringfügig voneinander ab. Die OLS-Schätzung bildet die Ausnahme, da sie sowohl für Diffusionsrate als auch für den Diffusionsgrad eine deutlich schlechtere Anpassungsgüte erreicht.
- Für die Diffusionsrate erzielen NLS-Schätzung (nach dem Kriterium R^2) und ML-Schätzung (Within-Sample MAPE) die höchste Anpassungsgüte.
- Die beste Anpassung des Diffusionsgrades erreichen die NLS-Schätzung auf dem Diffusionsgrad (NLS-cum) und gewichtete NLS-cum.

Da letztlich die erreichbare Out-of-Sample-Prognosegüte das entscheidende Auswahlkriterium sein sollte, können diese Ergebnisse zur Anpassungsgüte lediglich als erster Indikator verstanden werden. Eine detaillierte Betrachtung der Prognosegüte in Abhängigkeit von den einzelnen Schätzverfahren schließt sich im folgenden Abschnitt an.

11.3 Vergleich der Out-of-Sample-Prognosegüte

11.3.1 Out-of-Sample-Prognoseevaluation für die Diffusionsrate

Für den Vergleich der Out-of-Sample-Prognosegüte werden zunächst die APE[80] über sämtliche Prognosehorizonte und Zeitreihentypen in Boxplots gegenüber gestellt. Abbildung IV-5 zeigt Boxplots für die fünf Schätzverfahren und die Diffusionsrate. Der APE wird hier anstelle des MAPE verwendet, da bei einer Berücksichtigung des MAPE für unterschiedliche Prognosehorizonte Mehrfachberücksichtigungen der einzelnen APE Werte auftreten würden. Der ebenfalls in der Grafik ausgewiesene Medianwert zeigt, dass die NLS-Schätzung mit 32,6% den geringsten Median des APE er-

80 $APE = 100\% \cdot \left| \frac{x_j - \hat{x}_j}{x_j} \right|$ (Average Percentage Error).

zielt. Während MLE und NLS-cum ähnliche Resultate erreichen, schneiden OLS-Schätzung und gewichtete NLS-cum insgesamt deutlich schlechter ab.

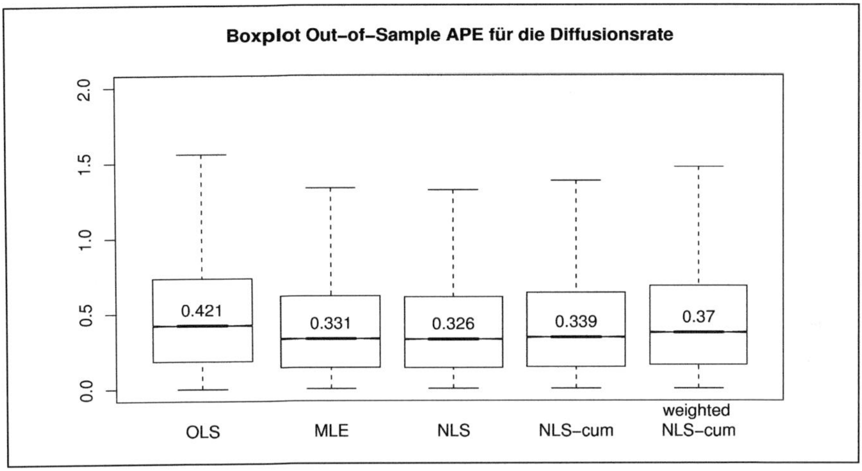

Abbildung IV-5: Boxplot der Out-of-Sample APE für die Diffusionsrate

Die Boxplots der APE geben jedoch nur Aufschluss über die Overall-Prognosegüte, die im Mittel von den einzelnen Schätzverfahren erreicht wird. Ob ein Verfahren für bestimmte Prognosehorizonte oder Zeitreihenkategorien besonders geeignet ist, wird in Abbildung IV-6 deutlich. Diese zeigt jeweils den Median der APE (MdAPE) für die Interaktion von Schätzverfahren und Prognosehorizont (a), Zeitreihenlänge (b), Lage des Wendepunktes (c) und Penetration (d).

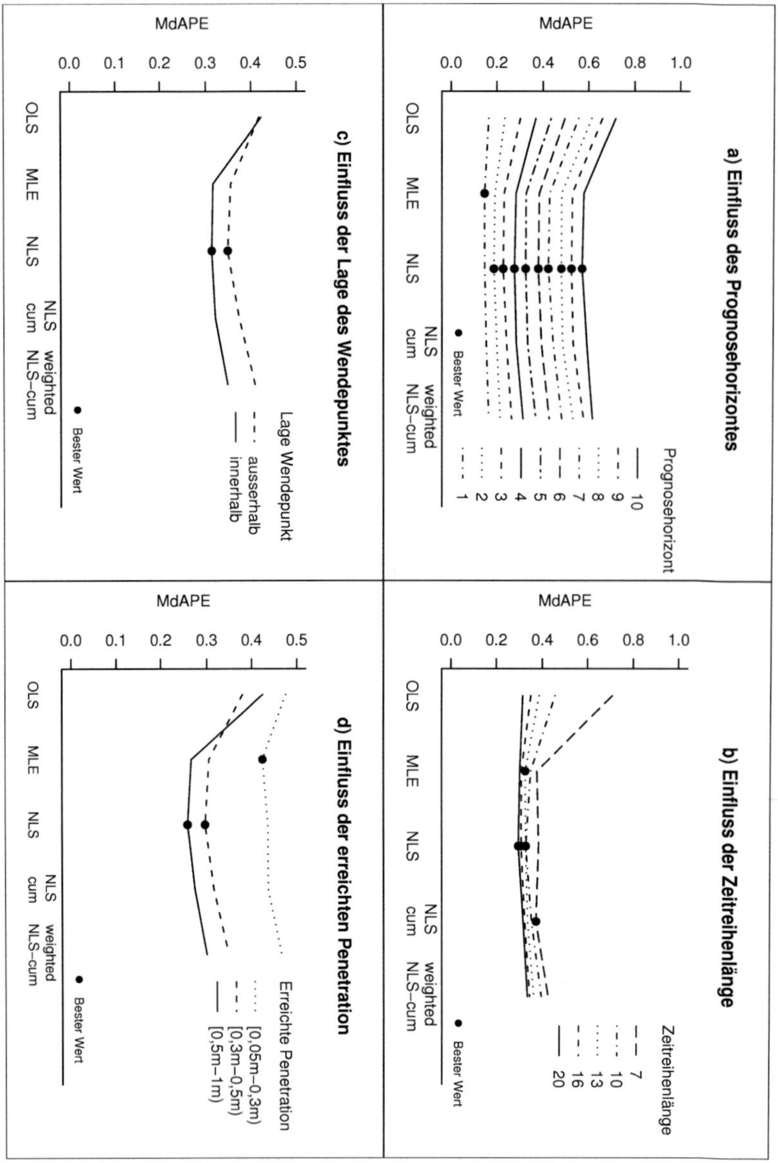

Abbildung IV-6: Interaktionsplots des Out-of-Sample MdAPE für die Diffusionsrate

In Teilabbildung a) wird deutlich, dass die NLS-Schätzung mit Ausnahme einstufiger Prognosen über alle Horizonte die höchste Prognosegüte erzielt. Lediglich für einstufige Prognosen ist die mittels ML-Schätzung erstellte Prognose besser. Gleichzeitig unterstreicht die Abbildung wiederum auch, dass die Unterschiede zwischen NLS, MLE und NLS-cum gering sind. Teilabbildung b) zeigt den MdAPE für die einzelnen Schätzverfahren in Abhängigkeit von der Länge der Kalibrationsstichprobe. Hier erreicht die NLS-cum Schätzung für kurze Zeitreihen mit 7 Beobachtungen knapp den besten Wert. Mehrheitlich ist aber auch bei dieser Betrachtung die NLS-Schätzung überlegen. Auch die Lage des Wendepunktes innerhalb vs. außerhalb der Kalibrationsstichprobe hat keinen Einfluss auf die Wahl des Schätzverfahrens. In beiden Konstellationen erreicht die NLS-Schätzung die höchste Prognosegüte.

Etwas differenzierter fällt die Analyse des Einflusses der innerhalb der Kalibrationsstichprobe erreichten Penetration aus. Für Zeitreihen mit einer geringen erreichten Penetration in Relation zum letztlich erreichten Sättigungsniveau $\left(\left[0,05m-0,3m\right)\right)$ hat die ML-Schätzung leichte Vorteile. Bei fortgeschrittener Penetration schneidet NLS dagegen wieder besser ab. Als Kriterium zur Ex-ante-Auswahl des Schätzverfahrens ist jedoch die erreichte Penetration wenig geeignet, da die einzelnen Phasen ohne Kenntnis des in der Regel ebenfalls zu prognostizierenden Sättigungsniveaus m nicht abgegrenzt werden können.

Insgesamt ist festzuhalten, dass die NLS-Schätzung für die Prognose der Diffusionsrate für die Mehrheit der Prognosehorizonte und Zeitreihenkategorien das überlegene Schätzverfahren ist. Für besonders kurze Zeitreihen ist die Schätzung mittels NLS-cum eine sinnvolle Alternative, ebenso wie die ML-Schätzung für einstufige Prognosehorizonte[81].

[81] Einstufige Prognosen stehen jedoch wegen des üblicherweise mittel- und langfristigen Fokus in den meisten Anwendungssituationen nicht im Zentrum des Interesses.

11.3.2 Out-of-Sample-Prognoseevaluation für den Diffusionsgrad

Nach dem sich bei der Within-Sample-Anpassungsgüte für den Diffusionsgrad erwartungsgemäß die auf dem Aggregat geschätzten Verfahren NLS-cum und weighted NLS-cum als überlegen erwiesen haben, ergibt sich für die Out-of-Sample-Prognosegüte ein anderes Bild. Wie in Abbildung IV-7 erkennbar, erreichen analog zur Diffusionsrate die Verfahren NLS und MLE mit einem APE von im Mittel 4,2% bzw. 4,3% auch für den Diffusionsgrad die höchste Prognosegüte. Die NLS-Schätzung des Diffusionsgrads (NLS-cum) folgt mit einem Wert von 4,7%; weighted NLS-cum und OLS schneiden deutlich schlechter ab.

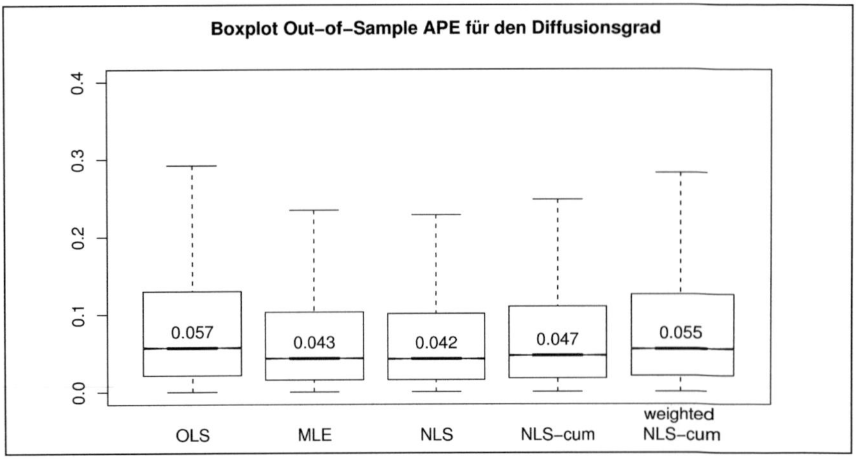

Abbildung IV-7: Boxplot der Out-of-Sample APE für den Diffusionsgrad

Die Betrachtung der Details in Abbildung IV-8 bestätigt ein ähnliches Ergebnis wie für die Diffusionsrate. Bei einstufigen Prognosehorizonten erreicht die ML-Schätzung den geringsten MdAPE, während für längere Prognosehorizonte $h = 3,\ldots,10$ die NLS-Schätzung mit besseren Resultaten aufwarten kann. Bei 2-stufigen Prognosen schneiden beide Schätzverfahren gleich gut ab. Für alle Horizonte gilt, dass die Unterschiede zwischen NLS und MLE gering ausfallen.

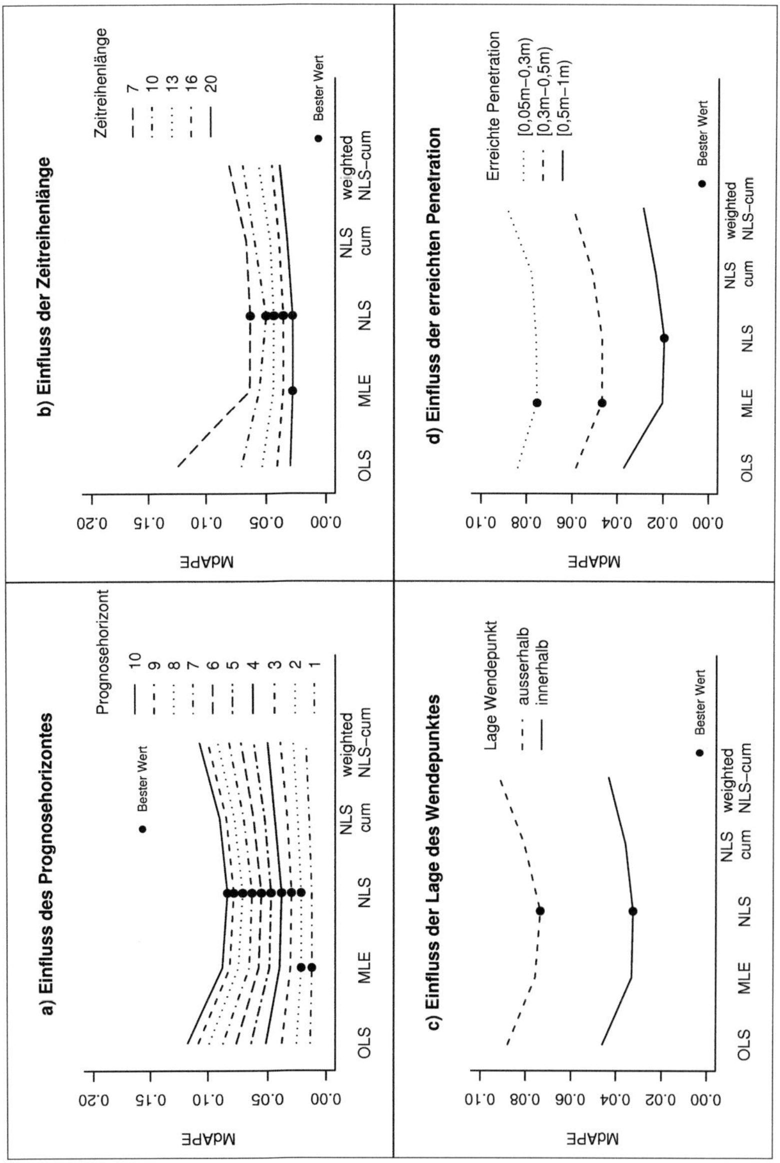

Abbildung IV-8: Interaktionsplots des Out-of-Sample MdAPE für den Diffusionsgrad

Sowohl die Länge der Kalibrationsstichprobe (b) als auch die Lage des Wendepunktes (c) haben für die Auswahl des Schätzverfahrens keine Bedeutung, da in allen Fällen die NLS-Schätzung den geringsten MdAPE erreicht. Lediglich bei langen Kalibrationsstichproben erzielt die ML-Schätzung den gleichen Wert. Bei Zeitreihen mit geringer oder mittlerer Penetration zum Prognoseursprung erreicht MLE jedoch bessere Ergebnisse als NLS. Wiederum gilt jedoch, dass die bereits erreichte Penetration ex ante schwierig zu bestimmen ist und daher dieses Kriterium für die Selektion des Schätzverfahrens nur in Ausnahmefällen in Frage kommt.

Die NLS-Schätzung hat sich damit, gemessen anhand des Out-of-Sample MdAPE, auch für die Prognose des Diffusionsgrades als das Verfahren der Wahl erwiesen. Die ML-Schätzung erreicht allerdings nur geringfügig schlechtere Resultate und sollte zum Einsatz kommen, wenn ex ante erkennbar ist, dass die am Prognoseursprung erreichte Penetration in Relation zum endgültigen Sättigungsniveau gering ist.

12 *Fazit*

Im Rahmen der aus 3 Schritten bestehenden Untersuchung hat sich letztlich die NLS-Schätzung als das erfolgreichste Verfahren erwiesen, dicht gefolgt von der ML-Schätzung. Dagegen hat sich die gewöhnliche Kleinste-Quadrate-Schätzung als wenig geeignet herausgestellt. Auch die auf dem Diffusionsgrad geschätzten Verfahren NLS-cum und weighted NLS-cum erzielen im Mittel eine deutlich schlechtere Prognosegüte als NLS und MLE.

Der Anteil erfolgreicher Schätzungen bei MLE, NLS, NLS-cum und gewichteter NLS-cum liegt durchgängig bei über 90%. Die gewöhnliche Kleinste-Quadrate-Schätzung ist jedoch nur in ungefähr 73% der Fälle erfolgreich.

Im Rahmen der Within-Sample-Analyse der Anpassungsgüte erreichen alle fünf Verfahren ähnliche Ergebnisse. Für die Diffusionsrate erzielt die NLS-Schätzung gefolgt von der Maximum-Likelihood-Schätzung die höchste Anpassungsgüte. Beim Diffusionsgrad sind die auf dem Aggregat geschätzten Verfahren NLS-cum und weighted NLS-cum am erfolgreichsten. Im Ganzen bietet die Within-Sample-Analyse kaum Ansatzpunkte für eine echte Differenzierung zwischen den Verfahren.

Bei der Out-of-Sample-Analyse der Prognosegüte ergeben sich deutlichere Unterschiede bezüglich der Schätzverfahren. Insgesamt zeigt sich die NLS-Schätzung als das überlegene Verfahren mit der im Mittel höchsten Prognosegüte. Geringfügig schlechter schneidet die ML-Schätzung ab. Beide Verfahren erzielen im Unterschied zur Within-Sample-Analyse sowohl für die Diffusionsrate als auch den Diffusionsgrad die höchste Ex-ante-Prognosegüte. Als deutlich schlechtestes Verfahren erweist sich die OLS-Schätzung; aber auch NLS-cum und gewichtete NLS-cum haben eine deutliche geringere Prognosegüte.

Interaktionseffekte dergestalt, dass bestimmte Verfahren für bestimmte Prognosehorizonte oder Zeitreihenkategorien besonders geeignet sind, existieren nicht oder nur in sehr geringem Umfang. Lediglich in einigen wenigen Konstellationen (kurze Zeitreihen der Diffusionsrate, kurze Prognosehorizonte sowie geringe bereits erreichte Penetration) ist zu beobachten, dass andere Verfahren als die dominante NLS-Schätzung das beste Resultat erreichen. Selbst in diesen wenigen Fällen ist der Nachteil der NLS-Schätzung gering.

Neben den insgesamt leicht besseren Ergebnissen im direkten Vergleich sprechen auch die bereits erwähnten Punkte „einfachere Handhabbarkeit" und „realistischere Standardfehler" dafür, der NLS-Schätzung den Vorzug gegenüber der ML-Schätzung zu geben.

V Studie zur Modellauswahl und Prognosekombination

13 Motivation und Ziel der Untersuchung

In Abschnitt III-8.4 dieser Arbeit wurde die existierende Literatur zum Thema Modellauswahl für Neuproduktprognosen mit Wachstumskurvenmodellen einer Meta-Analyse unterzogen, deren Resultat in einer Reihe von Bewertungen, Empfehlungen und Heuristiken mit mehr oder weniger starker Evidenz festgehalten werden konnte (vgl. Abschnitt III-8.4.3). Die so gewonnenen Informationen sind jedoch nicht ausreichend, um daraus ein geschlossenes und konsistentes Vorgehen zur Modellauswahl abzuleiten.

Ziel der folgenden Untersuchung ist es dementsprechend, den Erkenntnisstand hinsichtlich der Modellauswahl zu erhöhen und somit einen Beitrag zur generellen Verbesserung der Güte von Neuproduktprognosen zu leisten. Da die verfügbaren Zeitreihen im Kontext der Neuproduktprognose in den meisten Fällen sehr kurz sind und die Identifikation eines eindeutig besten Modells nicht zulassen, ist die Modellauswahl regelmäßig mit hoher Unsicherheit behaftet. In dieser Situation ist die Kombination von Prognosen unterschiedlicher Modelle ein vielversprechender Ansatz zur Reduktion der mit der Modellauswahl verbundenen Unsicherheit. Das Konzept der Prognosekombination basiert auf der Annahme, dass verschiedene Modelle die verfügbaren Zeitreiheninformationen unterschiedlich nutzen und durch eine Kombination analog zur Portfoliooptimierung nach Markowitz eine Risikoreduktion erreicht wird (Küsters 2004).

Anknüpfungspunkt bildet die Analyse von Meade und Islam (1998), die bereits in Abschnitt III-8.4.2.4 ausführlich diskutiert wurde. Die Autoren versuchen über die Analyse der Within-Sample-Anpassungsgüte und eine rollierende Prognosesimulation, die richtige Modellkategorie zu identifizieren. Dazu werden mit einer Vielzahl unterschiedlicher Modelle, die in die Kategorien symmetrisch, nicht-symmetrisch und flexibel eingeteilt werden, zunächst Zeitreihen simuliert und im Anschluss jeweils mit sämtlichen Modellen geschätzt. Da es sich als unmöglich erweist, das wahre datengenerierende Einzelmodell zu identifizieren, versuchen die Autoren zumindest, die Kategorie des Datengenerierungsprozesses (symmetrisch, nicht-symmetrisch, flexibel) mittels Diskriminanzanalyse zu identifizieren und mit einem die entsprechende Kategorie repräsentierenden Modell zu schätzen. Eine Prognosekombination, bei der die Einzelprognosen mit der Wahrscheinlichkeit der jeweiligen Kategoriezugehörigkeit gewichtet werden, hat sich dabei einer Prognose mit dem tatsächlichen datengenerierenden Modell als nur geringfügig unterlegen erwiesen. Der Ansatz setzt implizit die theoretisch schlüssige Annahme voraus, dass das datengenerierende Modell auf den „eigenen" Daten auch die höchste Prognosegüte erreicht. Bei den im Rahmen der Neuproduktprognose üblicherweise betrachteten besonders kurzen Zeitreihen, sind zumindest Zweifel angebracht, ob diese Annahme auch für alle Modelle empirisch Bestand hat.

Unter Berücksichtigung der Ergebnisse von Meade und Islam (1998) soll ein heuristischer Ansatz zur Modellauswahl und Prognosekombination entwickelt werden, der den folgenden Anforderungen genügt:

- Hohe Prognosegüte in Relation zu einer Prognose mit dem Modell, das dem wahren Datengenerierungsprozess entspricht bzw. das die höchste Out-of-Sample-Prognosegüte erreicht.
- Modellauswahl anhand der einzelnen Zeitreihe. Die Modellauswahl und ggf. Prognosekombination soll anhand der einzelnen Zeitreihe ohne umfangreiche, zeitreihenübergreifende Analysen möglich sein. Im Gegensatz dazu stützt sich beispielsweise die Modellauswahl und -kombination bei Meade und Islam (1998) auf einen großen Bestand an Zeitreihen zur Kalibration der Diskriminanzfunktion.
- Neben der Größe der Grundpopulation als natürliche Obergrenze für die Penetration sollen keine exogenen Informationen verwendet werden.

- Schätzung des Sättigungsniveaus m anhand der Zeitreihe. Dieses Vorgehen entspricht der tatsächlichen Anwendungssituation, da in den meisten Fällen (auch) die langfristig erreichbare Marktdurchdringung Zielsetzung der Prognose ist. Im Gegensatz dazu belassen es Meade und Islam (1998) bei der Schätzung der übrigen Modellparameter und setzen m fest auf 100%.

14 Vorgehen

Grundidee der Untersuchung ist es, anhand simulierter Zeitreihen zuverlässige Kriterien zur Modellselektion zu identifizieren und zur Entwicklung von Strategien zur Modellauswahl und Prognosekombination zu verwenden. Auf simulierte Zeitreihen wird dabei aus zwei Gründen zurückgegriffen. Zum einen sind empirische Zeitreihen nicht in der notwendigen Anzahl verfügbar, um allgemeingültige Rückschlüsse ziehen zu können. Zum anderen ist bei simulierten Zeitreihen der wahre Datengenerierungsprozess und dementsprechend das wahre Modell bekannt, welches analog zu Meade und Islam (1998) als Referenzgröße genutzt werden kann.

In den folgenden Abschnitten werden zunächst die Modelle festgelegt, die innerhalb der Untersuchung berücksichtigt werden sollen. Anschließend werden anhand dieser Modelle Zeitreihen in für die Untersuchung ausreichender Anzahl simuliert. Um den Einfluss von Zeitreiheneigenschaften wie Zeitreihenlänge und bereits erreichter Penetration auf die Modellauswahl berücksichtigen zu können, werden unterschiedliche Zeitreihentypen generiert. Im Anschluss daran werden für sämtliche Zeitreihen mit allen betrachteten Modellen Prognosen erstellt und evaluiert. Neben Ex-ante-Prognosen, deren Güte den Maßstab für den Erfolg einer Modellauswahl- und Modellkombinationsstrategie bildet, werden die

- Anpassungsgüte innerhalb der Kalibrationsstichprobe und die
- Out-of-Sample-Prognosegüte im Rahmen einer Prognosesimulation

als potenzielle Modellselektionskriterien berechnet.

14.1 Eingrenzung der verwendeten Modelle

Die Festlegung der Modelle, die in die Studie einbezogen werden sollen, orientiert sich einerseits an den Ergebnissen bisheriger Untersuchungen zur Modellauswahl (vgl. Abschnitt III-8.4.2) und andererseits an bestimmten Modellcharakteristika.

So werden von den in Anhang A.2 gelisteten Modellen nur solche in die Untersuchung einbezogen, die folgende Anforderungen erfüllen:

- Keine Berücksichtigung exogener Informationen (alle)
- S-förmiger Funktionsverlauf (Ausschluss der Exponentialfunktion, Modelle Nr. 4 und 5)
- Das Sättigungsniveau m ist nicht Bestandteil einer Funktion zur Transformation der abhängigen Variablen. Dieses Kriterium führt zum Ausschluss linearisierter Modelle, bei denen die transformierte abhängige Variable mit einer linearen Funktion modelliert wird. Grund für den Ausschluss ist, dass der Parameter m in diesen Fällen nur numerisch berechnet werden kann und der Hauptvorteil linearisierter Modelle, nämlich die Anwendbarkeit linearer Kleinste-Quadrate-Schätzung, zunichte gemacht wird. Aus diesem Grund werden die Modelle 7, 12, 18, 19, 21 und 38-42 von der Untersuchung ausgeschlossen.

Wegen erheblicher Konvergenzprobleme in der Untersuchung von Meade und Islam (1998) werden zusätzlich das Jeuland-Modell (23), das erweiterte Riccati-Modell (25) und das Bertalanffy-Modell (30-32) nicht in die Analyse einbezogen. Ebenfalls nicht betrachtet wird das autoregressive Bass-Modell (2), da es sich bereits bei der Untersuchung zur Modellschätzung in Teil IV als ungeeignet erwiesen hat. Daneben wiesen bei ersten Analysen auch die globalen Kurven der FLOG-Familie (33-37) so erhebliche Konvergenzprobleme auf, dass sie in der weiteren Untersuchung nicht berücksichtigt wurden. Die letztlich betrachteten Modelle einschließlich der für die Simulation verwendeten Parameterunter- und -obergrenzen sind in Tabelle V-1 aufgeführt.

14.2 Zeitreihensimulation

Entsprechend der Konzeption der Untersuchung werden mit allen 17 betrachteten Modellen Diffusionszeitreihen simuliert. Da der wahre Datengenerierungsprozess der simulierten Zeitreihen somit bekannt ist, kann untersucht werden,

1. ob das dem Datengenerierungsprozess entsprechende Modell im Mittel die höchste Anpassungs- und Prognosegüte erreicht und
2. ob und auf welche Weise die Identifikation des wahren Modells anhand der Ergebnisse von Within-Sample- und Out-of-Sample-Analyse möglich ist.

Modell		Par. 1	Untergrenze	Obergrenze	Par. 2	Untergrenze	Obergrenze	Par. 3	Untergrenze	Obergrenze
1	Einfaches Bass-Modell	p	0,001	0,03	q	0,05	0,60			
3	Extended Logistic	b	0,051	0,63	c1	0,10	1,50	c2	5,0	30,0
6	Einfache logistische Funktion	b	0,05	0,60	c	5,0	100,0			
9	Autoregressive logistische Funktion	b	0,05	0,60						
10	Lokale logistische Funktion	b	0,05	0,60						
11	Einfache Gompertz-Kurve	b	0,05	0,60	c	2,0	20,0			
14	Autoregressive Gompertz-Kurve	b	0,05	0,60						
15	Normalverteilungsmodell	μ	5,00	40,0	σ	5,0	25,0			
16	Log-Normalverteilungsmodell	μ	1,5	5,0	σ	0,25	1,0			
17	Weibull-Modell	α	5,0	40,0	β	1,2	5,0			
20	Autoregressives Floyd-Modell	β	0,05	0,60						
22	Autoregressives Sharif-Kabir-Modell	β	0,05	0,60	σ	0,0	1,0			
24	Log-logistisches Modell	b*	1,0	3,5	c*	80	450			
26	SBB	b	0,05	0,60	c*	0,10	0,60			
27	Log-reziprokes Modell	b	0,02	0,30						
28	NUI-Modell	p	0,001	0,03	q	0,05	0,60	δ	0,50	1,5
29	NSRL-Modell	q	0,05	0,60	δ	0,50	1,5			

Tabelle V-1: Verwendete Modelle einschließlich Unter- und Obergrenzen der Modellparameter für die Zeitreihensimulation
Quelle: Islam 1996 (Ausnahme: Mit * gekennzeichnete Parameter basieren auf eigenen Analysen, da bei Islam nicht angegeben)

Um einen eventuellen Einfluss unterschiedlicher Zeitreihencharakteristika auf die Modellauswahl analysieren zu können, werden verschiedene Zeitreihentypen generiert, die sich hinsichtlich Länge und Penetrationsniveau unterscheiden. Das Untersuchungsdesign besteht aus insgesamt 68 Kombinationen (17 x 2 x 2), die wie folgt aufgeteilt sind:

- 17 Modelle zur Datensimulation und Prognose
- 2 unterschiedliche Zeitreihen-Längen (20 und 30 Beobachtungen). Davon werden jeweils 10 Beobachtungen zur Überprüfung der Prognosegüte zurückgehalten und nicht zur Modellschätzung verwendet.
- 2 verschiedene Niveaus für die erreichte Penetration innerhalb der Kalibrationsstichprobe. Für die letzte Beobachtung der Kalibrationsstichprobe X_N werden die folgenden Grenzen in Relation zum Sättigungsniveau m festgelegt:
    - $0{,}5m \leq X_N < 1m$
    - $0{,}05m \leq X_N < 0{,}5m$

Zur Sicherstellung valider Ergebnisse werden pro Kombination 100 Zeitreihen simuliert, d.h. insgesamt werden 6.800 Datensätze generiert. Dementsprechend werden mit jedem Modell, d.h. jedem der 17 Datengenerierungsprozesse, 400 Zeitreihen unterteilt in die in Tabelle V-2 aufgeführten Zeitreihentypen simuliert. Zur Generierung dieser 400 Zeitreihen wird das bereits in Abschnitt IV-10.1 dargestellte dreistufige Vorgehen verwendet:

1. Simulation einer Zeitreihe der entsprechenden Länge.
2. Prüfung, ob alle Beobachtungen der simulierten Zeitreihe positiv sind. Ist dies nicht der Fall, wird die Zeitreihe verworfen.
3. Besteht die Zeitreihe aus ausschließlich positiven Werten, wird geprüft, ob das Penetrationsniveau den Kriterien entspricht. Zeitreihen, die den Kriterien nicht entsprechen, werden verworfen.

Es werden so viele Zeitreihen generiert, bis den 4 Zeitreihentypen jeweils 100 Zeitreihen zugeordnet sind. Für die Schätzung von Zeitreihen auf dem Diffusionsgrad werden die Zeitreihen aufkumuliert.

Zeitreihen-typ	Anzahl Datensätze	Zeitreihen-länge	Umfang der Kalibrationsstichprobe	Grad der erreichten Penetration
1	100	30	20	$0,5m \leq X_N < 1m$
2	100	30	20	$0,05m \leq X_N < 0,5m$
3	100	20	10	$0,5m \leq X_N < 1m$
4	100	20	10	$0,05m \leq X_N < 0,5m$

Tabelle V-2: Simulationsstudie zur Modellauswahl – Übersicht der generierten Zeitreihentypen

Die „eigentliche" Simulation der Zeitreihen in Schritt 1 erfolgt ebenfalls analog zur Untersuchung der unterschiedlichen Schätzverfahren in Teil IV dieser Arbeit. Es wird wiederum die Annahme getroffen, dass die Variation der Zeitreihe periodenbezogen, d.h. auf der Diffusionsrate entsteht mit ε_t als additivem, normalverteilten Fehlerterm $N\left(0;\sigma^2\right)$.

Die Berechnung der simulierten Zeitreihen richtet sich nach der Struktur des jeweiligen Modells (vgl. Abschnitt III-7.1) und ist in Tabelle V-3 dargestellt. Für jede simulierte Zeitreihe werden die Modellparameter ebenso wie die Varianz des Fehlerterms als Zufallszahlen aus einer Gleichverteilung gezogen. Unter- und Obergrenzen der Parameter für die Simulation aus der Gleichverteilung werden aus Islam (1996) übernommen (vgl. Tabelle V-1). Zur Simulation des Parameters m wird das Intervall $\left[0,5;1\right]$ verwendet. Die Varianz des Fehlerterms wird analog zur Untersuchung der Schätzverfahren in Teil IV aus einer Gleichverteilung mit den Grenzen $\left[0,000001;0,0001\right]$ erzeugt. Basierend auf dieser zeitreihenspezifischen Varianz σ^2 werden Fehlerterme aus einer Normalverteilung $N\left(0;\sigma^2\right)$ generiert.

Zur Erzeugung der Zufallszahlen ebenso wie zur Modellschätzung und Auswertung der Ergebnisse wird wiederum die Statistiksoftware R in der Version 2.7.0 eingesetzt (R Development Core Team 2008). Zur Sicherstellung der Reproduzierbarkeit wird der Zufallszahlengenerator jeweils mit der Funktion `set.seed()` initialisiert.

Modellstruktur	Vorgehen zur Erzeugung der simulierten Zeitreihe
1) $X_t = f_1(t)$	$x_t = \left[f_1(t) - f_1(t-1)\right] + \varepsilon_t$
2) $f_2(X_t) = a + bt$	Modelle dieser Struktur sind nicht Bestandteil der Untersuchung (vgl. Abschnitt V-14.1)
3) $x_t = f_3(X_{t-1})$ $X_t = f_4(X_{t-1})$	Rekursiv über $x_t = f_3(X_{t-1}) + \varepsilon_t$, mit $X_0 = \varepsilon_0$, $X_{t-1} = X_{t-2} + x_{t-1}$ Rekursiv über $x_t = \left[f_4(X_{t-1}) - X_{t-1}\right] + \varepsilon_t$, mit $X_0 = \varepsilon_0$, $X_{t-1} = X_{t-2} + x_{t-1}$

Tabelle V-3: Zeitreihensimulation in Abhängigkeit von der Modellstruktur

14.3 Modellschätzung, Prognose und Evaluation

Alle 6.800 simulierten Zeitreihen werden mit den 17 betrachteten Modellen geschätzt, d.h. insgesamt werden für 115.600 Modell-Zeitreihen-Kombinationen Prognosen und Prognoseevaluationen berechnet. Zur differenzierten Analyse potenzieller Modellselektionskriterien werden die simulierten Zeitreihen zunächst in eine Validierungsstichprobe bestehend aus den letzten 10 Beobachtungen und eine Kalibrationsstichprobe aus den ersten 20 (Zeitreihentypen 1 und 2) bzw. 10 Beobachtungen (Zeitreihentypen 3 und 4) eingeteilt. Neben der Aufteilung in Kalibrations- und Validierungsstichprobe, wird analog zu Meade und Islam (1998) innerhalb der Kalibrationsstichprobe eine zusätzliche Teststichprobe mit einer Länge von 3 Beobachtungen[82]

[82] Meade und Islam (1998) differenzieren diese Teststichprobe zusätzlich nach der Zeitreihenlänge: 3 Beobachtungen bei einer Zeitreihenlänge von 20 und 10 Beobachtungen bei Zeitreihen mit insgesamt 30 Datenpunkten. Da bei einer Ausweitung der Teststichprobe Schätzprobleme durch die bei jedem

gebildet, für die eine rollierende Prognosesimulation durchgeführt wird (vgl. Abbildung V-1).

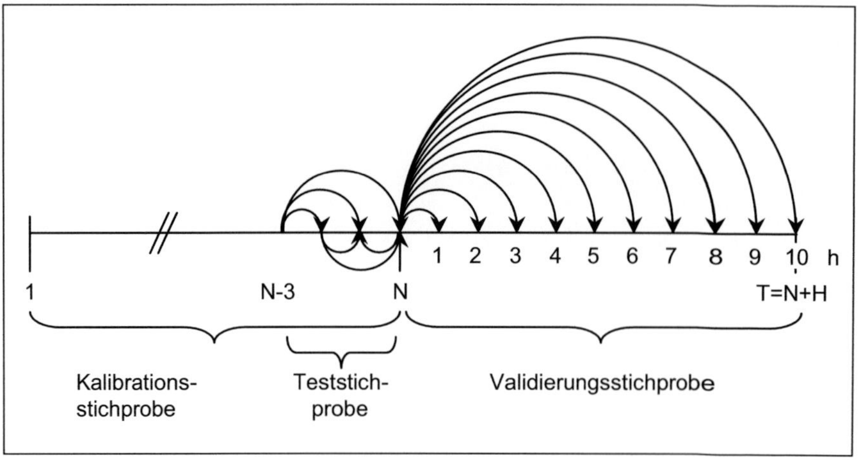

Abbildung V-1: Einteilung der Zeitreihen in Kalibrations-, Test- und Validierungsstichprobe

Die Prognoseevaluation für jede Modell-Zeitreihenkombination besteht aus den folgenden 3 Elementen:

1. Within-Sample-Evaluation der Anpassungsgüte für die gesamte Kalibrationsstichprobe $\{x_1,\ldots x_N\}$, wobei diese auch vollständig zur Modellschätzung verwendet wird.
2. Für die Teststichprobe wird eine rollierende Prognosesimulation durchgeführt, um neben der Anpassungsgüte auch die in der Teststichprobe erreichte Ex-ante-Prognosegüte als Kriterium zur Modellauswahl verwenden zu können. Dabei liegt der initiale Prognoseursprung bei $N-3$ und wird einhergehend mit einer

Schritt erforderliche Neuschätzung der Modelle zunehmen, wird eine Länge der Teststichprobe von 3 Beobachtungen für alle Zeitreihentypen als geeignet und ausreichend erachtet.

entsprechenden Verkleinerung der Teststichprobe sukzessive auf $N-1$ vorverlegt. Sämtliche Modelle werden dabei in jedem Schritt neu geschätzt. Daraus resultieren dementsprechend 3 einstufige, 2 zweistufige und 1 dreistufiger Prognosefehler, die zur Berechnung geeigneter Fehlermaße verwendet werden.

3. Die Beurteilung der Prognosegüte der einzelnen Modelle und Prognosekombinationen erfolgt in einer statischen Out-of-Sample-Prognosesimulation für die Validierungsstichprobe. Dabei wird die gesamte Kalibrationsstichprobe zur Schätzung verwendet. Dementsprechend liegt der Ursprung für die Prognose abhängig von der Zeitreihenlänge bei $N=10$ bzw. $N=20$.

Während die Within-Sample-Analyse unter Punkt 1 und die rollierende Prognosesimulation unter Punkt 2 als Kriterien zur Modellauswahl verwendet werden, erfolgt die Beurteilung des Prognoseerfolgs anhand der Out-of-Sample-Evaluation für die Validierungsstichprobe. In Abbildung V-1 wird dieses Vorgehen durch die Darstellung der Zeitreiheneinteilung und der entsprechenden Prognoseschritte verdeutlicht.

Die Messung der Anpassungsgüte innerhalb der Kalibrationsstichprobe erfolgt anhand des Bestimmtheitsmaßes R^2. Zur Bewertung der Prognosegüte sowohl innerhalb der Test- als auch der Validierungsstichprobe wird bei zeitreihenübergreifender Betrachtung der dimensionslose MAPE herangezogen, während zum Vergleich der Prognosegüte unterschiedlicher Modelle für ein und dieselbe Zeitreihe der RMSE verwendet wird. Dieser hat, wie bereits in Abschnitt III-8.6.3.2 skizziert, den Vorteil, als absolutes Maß relativ robust auf absolut kleine Abweichungen bei gleichzeitig niedrigem Niveau der Zeitreihe zu reagieren.[83] Für die rollierende Prognosesimulation in der

[83] Im Gegensatz dazu kann der MAPE insbesondere bei Messung der Prognosegüte für die Diffusionsrate die Bewertung irreleiten, da bereits ein einziger großer APE-Wert den gesamten MAPE dominieren kann, selbst wenn die absolute Abweichung unbedeutend ist. Um diese Hebelwirkung abzumildern, wird bei zeitreihenübergreifenden Betrachtungen stets der robustere Median der Einzel-MAPE verglichen.

Teststichprobe wird ein gewichteter 1-bis-3-stufiger MAPE und RMSE berechnet. In die Berechnung dieser Fehlermaße gehen der einstufige MAPE bzw. MSE mit dreifacher, der zweistufige mit zweifacher und der dreistufige mit einfacher Gewichtung ein.[84] Die Messung der Prognosegüte innerhalb der Validierungsstichprobe erfolgt statisch zum Prognoseursprung N. Zum Vergleich der Prognosegüte für unterschiedliche Horizonte werden jeweils der 1-, 5- und 10-stufige MAPE und RMSE ermittelt.

Als Referenzgröße zur Beurteilung der Prognosegüte der einzelnen Modelle innerhalb der Validierungsstichprobe wird der RMSE des dem Datengenerierungsprozess entsprechenden Modells verwendet. Alternativ dazu kann auch das Modell mit der höchsten Prognosegüte als Referenz verwendet werden (sofern dieses nicht mit dem Datengenerierungsprozess übereinstimmt). Beide Größen werden in der Form

$$\frac{RMSE_{\text{DGP/Bester Wert}}}{RMSE_{\text{Vergleichsmodell}}} \cdot 100\%$$

zueinander ins Verhältnis gesetzt (vgl. Meade und Islam 1998). Der Wert drückt aus, zu welchem Prozentsatz das Vergleichsmodell die Prognose des DGP-Modells bzw. des besten Modells erreicht. Die Berechnung von modellübergreifenden Mittelwerten dieses Quotienten ermöglicht die Beurteilung von Modellauswahlstrategien und Prognosekombinationen.

Alle Modelle werden entsprechend der in Teil IV gewonnenen Erkenntnisse mittels restringierter nicht-linearer Kleinste-Quadrate geschätzt. Mit Ausnahme der lokalen logistischen Funktion (10) und des SBB-Modells (26) erfolgt dabei die Schätzung auf der Diffusionsrate (NLS). Bei den genannten Ausnahmen handelt es sich um zwei autoregressive Modelle des Diffusionsgrades, bei denen aufgrund der besonderen Modellstruktur der Diffusionsgrad (NLS cum.) geschätzt wird.

---

[84] Bei der Ermittlung des 1-bis 3-stufigen RMSE ist zunächst der korrespondierende MSE zu berechnen und daraus durch Radizieren der RMSE zu ermitteln.

Zur numerischen Berechung der NLS-Schätzer wird der Nelder-Mead-Simplex-Algorithmus verwendet. Als Obergrenze werden wiederum 8000 Iterationen bis zum Erreichen der Konvergenz des Verfahrens zugelassen. Als Startwerte für die numerische Optimierung werden mit Ausnahme des Parameters m die Erwartungswerte der Gleichverteilung verwendet, mit der die Parameter für die Zeitreihensimulation generiert wurden. Wie auch bei der Untersuchung zur Auswahl des Schätzverfahrens wird als Startwert für das Sättigungsniveau m die letzte zur Kalibration verwendete Beobachtung des Diffusionsgrades herangezogen. Ebenfalls analog zur Untersuchung in Teil IV wird die Parameterschätzung anhand der zum Prognoseursprung verfügbaren exogenen Informationen restringiert (vgl. auch Abschnitt III-8.5.2.5). Für den Parameter des Sättigungsniveaus m wird das Intervall $(0,1]$ als Restriktion verwendet; die weiteren Modellparameter werden gemäß der in Anhang A.2 angegebenen theoretischen Grenzen restringiert; in den meisten Fällen entspricht dies einer Beschränkung auf Werte größer als Null.[85] Da die Parameterrestriktion mit Hilfe einer Logit-Transformation erfolgt, müssen die Startwerte für die Optimierung ebenfalls entsprechend transformiert werden. Bei erfolgreicher Konvergenz des Optimierungsalgorithmus, werden die jeweiligen Prognosen und Prognoseevaluationsmaße für den Zeitraum der Test- bzw. Validierungsstichprobe berechnet.

[85] Als tatsächliche Untergrenze wird wie in Teil IV 10^{-7} verwendet. Ebenso werden Parameter mit einer theoretischen Obergrenze von $+\infty$ in der Logit-Transformation mit einer oberen Schranke von 10^{12} restringiert. Diese Schranke liegt weit oberhalb typischer empirischer Werte.

15 Analyse und Ergebnisse

Die Analyse und Vorstellung der Ergebnisse wird in zwei Hauptabschnitte unterteilt. Zunächst werden der Schätzerfolg sowie die Anpassungs- und Prognosegüte der einzelnen Modelle zeitreihenübergreifend verglichen ohne auf die Modellauswahl für einzelne Zeitreihen einzugehen. Dieser erste Abschnitt dient lediglich dazu, die durchschnittlichen Eigenschaften der einzelnen Modelle zu analysieren. Es wird beispielsweise untersucht, welche Modelle besonders selten oder häufig erfolgreich geschätzt werden und welche im Durchschnitt eine besonders hohe oder besonders geringe Prognosegüte haben. Dabei wird jeweils zwischen den verschiedenen Zeitreihentypen sowie zwischen der Prognosegüte auf den „eigenen" gegenüber allen Datensätzen differenziert. Die so gewonnen Erkenntnisse bilden die Grundlage für Abschnitt V-15.2, in dem Strategien zur Modellauswahl und Prognosekombination für einzelne Zeitreihen behandelt werden.

15.1 Schätzerfolg, Anpassungs- und Prognosegüte der Modelle im Vergleich

15.1.1 Anteil erfolgreicher Schätzungen

Am Beginn der Analyse steht die Auswertung des Anteils erfolgreicher Schätzungen der einzelnen Modelle. Bei zeitreihenübergreifender Betrachtung ist der Anteil erfolgreicher Schätzungen für die Modellauswahl dahingehend von Interesse, ob einzelne Modelle Auffälligkeiten in Form stark über- oder unterdurchschnittlichen Schätzerfolges zeigen. Die Modellauswahl für eine bestimmte zu prognostizierende Zeitreihe ist davon jedoch kaum betroffen, da nur erfolgreich geschätzte Modelle den an der Prognosegüte orientierten Auswahlprozess durchlaufen. Allerdings ist eine nicht erfolgreiche Schätzung ein deutlicher Hinweis darauf, dass das Modell für die betrachtete Zeitreihe ungeeignet ist (Meade und Islam 1995a, 1998).

Bei der Angabe des Anteils erfolgreicher Schätzungen wird zwischen den einzelnen Datensatztypen ebenso differenziert wie hinsichtlich des Schätzerfolgs für die „eigenen", d.h. anhand des jeweiligen Modells generierten Zeitreihen, gegenüber der Gesamtheit der simulierten Zeitreihen.

Als erfolgreich wird die Schätzung eines Modells im Rahmen dieser Untersuchung eingestuft, wenn die folgenden Kriterien erfüllt werden:

- Konvergenz des Optimierungsverfahrens.
- Alle Parameterschätzer sind reelle Zahlen.
- Das Bestimmtheitsmaß der Anpassungsgüte für Diffusionsrate und -grad ist größer oder gleich Null $\left(R_{DR}^2 \geq 0 \wedge R_{DG}^2 \geq 0\right)$.
- Das effektiv geschätzte Sättigungsniveau ist größer oder gleich der letzten Beobachtung des Diffusionsgrades innerhalb der Kalibrationsstichprobe und kleiner oder gleich der oberen Schranke des Sättigungsniveaus von 1.
- Alle Parameterschätzer entsprechen dem theoretisch zulässigen Wertebereich.

Tabelle V-4 zeigt den Anteil erfolgreicher Schätzungen der einzelnen Modelle sowohl für die „eigenen", d.h. mit dem jeweiligen Modell generierten Zeitreihen, als auch für sämtliche betrachtete Zeitreihen. Alle Angaben beziehen sich auf die Schätzung der vollständigen Kalibrationsstichprobe $\{x_1, \ldots, x_N\}$. Dabei wird zwischen den vier Zeitreihentypen unterschieden und auch jeweils ein Gesamtwert ausgewiesen. Zur Hervorhebung von Modellen mit hohem Schätzerfolg sind Werte größer-gleich 90% fett gedruckt. Es wird deutlich, dass die Mehrzahl der Modelle auf den „eigenen" Daten in über 90% der Fälle erfolgreich geschätzt wird. Einfache logistische Funktion (6), Extended Logistic (3), das Normalverteilungsmodell (15) und die einfache Gompertz-Kurve (11) lassen sich auf den „eigenen" Daten jedoch nur in ~70% der Fälle erfolgreich schätzen. Das SBB-Modell (26) bildet eine gravierende Ausnahme mit nur 36% erfolgreichen Schätzungen.

NR	Modell	Modell-kategorie	Für "eigene" Zeitreihen 1	2	3	4	Gesamt	Für alle Zeitreihen 1	2	3	4	Gesamt
6	Einfache logistische Funktion	sym.	82%	55%	90%	49%	69%	80%	68%	81%	60%	72%
9	Autoregressive logistische Funktion	sym.	100%	98%	100%	93%	**98%**	68%	77%	72%	75%	73%
10	Lokale logistische Funktion	sym.	96%	88%	99%	87%	**93%**	65%	57%	72%	57%	63%
15	Normalverteilungs-modell	sym.	81%	61%	87%	52%	70%	78%	59%	75%	52%	66%
11	Einfache Gompertz-Kurve	n-sym.	93%	59%	85%	56%	73%	58%	42%	49%	40%	47%
14	Autoregressive Gompertz-Kurve	n-sym.	100%	97%	98%	98%	**98%**	84%	86%	85%	85%	85%
20	Autoregressives Floyd-Modell	n-sym.	100%	96%	100%	82%	**95%**	82%	81%	80%	79%	80%
27	Log-reziprokes Modell	n-sym.	100%	98%	100%	97%	**99%**	57%	72%	56%	77%	65%
1	Einfaches Bass-Modell	flex.	92%	95%	100%	95%	**96%**	92%	98%	96%	96%	**96%**
3	Extended Logistic	flex.	79%	57%	86%	53%	69%	80%	70%	78%	60%	72%
16	Log-Normalverteilungs-modell	flex.	99%	98%	100%	97%	**99%**	90%	89%	95%	88%	**90%**
17	Weibull-Modell	flex.	99%	95%	98%	88%	**95%**	92%	96%	98%	93%	**95%**
22	Autoregressives Sharif-Kabir-Modell	flex.	99%	99%	97%	82%	**94%**	85%	82%	84%	80%	83%
24	Log-logistisches Modell	flex.	100%	91%	100%	94%	**96%**	94%	94%	98%	92%	**95%**
26	SBB	flex.	53%	49%	12%	28%	36%	60%	48%	64%	47%	55%
28	NUI-Modell	flex.	100%	100%	100%	90%	**98%**	100%	98%	100%	89%	**97%**
29	NSRL-Modell	flex.	100%	100%	100%	96%	**99%**	98%	96%	99%	96%	**97%**
Gesamt			93%	84%	91%	79%	87%	80%	77%	81%	75%	78%

Tabelle V-4: Anteil erfolgreicher Schätzungen

Generell ist der Anteil erfolgreicher Schätzungen für alle Zeitreihen mit insgesamt 78% erwartungsgemäß geringer als auf den „eigenen" Zeitreihen mit 87% erfolgreichen Schätzungen. Während bei den meisten flexiblen Modellen der Unterschied zwischen eigenen Daten und der Gesamtheit der Datensätze relativ gering ausfällt, treten sowohl bei den symmetrischen als auch bei den nicht-symmetrischen Modellen die Unterschiede deutlicher zu Tage. So beträgt der Anteil erfolgreicher Schätzungen beispielsweise beim log-reziproken Modell (27) statt 99% nur 65% und bei der lokalen logistischen Funktion (10) statt 93% nur 63%. Diese deutlichen Unterschiede unterstreichen die nahe liegende Annahme, dass Modelle mit feststehender Verlaufsform und Symmetrie für Zeitreihen anderer Verlaufsformen wenig geeignet sind. Überraschenderweise liegt bei einigen Modellen der Anteil erfolgreicher Schätzungen für die Gesamtheit der Zeitreihen höher als für die „eigenen" Daten (einfache logistische Funktion (6), Extended Logistic (3) und SBB (26)).

Eine Differenzierung des Schätzerfolgs nach den unterschiedlichen Zeitreihentypen zeigt, dass dieser bei einer erreichten Penetration von 50% und mehr (Zeitreihentypen 1 und 3) deutlich höher liegt als bei einer Penetration von unter 50% (Zeitreihentypen 2 und 4).

Ausschlaggebend dafür dürfte mehrheitlich die Lage des Wendepunktes sein, d.h. ob der Wendepunkt innerhalb oder außerhalb der Kalibrationsstichprobe liegt. Daneben haben unterschiedliche Zeitreihenlängen erkennbar Einfluss auf den Schätzerfolg, allerdings ist dieser erheblich geringer als der des Penetrationsniveaus.

Generelle Muster dergestalt, dass einfache Modelle tendenziell den höchsten Schätzerfolg bei kurzen Zeitreihen erzielen, sind nicht erkennbar. So schneidet mit der Extended Logistic (3) eines der beiden 4-parametrischen Modelle durchgängig unterdurchschnittlich ab, während das ebenfalls 4-parametrische NUI-Modell (28) deutlich überdurchschnittliche Ergebnisse erzielt. Ebenso sind keine generalisierbaren Unterschiede zwischen autoregressiven und globalen Modellen zu erkennen.

Während in Tabelle V-4 der Anteil erfolgreicher Schätzungen auf der vollständigen Kalibrationsstichprobe $\{x_1,\ldots,x_N\}$ aufgeführt ist, wird in Tabelle V-5 der Anteil an Zeitreihen-Modell-Kombinationen ausgewiesen, die sowohl auf der vollständigen Kalibrationsstichprobe als auch im Rahmen der 3 ersten Teilsegmentschätzungen der rollierenden Prognosesimulation erfolgreich geschätzt werden. Um für die weitere Analyse vollständige Datensätze verwenden zu können, werden in den folgenden Abschnitten nur noch diese durchgehend erfolgreich geschätzten Zeitreihen-Modell-Kombinationen betrachtet.

NR	Modell	Modell-kategorie	Für "eigene" Zeitreihen: Anteil vollständiger Datensätze	Für "eigene" Zeitreihen: Delta	Für alle Zeitreihen: Anteil vollständiger Datensätze	Für alle Zeitreihen: Delta
6	Einfache logistische Funktion	sym.	39%	**-31%**	49%	**-23%**
9	Autoregressive logistische Funktion	sym.	89%	-9%	67%	-6%
10	Lokale logistische Funktion	sym.	77%	**-16%**	53%	-10%
15	Normalverteilungs-modell	sym.	41%	**-30%**	44%	**-23%**
11	Einfache Gompertz-Kurve	n-sym.	50%	**-23%**	31%	**-16%**
14	Autoregressive Gompertz-Kurve	n-sym.	95%	-3%	79%	-6%
20	Autoregressives Floyd-Modell	n-sym.	88%	-7%	74%	-7%
27	Log-reziprokes Modell	n-sym.	98%	-1%	59%	-6%
1	Einfaches Bass-Modell	flex.	91%	-5%	92%	-4%
3	Extended Logistic	flex.	43%	**-26%**	49%	**-23%**
16	Log-Normalverteilungs-modell	flex.	97%	-2%	85%	-6%
17	Weibull-Modell	flex.	90%	-5%	90%	-5%
22	Autoregressives Sharif-Kabir-Modell	flex.	89%	-5%	76%	-7%
24	Log-logistisches Modell	flex.	93%	-4%	90%	-4%
26	SBB	flex.	20%	**-16%**	42%	-13%
28	NUI-Modell	flex.	86%	-12%	82%	-14%
29	NSRL-Modell	flex.	95%	-4%	91%	-6%
Gesamt			75%	-12%	68%	-11%

Tabelle V-5: Anteile vollständiger Datensätze für die weitere Analyse

Neben dem Anteil vollständiger Datensätze ist in Tabelle V-5 auch das Delta zu den erfolgreichen Schätzungen aus Tabelle V-4 angegeben. Abweichungen von kleiner-gleich -15 Prozentpunkten sind fett gedruckt. Trotz einer weiteren Reduzierung der Kalibrationsstichprobe und mehreren konsekutiven Schätzungen (4 erfolgreiche Schätzungen derselben Zeitreihe für unterschiedlich umfangreiche Kalibrationsstichproben) ist bei den meisten Modellen der Anteil vollständiger Datensätze nur moderat geringer als der Anteil erfolgreicher Schätzungen in Tabelle V-4. Weniger stabil sind die Ergebnisse für die einfache logistische Funktion (6), die lokale logistische Funktion (9), das Normalverteilungsmodell (15), die Extended Logistic (3) und das SBB-Modell (26) mit einem Delta über 15 Prozentpunkten.

15.1.2 Within-Sample-Anpassungsgüte

In Tabelle V-6 und Tabelle V-7 werden die wichtigsten Informationen zur Anpassungsgüte innerhalb der Kalibrationsstichprobe zusammengefasst. Alle Informationen beziehen sich auf die Anpassungsgüte für die Diffusionsrate. Auf eine gesonderte Darstellung der korrespondierenden Werte für den Diffusionsgrad wird verzichtet, da das Bestimmtheitsmaß aufgrund der durch die Kumulation der Zeitreihe bedingten Glättung durchgängig sehr hoch ausfällt (>99%) und somit wenig trennscharf ist.

Tabelle V-6 zeigt den Anteil der Schätzungen mit dem höchsten Bestimmtheitsmaß differenziert nach Modell, Zeitreihentyp und Datengenerierungsprozess. Im ersten Spaltenblock wird der Anteil höchster Anpassungsgüte für die „eigenen“ Zeitreihen (differenziert nach Zeitreihentypen) ausgewiesen, während der zweite Spaltenblock den Anteil ausweist, zu dem für die Gesamtheit der Zeitreihen das höchste Bestimmtheitsmaß erreicht wird. Es zeigt sich eindeutig, dass die dem wahren Datengenerierungsprozess entsprechenden Modelle keineswegs auch durchgängig die höchste Anpassungsgüte erreichen. Lediglich vier Modelle erzielen auf den „eigenen“ Daten in über 30% der Fälle die höchste Anpassungsgüte. Die Mehrzahl der Modelle erreicht für die „eigenen“ Daten jedoch nur einen Anteil bester Anpassungsgüte, der unterhalb des bei Unabhängigkeit zu erwartenden Anteilswertes von 1/17 liegt. Anhand des zweiten Spaltenblockes wird auch deutlich, dass die meisten auf den „eigenen“ Daten besonders erfolgreichen Modelle auch auf der Gesamtheit der Zeitreihen gute Ergebnisse erzielen. Besonders hervorzuheben sind dabei das NUI-Modell (1) und das einfache Bass-Modell (28), die beide eine flexible Verlaufsform aufweisen. Ein deutlicher Unterschied zwischen „eigenen“ Daten und der Gesamtheit ist beim log-reziproken Modell (27) und beim Log-Normalverteilungsmodell (16) erkennbar.

NR	Modell	Modell-kategorie	Anteil höchstes R^2 für "eigene" Zeitreihen					Anteil höchstes R^2 für alle Zeitreihen					Anteil höchstes R^2 nach Zeitreihenklassen				
			1	2	3	4	Gesamt	1	2	3	4	Gesamt	1	2	3	4	Gesamt
6	Einfache logistische Funktion	sym.	**9%**	**6%**	5%	0%	5%	**6%**	4%	3%	1%	3%	Bestes R^2 in "eigener" Kategorie				
9	Autoregressive logistische Funktion	sym.	0%	0%	0%	1%	0%	0%	0%	0%	1%	0%	16%	8%	6%	3%	8%
10	Lokale logistische Funktion	sym.	0%	0%	0%	0%	0%	0%	0%	0%	0%	0%	Bestes R^2 bei flexiblen ZR				
15	Normalverteilungs-modell	sym.	**8%**	5%	2%	2%	4%	**6%**	**6%**	5%	2%	5%	10%	9%	8%	4%	8%
11	Einfache Gompertz-Kurve	n-sym.	**27%**	**9%**	**10%**	5%	**13%**	5%	4%	3%	2%	3%	Bestes R^2 in "eigener" Kategorie				
14	Autoregressive Gompertz-Kurve	n-sym.	4%	0%	2%	1%	2%	0%	0%	0%	0%	0%	**32%**	12%	19%	13%	19%
20	Autoregressives Floyd-Modell	n-sym.	2%	0%	0%	1%	1%	0%	0%	0%	0%	0%	Bestes R^2 bei flexiblen ZR				
27	Log-reziprokes Modell	n-sym.	**78%**	**29%**	**60%**	**28%**	**49%**	5%	2%	4%	4%	4%	5%	6%	4%	5%	5%
1	Einfaches Bass-Modell	flex.	**15%**	**40%**	**38%**	**46%**	**35%**	**17%**	**33%**	**25%**	**41%**	**29%**	Bestes R^2 in "eigener" Kategorie				
3	Extended Logistic	flex.	4%	**6%**	3%	1%	4%	5%	4%	2%	1%	3%	**85%**	**83%**	**88%**	**84%**	**85%**
16	Log-Normalverteilungs-modell	flex.	**64%**	**34%**	**44%**	**31%**	**43%**	**7%**	**7%**	**6%**	**8%**	**7%**	Bestes R^2 bei symmetrischen ZR				
17	Weibull-Modell	flex.	**21%**	**18%**	**19%**	**21%**	**20%**	**9%**	**7%**	**12%**	**8%**	**9%**	**82%**	**88%**	**93%**	**85%**	**87%**
22	Autoregressives Sharif-Kabir-Modell	flex.	**12%**	0%	0%	1%	3%	1%	0%	0%	1%	1%	Bestes R^2 bei nicht-sym. ZR				
24	Log-logistisches Modell	flex.	**29%**	**11%**	**38%**	**12%**	**23%**	**6%**	4%	**6%**	4%	5%	**55%**	**74%**	**71%**	**78%**	**69%**
26	SBB	flex.	0%	0%	0%	0%	0%	0%	0%	0%	0%	0%					
28	NUI-Modell	flex.	**57%**	**41%**	**44%**	**24%**	**41%**	**28%**	**25%**	**27%**	**11%**	**23%**					
29	NSRL-Modell	flex.	**6%**	3%	2%	4%	4%	4%	3%	**7%**	**8%**	**6%**					

Fett gedruckte Werte: Anteil ist größer als bei Unabhängigkeit von Modellauswahl und Anpassungsgüte

Tabelle V-6: Prozentualer Anteil von Schätzungen mit dem höchsten Bestimmtheitsmaß

Insgesamt ist der Anteil bester Anpassungsgüte auf den „eigenen" Daten erheblich geringer als dies Meade und Islam (1998) in ihrer Untersuchung ausweisen. Dies hat zur Konsequenz, dass die Within-Sample-Anpassungsgüte wesentlich weniger trennscharf ist, d.h. sie bietet kaum Ansatzpunkte, die wahre Modellkategorie (symmetrisch, nicht-symmetrisch, flexibel) oder gar das dem Datengenerierungsprozess entsprechende Modell zu identifizieren. Besonders deutlich wird dies im dritten Spaltenblock. Dieser gibt den Anteil der Fälle an, in denen ein Modell der zum wahren DGP korrespondierenden Modellkategorie das höchste Bestimmtheitsmaß erzielt. Hier zeigt sich, dass eine von einem symmetrischen Modell generierte Zeitreihe nur in insgesamt 8% der Fälle auch am besten von einem symmetrischen Modell angepasst wird. Im Fall von nicht-symmetrischen Zeitreihen liegt dieser Wert zumindest bei 19%. Die korrespondierenden Werte bei Meade und Islam (1998) betragen im Gegensatz dazu zwischen 81% (Zeitreihentyp 1) und 77% (Zeitreihentyp 4) bzw. zwischen 73% und 51% für nicht-symmetrische Zeitreihen. Anhand der entsprechenden Werte für die flexiblen Zeitreihen ist erkennbar, dass diese in der vorliegenden Untersuchung sowohl für die „eigenen" Zeitreihen als auch für symmetrische und nicht-symmetrische Datensätze den jeweils höchsten Anteil bester Anpassungsgüte aufweisen. Dieser Anteil ist in allen Fällen auch deutlich höher, als bei Unabhängigkeit zu erwarten wäre.

Dieses in deutlichem Widerspruch zu den Erkenntnissen von Meade und Islam (1998) stehende Ergebnis, ist prinzipiell wenig überraschend, da die flexiblen Modelle aufgrund eben dieser Eigenschaft eine Vielzahl unterschiedlicher Zeitreihenverläufe anpassen können.[86] Es bleibt unklar, worauf die deutlich abweichenden Ergebnisse von Meade und Islam (1998) zurückzuführen sind. Die in Tabelle V-6 dargestellten Resultate lassen jedoch die von Meade und Islam berichtete und zur Modellauswahl genutz-

[86] In der hohen Anpassungsgüte der flexiblen Modelle liegt aber stets auch die Gefahr des bereits erwähnten Over-Fittings, d.h. einer zu genauen Anpassung an die Vergangenheitswerte, was zu Lasten der für Prognosen notwendigen Robustheit geht.

te Trennschärfe zwischen den Zeitreihenkategorien vermissen. Dies hat zur Konsequenz, dass zumindest die Within-Sample-Anpassungsgüte nicht oder nur eingeschränkt als Kriterium zur Identifikation der wahren Modellkategorie genutzt werden kann. Trotzdem ist es sehr wohl möglich und wird in Abschnitt V-15.2 untersucht, dass die Anpassungsgüte ein Indikator für ein Modell mit einer hohen Prognosegüte ist (auch wenn dieses nicht dem wahren DPG entspricht).

In Tabelle V-7, die analog zu Tabelle V-6 aufgebaut ist, wird jeweils der Median des Bestimmtheitsmaßes gezeigt. Die bislang diskutierten Ergebnisse werden durch Tabelle V-7 im Kern bestätigt. Auch hier ist unmittelbar erkennbar, dass die flexiblen Modelle hinsichtlich der Anpassungsgüte den symmetrischen und nicht-symmetrischen Modellen überlegen sind. Eine besonders hohe Anpassungsgüte für die Gesamtheit der Zeitreihen weist das 4-parametrische NUI-Modell (28) auf, das eine sehr flexible Verlaufsform hat.

Die deutlichste Trennschärfe ist wiederum beim log-reziproken Modell (27) erkennbar; der Median des Bestimmtheitsmaßes ist in diesem Fall mit insgesamt 0,9 erheblich höher als der Wert von nur 0,43 für alle Zeitreihen. Interessanterweise existiert auch eine Reihe von Modellen (Modelle 1, 3, 15, 17, 24 und 28), die auf der Gesamtheit der Zeitreihen eine höhere Anpassungsgüte erreichen, als auf ihren „eigenen“ Daten. Ebenfalls bemerkenswert ist die Tatsache, dass für die kürzeren Zeitreihentypen 3 und 4 in den meisten Fällen, im Vergleich zu den korrespondierenden längeren Zeitreihentypen 1 und 2, eine höhere Anpassungsgüte erzielt wird. Die Anpassungsgüte wird jedoch in diesen Fällen durch die Kürze der Zeitreihen begünstigt, da die Anpassung einiger weniger Datenpunkte mit einem im Mittel geringeren Fehler verbunden sein kann.[87]

[87] Im Extremfall eines einzigen Datenpunktes würde die Anpassungsgüte 1 betragen.

Tabelle V-7: Median des Bestimmtheitsmaßes

NR	Modell	Modell-kategorie	Median des R^2 für "eigene" Zeitreihen					Median des R^2 für alle Zeitreihen					Median des R^2 nach Zeitreihenklassen				
			1	2	3	4	Gesamt	1	2	3	4	Gesamt	1	2	3	4	Gesamt
6	Einfache logistische Funktion	sym.	0,90	**0,87**	**0,98**	0,78	**0,93**	0,82	0,68	0,91	0,80	0,82	Median R^2 in "eigener" Kategorie				
9	Autoregressive logistische Funktion	sym.	0,93	**0,87**	0,95	0,89	0,92	0,78	0,67	0,84	0,77	0,78	0,88	0,80	0,91	0,84	0,87
10	Lokale logistische Funktion	sym.	0,87	0,85	0,90	0,89	0,88	0,75	**0,70**	0,82	0,76	0,77	Median R^2 bei flexiblen ZR				
15	Normalverteilungs-modell	sym.	0,46	0,30	0,67	0,41	0,48	0,79	0,62	0,90	0,78	0,79	0,74	0,62	0,83	0,76	0,75
11	Einfache Gompertz-Kurve	n-sym.	0,88	0,76	**0,98**	0,88	0,91	0,80	0,58	0,89	0,78	0,79	Median R^2 in "eigener" Kategorie				
14	Autoregressive Gompertz-Kurve	n-sym.	0,80	0,71	0,95	0,85	0,85	0,78	0,66	0,87	0,76	0,78	0,75	0,61	0,87	0,73	0,74
20	Autoregressives Floyd-Modell	n-sym.	0,85	0,79	0,87	0,76	0,83	0,74	0,66	0,84	0,76	0,76	Median R^2 bei flexiblen ZR				
27	Log-reziprokes Modell	n-sym.	**0,96**	0,67	0,97	0,84	0,90	0,31	0,39	0,37	0,57	0,43	0,66	0,53	0,79	0,69	0,67
1	Einfaches Bass-Modell	flex.	0,67	0,50	0,94	0,79	0,77	0,82	0,68	0,92	0,82	0,83	Median R^2 in "eigener" Kategorie				
3	Extended Logistic	flex.	0,88	0,63	0,94	0,72	0,81	0,82	0,67	0,90	0,80	0,82	0,77	0,61	0,88	0,78	0,78
16	Log-Normalverteilungs-modell	flex.	0,88	0,63	0,95	0,85	0,84	0,81	0,65	0,87	0,79	0,80	Median R^2 bei symmetrischen ZR				
17	Weibull-Modell	flex.	0,66	0,41	0,80	0,68	0,66	0,82	0,67	0,92	0,82	0,83	0,88	0,78	0,93	0,82	0,87
22	Autoregressives Sharif-Kabir-Modell	flex.	0,88	0,80	0,80	0,82	0,82	0,74	0,67	0,85	0,76	0,77	Median R^2 bei nicht-sym. ZR				
24	Log-logistisches Modell	flex.	0,77	0,28	0,94	0,71	0,78	0,83	0,67	0,91	0,81	0,83	0,83	0,70	0,91	0,81	0,83
26	SBB	flex.	0,83	0,78	0,96	**0,95**	0,82	0,73	0,66	0,77	0,73	0,73					
28	NUI-Modell	flex.	0,62	0,55	0,91	0,81	0,73	**0,85**	**0,70**	**0,94**	**0,85**	**0,86**					
29	NSRL-Modell	flex.	0,87	0,83	0,93	0,83	0,87	**0,85**	0,67	0,93	0,77	0,83					

Fett gedruckte Werte: Höchster Median aller Modelle für einen Zeitreihentyp

15.1.3 Ergebnisse der rollierenden Prognosesimulation

Die Ergebnisse der rollierenden Prognosesimulation für die Teststichprobe sollen daraufhin untersucht werden, ob und inwiefern sie geeignet sind, zur Identifikation der wahren Modellkategorie (symmetrisch, nicht-symmetrisch, flexibel) beizutragen.

DGP / Modellkategorie	Diffusionsrate			Diffusionsgrad		
	flexibel	nicht-symmetrisch	symmetrisch	flexibel	nicht-symmetrisch	symmetrisch
flexibel	51,7%	**24,2%**	21,5%	**73,3%**	15,3%	8,8%
nicht-symmetrisch	43,4%	**33,1%**	21,9%	**59,9%**	**31,3%**	7,2%
symmetrisch	51,9%	**26,4%**	18,1%	**66,4%**	11,6%	18,4%
Gesamt	49,8%	**26,8%**	20,8%	**68,5%**	18,2%	10,7%

Fett gedruckte Werte: Anteil ist größer als bei Unabhängigkeit

Tabelle V-8: Anteil geringster MAPE-Werte innerhalb der Teststichprobe - Modellkategorien

Tabelle V-8 zeigt die Anteile bester MAPE-Werte für die verschiedenen Zeitreihen und Modellkategorien im Überblick. Während im ersten Spaltenblock (linke Seite) die jeweiligen Anteile für die Diffusionsrate aufgeführt werden, beinhaltet der rechte Spaltenblock die entsprechenden Werte für den Diffusionsgrad. Anhand dieser Daten wird deutlich, dass der Anteil bester Prognosen bei Übereinstimmung von Datengenerierungsprozess und Modellkategorie (Hauptdiagonale) nur in wenigen Fällen höher liegt, als bei Unabhängigkeit zu erwarten wäre. Bei Betrachtung der Diffusionsrate weisen nicht-symmetrische Modelle für alle Zeitreihenkategorien einen höheren Anteilswert für den besten MAPE auf, als den bei Unabhängigkeit zu erwartenden Wert. Sowohl für die nicht-symmetrischen als auch die symmetrischen Modelle ist der Anteil bester Prognosen für den entsprechenden Datengenerierungsprozess zu niedrig, um eine eindeutige Identifikation der Modellkategorie in der Mehrzahl der Fälle zu ermöglichen. Für den Diffusionsgrad erzielen flexible Modelle durchgängig überdurchschnittliche Ergebnisse. Daneben weisen lediglich nicht-symmetrische Modelle für korrespondierende Datengenerierungsprozesse einen Anteilswert auf, der über dem Wert bei Unabhängigkeit liegt.

NR	Modell	Modell-kategorie	Anteil bester MAPE für "eigene" Zeitreihen 1	2	3	4	Gesamt	Anteil bester MAPE für alle Zeitreihen 1	2	3	4	Gesamt
6	Einfache logistische Funktion	sym.	0%	0%	0%	0%	0%	1%	0%	1%	1%	1%
9	Autoregressive logistische Funktion	sym.	**6%**	**15%**	**16%**	5%	**11%**	5%	5%	**40%**	**9%**	**15%**
10	Lokale logistische Funktion	sym.	**13%**	**8%**	0%	1%	6%	5%	1%	2%	2%	2%
15	Normalverteilungs-modell	sym.	**8%**	5%	**6%**	0%	5%	3%	2%	6%	1%	3%
11	Einfache Gompertz-Kurve	n-sym.	**14%**	**6%**	0%	1%	5%	3%	2%	1%	1%	2%
14	Autoregressive Gompertz-Kurve	n-sym.	**8%**	**11%**	3%	**6%**	**7%**	**8%**	**7%**	6%	5%	**6%**
20	Autoregressives Floyd-Modell	n-sym.	**17%**	5%	0%	1%	6%	6%	3%	2%	4%	4%
27	Log-reziprokes Modell	n-sym.	**57%**	**46%**	0%	5%	**27%**	**8%**	**9%**	**16%**	**27%**	**15%**
1	Einfaches Bass-Modell	flex.	**10%**	**15%**	0%	**9%**	**9%**	5%	**14%**	1%	**12%**	**8%**
3	Extended Logistic	flex.	1%	1%	0%	1%	1%	1%	1%	1%	1%	1%
16	Log-Normalverteilungs-modell	flex.	**37%**	**31%**	2%	4%	**19%**	**13%**	**14%**	**8%**	**8%**	**11%**
17	Weibull-Modell	flex.	**20%**	**18%**	3%	**8%**	**12%**	**11%**	**14%**	3%	5%	**8%**
22	Autoregressives Sharif-Kabir-Modell	flex.	**13%**	2%	0%	1%	4%	**6%**	3%	2%	3%	3%
24	Log-logistisches Modell	flex.	**18%**	**15%**	0%	5%	**10%**	**12%**	**10%**	2%	5%	**7%**
26	SBB	flex.	5%	0%	0%	0%	1%	1%	0%	3%	2%	2%
28	NUI-Modell	flex.	**12%**	**12%**	**10%**	**6%**	**10%**	**7%**	5%	5%	2%	5%
29	NSRL-Modell	flex.	3%	**12%**	1%	2%	5%	**6%**	**8%**	2%	6%	5%

Fett gedruckte Werte: Anteil ist größer als bei Unabhängigkeit

Tabelle V-9: Anteil geringster MAPE-Werte für die Diffusionsrate in der Teststichprobe - Einzelmodelle

Dieselbe Betrachtung auf Ebene der einzelnen Modelle und Datengenerierungsprozesse wird in Tabelle V-9 exemplarisch für die Diffusionsrate vorgenommen. Das Resultat ist ähnlich wie in Tabelle V-8 bei Betrachtung der Modellkategorien. Nur wenige Modelle erzielen auf ihren „eigenen" Daten zu einem höheren Prozentsatz beste Prognosen im Hinblick auf den MAPE, als bei Unabhängigkeit zu erwarten wäre. Überdurchschnittliche Ergebnisse auf den „eigenen" Daten erreichen autoregressive logistische Funktion, autoregressive Gompertz-Kurve, log-reziprokes Modell, einfaches Bass-Modell, Log-Normalverteilungsmodell, Weibull-Modell, log-logistisches Modell und NUI-Modell. Allerdings liegt auch bei diesen Modellen der Anteilswert des besten MAPE auf den „eigenen“ Daten mit Ausnahme des Log-Reziproken Modells unter 20%. Diese Ergebnisse legen nahe, dass der Prognoseerfolg in der Teststichprobe kaum als Einflussgröße zur eindeutigen Identifikation des wahren Modells bzw. der wahren Modellkategorie geeignet ist, da dazu der Anteil bester Prognosen für die „eigenen“ Daten bzw. für die zu einer Modellkategorie korrespondierenden Daten deutlich höher ausfallen müsste. Außerdem sind überdurchschnittlich erfolgreiche Modelle im Regelfall nicht nur für die „eigenen“ Daten besonders erfolgreich, sondern weisen einen generell hohen Prognoseerfolg auf. Diese Tatsache stellt die Eignung der rollierenden Prognosesimulation zur Identifikation des wahren Prozesses zusätzlich in Frage. Wenn auch die rollierende Prognosesimulation nicht zur Identifikation des wahren Prozesses beitragen kann, so hat sie doch möglicherweise das Potenzial ein Modell mit hoher Ex-ante-Prognosegüte zu identifizieren. Dieser mögliche Zusammenhang wird in Abschnitt V-15.2 näher untersucht.

15.1.4 Out-of-Sample-Prognosegüte in der Validierungsstichprobe

Die Analyse der Out-of-Sample-Prognosegüte in der Validierungsstichprobe erfolgt in 2 Schritten. Zunächst wird die zeitreihenübergreifende Prognosegüte der Modelle betrachtet, um Aussagen zur generellen Prognoseeignung der unterschiedlichen Modelle ableiten zu können. Dabei ist zu beachten, dass keine zeitreihenspezifische Modellauswahl erfolgt ist, sondern jede Zeitreihe mit allen betrachteten Modellen prognostiziert wird. In einem zweiten Schritt wird die Prognosegüte der wahren Modelle für die „eigenen“ Daten untersucht. Dabei wird insbesondere darauf eingegangen, zu welchem Anteil die dem Datengenerierungsprozess entsprechenden Modelle die höchste Prognosegüte erreichen.

15.1.4.1 Zeitreihenübergreifende Prognosegüte der einzelnen Modelle im Vergleich

In Abbildung V-2 und Abbildung V-3 wird die Out-of-Sample-Prognosegüte der einzelnen Modelle anhand von Boxplots[88] des MAPE illustriert. Dabei werden 3 unterschiedliche Prognosehorizonte $(h = 1, 5, 10)$ betrachtet. Die MAPE-Werte beziehen sich jeweils auf die 1- bis h-stufigen Prognosen für die einzelnen Zeitreihen. Während in Abbildung V-2 die Analyse für Prognosen der Diffusionsrate erfolgt, zeigt Abbildung V-3 die Ergebnisse für Prognosen des Diffusionsgrades.

Vergleich der Prognosegüte für die Diffusionsrate

Anhand von Abbildung V-2 für die Diffusionsrate lassen sich im Einzelnen die folgenden Feststellungen treffen:

- Der MAPE nimmt mit zunehmendem Prognosehorizont erwartungsgemäß deutlich zu.
- Symmetrische Modelle: Einfache logistische Funktion (6) und lokale logistische Funktion (10) erzielen im Median die niedrigsten MAPE über die betrachteten Horizonte.
- Nicht-symmetrische Modelle: Einfache Gompertz-Kurve (11), autoregressive Gompertz-Kurve (14) und das autoregressive Floyd-Modell (20) weisen ähnliche Ergebnisse auf. Im Vergleich dazu fallen die MAPE-Werte des log-reziproken Modells (27) bei kürzeren Horizonten deutlich höher aus. Bei der autoregressiven Gompertz-Kurve (14) nimmt die Varianz der Prognosen mit zunehmendem Prognosehorizont erheblich zu (erkennbar an der Ausdehnung von Box und Whiskers).

[88] Bei den Box-Plots wird zugunsten der Übersichtlichkeit auf die Darstellung der Ausreißer verzichtet.

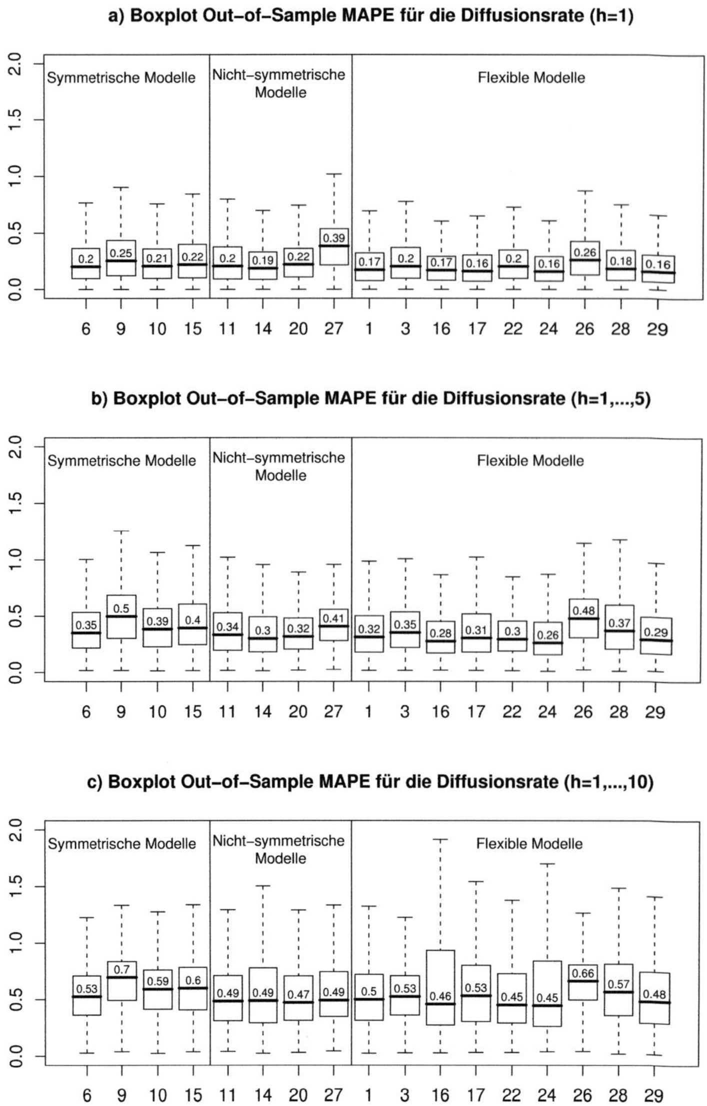

Abbildung V-2: Boxplots des Out-of-Sample MAPE für Prognosen der Diffusionsrate

- Flexible Modelle: SBB-Modell (26) und NUI-Modell (28) erzielen im Median die schlechtesten MAPE-Werte über alle Zeitreihen. Insbesondere bei größeren Horizonten nimmt hier der Median des MAPE stärker zu als bei den anderen Modellen. Die geringsten MAPE erreichen durchgängig das autoregressive Sharif-Kabir-Modell (22), das log-logistische Modell (24) und das NSRL-Modell (29). Das deutlich bessere Ergebnis des NSRL-Modells (29) im Vergleich zum NUI-Modell (29) zeigt, dass der zusätzliche Parameter im NUI-Modell einen negativen Einfluss auf die Prognosegüte hat.[89] Geringfügig schlechter schneiden das einfache Bass-Modell (1) und das Weibull-Modell (17) ab. Analog zu NSRL- und NUI-Modell hat auch der zusätzliche Parameter des Extended Logistic (3) gegenüber dem einfachen Bass-Modell (1) keinen positiven Einfluss auf die Prognosegüte. Prognosen des für kurze Horizonte guten Log-Normalverteilungsmodells (16) verzeichnen für größere Horizonte eine starke Zunahme der Varianz. Allgemein ist bei den flexiblen Modellen eine deutliche Zunahme der Varianz des MAPE für den Prognosehorizont $h = 10$ erkennbar. Nahe liegende Ursache dafür ist die flexible Verlaufsform, die sich bei größeren Horizonten stärker auswirkt.

Insgesamt erzielen die besten flexiblen Modelle für alle Prognosehorizonte im Mittel bessere Resultate als die symmetrischen und nicht-symmetrischen. Allerdings gilt dies nur für die 3-parametrischen flexiblen Modelle; die Erweiterung einzelner Modelle um einen zusätzlicher Parameter führt auf den hier betrachteten kurzen Zeitreihen zu schlechteren Prognoseergebnissen. Mit Ausnahme einiger weniger Modelle (siehe oben) sind die Unterschiede im Median des MAPE jedoch relativ gering und geben kei-

[89] Die Anpassungsgüte des 4-parametrischen NUI-Modells ist hingegen deutlich besser als die des 3-parametrischen NSRL-Modells. Der zusätzliche Parameter führt zu einem Over-Fitting der Vergangenheitsdaten.

nen Anlass einzelne Modelle von der zeitreihenindividuellen Modellauswahl (vgl. Abschnitt V-15.2) von vornherein kategorisch auszuschließen.

Vergleich der Prognosegüte für den Diffusionsgrad

Die Ergebnisse für den Vergleich der Prognosegüte auf der Diffusionsrate lassen sich anhand von Abbildung V-3 auch für die Prognose des Diffusionsgrades in weiten Teilen bestätigen. Die Unterschiede zwischen den einzelnen Modellen sind auch hier wiederum relativ gering. Deutliche Ausnahme mit extrem hohen MAPE-Werten bildet das log-reziproke Modell (27), das für Prognosen des Diffusionsgrades offenbar nicht geeignet ist. Alle Modelle, die für die Diffusionsrate gute Resultate erzielen, weisen auch für Prognosen des Diffusionsgrades im Mittel geringe MAPE-Werte auf. Die durchgängig geringsten MAPE erreichen für den Diffusionsgrad die einfache Gompertz-Kurve (11) sowie das NSRL-Modell (29).

Prognosegüte in Abhängigkeit vom Zeitreihentyp

Eine weitere Differenzierung der Prognosegüte der einzelnen Modelle in Abhängigkeit vom Zeitreihentyp wird in Abbildung V-4 vorgenommen. Für die Prognosehorizonte $h = 1,\ldots,10$ wird der Median des Out-of-Sample MAPE getrennt nach den Zeitreihentypen 1-4 (vgl. Tabelle V-2) für die einzelnen Modelle dargestellt.

Teilabbildung b) für die Prognose des Diffusionsgrades offenbart keine Überraschungen. In Übereinstimmung mit den bisherigen Ergebnissen erzielt die einfache Gompertz-Kurve (11) für die Zeitreihentypen 1-3 im Mittel den geringsten MAPE. Lediglich für Zeitreihen des Typs 4 schneidet das log-logistische Modell leicht besser ab. Interaktionseffekte dergestalt, dass bestimmte Modelle für gewisse Zeitreihentypen besonders gut geeignet sind, während sie für andere Typen ungeeignet sind, treten nur in geringem Umfang auf. Relativ markante Fälle sind das autoregressive Sharif-Kabir-Modell (22) und das Extended Logistic Modell (3), die für Zeitreihen vom Typ 4 deutlich schlechter geeignet sind als für andere Zeitreihentypen.

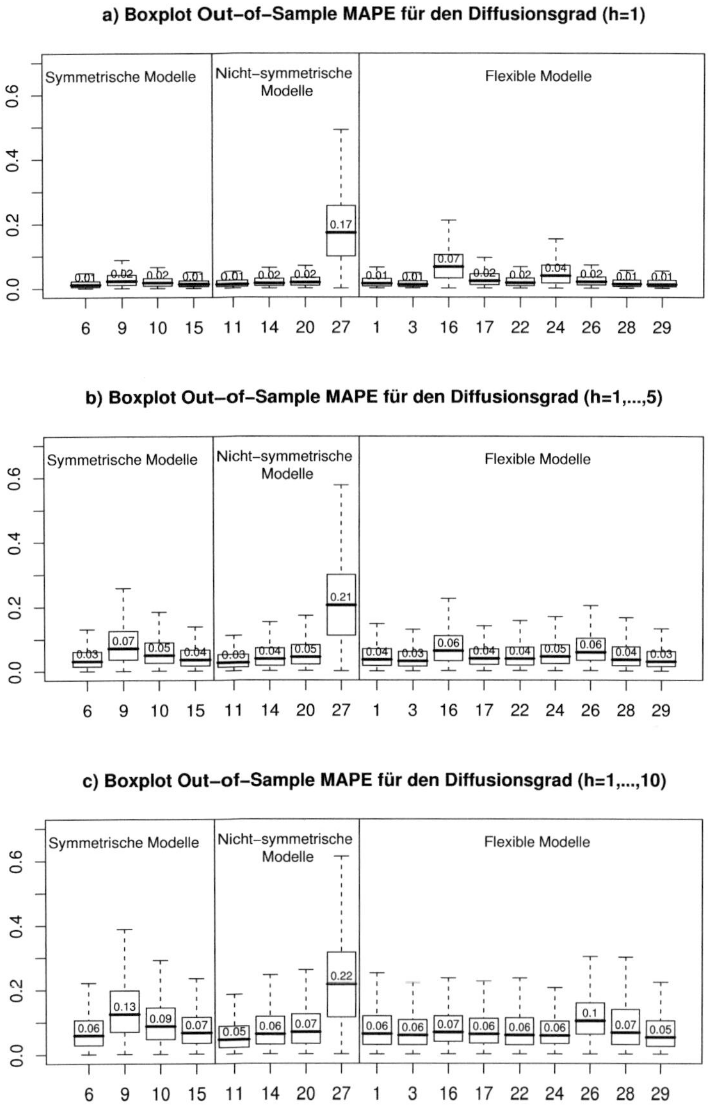

Abbildung V-3: Boxplots des Out-of-Sample MAPE für Prognosen des Diffusionsgrades

Die größte Herausforderung für die Prognose des Diffusionsgrades bilden Zeitreihen vom Typ 4, die relativ kurz sind (10 Beobachtungen zur Modellkalibration) und deren erreichter Penetrationsgrad zum Prognoseursprung unterhalb der Hälfte des Sättigungsniveaus liegt. Am einfachsten zu prognostizieren sind für alle Modelle die längeren Zeitreihen des Typs 1, bei denen die Penetration weit fortgeschritten ist. Für Typ 2 und 3 liegen die Mediane des MAPE auf ähnlichem Niveau. Insgesamt bewegen sich damit die Ergebnisse für den Diffusionsgrad voll im Rahmen der Erwartungen und stehen in Übereinstimmung zu den bisherigen Resultaten.

Für die Diffusionsrate in Teilabbildung a) ergibt sich ein dazu deutlich abweichendes Bild. Überraschend ist, dass bei den Zeitreihentypen 1 und 3, deren Penetration zum Prognoseursprung weit fortgeschritten ist ($0{,}5m \leq X_N < 1m$), durchgängig hohe MAPE-Werte auftreten, während Zeitreihen mit einer geringeren Penetration zum Prognoseursprung (Typen 2 und 4) hauptsächlich bei Prognosen mit flexiblen Modellen relativ niedrige MAPE-Werte aufweisen. Dieses Ergebnis steht auf den ersten Blick der Erwartung entgegen, dass Produkte bzw. Zeitreihen, deren Diffusionsprozess nahezu abgeschlossen ist, besonders leicht zu prognostizieren sind (wie dies auch beim Diffusionsgrad der Fall ist). Ursache für dieses Ergebnis ist aber wiederum die bereits erörterte Problematik, dass absolut kleine Prognosefehler bei niedrigem Niveau der Zeitreihe, wie dies zum Ende des Diffusionsprozesses bei der Diffusionsrate der Fall ist, prozentual hohe MAPE-Werte hervorrufen. Für zeitreihenübergreifende Vergleiche bleiben relative Prognosemaße wie der MAPE aber trotzdem alternativlos. Auch eine Verwendung des korrigierten MAPEs, der auf Werte zwischen 0% und 200% beschränkt ist, würde an dem hier gezeigten Ergebnis im Kern nichts ändern. Aufgrund des skizzierten Effektes ist die Unterteilung der MAPE-Werte nach den einzelnen Zeitreihentypen in ihrer Stellung zueinander für die Diffusionsrate nur begrenzt aussagekräftig. Interessant ist das Ergebnis aber dahingehend, dass deutliche Interaktionseffekte zwischen Modell und Zeitreihentyp erkennbar sind. So erreicht das flexible log-logistische Modell (24) für die Zeitreihentypen 2 und 4 mit Abstand die besten Ergebnisse, während für Zeitreihen vom Typ 1 und 3 mit fortgeschrittenem Diffusionsverlauf die nicht-symmetrische einfache Gompertz-Kurve bzw. das ebenfalls nicht-symmetrische autoregressive Floyd-Modell (20) im Mittel die geringsten Prognosefehler aufweisen.

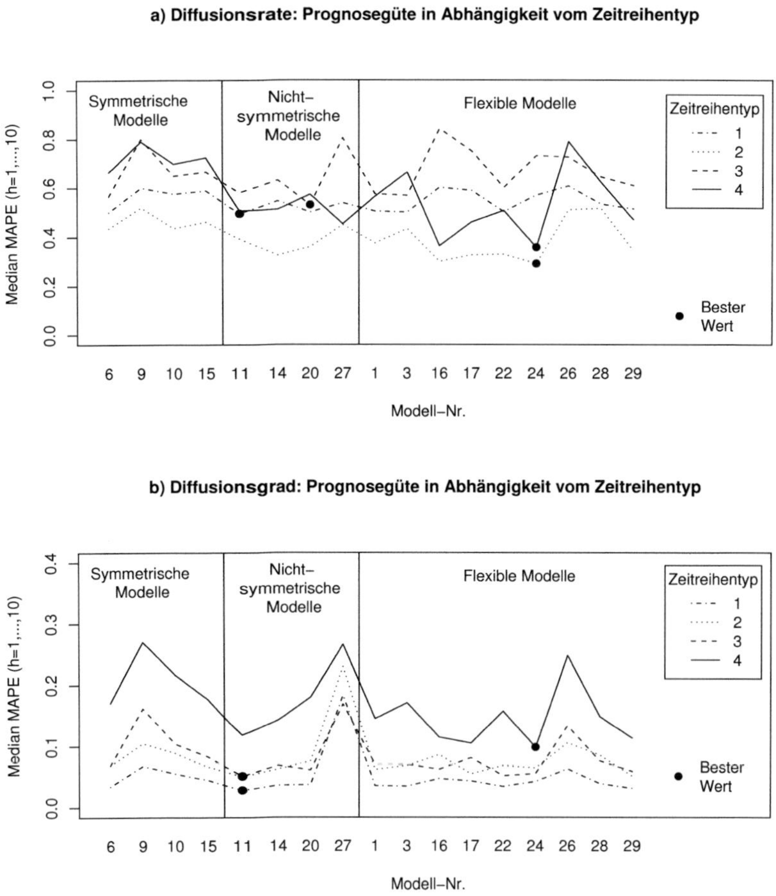

Abbildung V-4: Out-of-Sample-Prognosegüte in Abhängigkeit vom Zeitreihentyp

15.1.4.2 Out-of-Sample-Prognosegüte der dem Datengenerierungsprozess entsprechenden Modelle

In diesem Abschnitt wird untersucht, ob und in welchem Ausmaß die Modelle, die zur Simulation einer bestimmten Zeitreihe verwendet wurden, die entsprechende Zeitreihe auch am besten prognostizieren. Es soll dementsprechend die bei Meade und Islam (1998) zugrunde gelegte Hypothese, dass Modelle, die dem Datengenerierungsprozess entsprechen, die höchste Prognosegüte erzielen, auf Validität überprüft werden.[90]

Dazu wird zunächst analysiert, zu welchem Anteil die einzelnen Modelle jeweils die höchste Prognosegüte für die „eigenen“ Zeitreihen erreichen. Tabelle V-10 gibt den Anteil bester Prognosen der „eigenen“ Zeitreihen gemessen anhand des Out-of-Sample MAPE für unterschiedliche Prognosehorizonte $h = 1, \ldots, H$ wieder. Ist der Anteil bester Prognosen größer, als bei Unabhängigkeit zu erwarten wäre, wird der entsprechende Wert fett gedruckt.

Anhand der Daten in Tabelle V-10 wird deutlich, dass die Hypothese, dass alle Modelle die „eigenen“ Daten stets am besten prognostizieren, nicht bestätigt werden kann. Dennoch fällt der Anteil bester Prognosen bei den meisten Modellen höher aus, als bei Unabhängigkeit zu erwarten wäre. Allerdings treten nur beim log-reziproken Modell (27) und dem Log-Normalverteilungsmodell (16) Anteilswerte bester Prognosen von über 30% auf. Selbst wenn es also mögliche wäre, im Rahmen eines Modellauswahlverfahrens das dem Datengenerierungsprozess entsprechende Modell zu identifizieren, würde so nur bei 2 Modellen in über 30% der Fälle die beste Prognose erzielt werden. Wie die vorangegangen Abschnitte zeigen, ist es jedoch nicht möglich den wahren

[90] Ein dem wahren Datengenerierungsprozess entsprechendes Modell bezeichnet im Kontext dieser Arbeit ein Model, das dem wahren Datengenerierungsprozess hinsichtlich der Modellstruktur entspricht. Da die Modellparameter geschätzt werden, stimmen diese nicht notwendigerweise mit den zur Simulation verwendeten Parametern überein.

DGP zu identifizieren, da sowohl die Within-Sample-Anpassungsgüte als auch die Prognosegüte auf der Teststichprobe dazu nicht hinreichend Aufschluss geben.

NR	Modell	Modell-kategorie	Diffusionsrate Anteil geringster MAPE H=1	H=5	H=10	Diffusionsgrad Anteil geringster MAPE H=1	H=5	H=10
6	Einfache logistische Funktion	sym.	1%	2%	2%	2%	2%	2%
9	Autoregressive logistische Funktion	sym.	**10%**	**20%**	**26%**	**14%**	**19%**	**19%**
10	Lokale logistische Funktion	sym.	**10%**	**11%**	**13%**	**15%**	**18%**	**17%**
15	Normalverteilungs-modell	sym.	**6%**	**7%**	**10%**	5%	4%	**6%**
11	Einfache Gompertz-Kurve	n-sym.	**8%**	**7%**	**9%**	**11%**	**12%**	**12%**
14	Autoregressive Gompertz-Kurve	n-sym.	**11%**	**18%**	**20%**	**25%**	**23%**	**25%**
20	Autoregressives Floyd-Modell	n-sym.	5%	**12%**	**20%**	**7%**	**14%**	**17%**
27	Log-reziprokes Modell	n-sym.	**48%**	**53%**	**52%**	**27%**	**56%**	**69%**
1	Einfaches Bass-Modell	flex.	**14%**	**13%**	**14%**	**13%**	**13%**	**13%**
3	Extended Logistic	flex.	1%	2%	4%	3%	3%	3%
16	Log-Normalverteilungs-modell	flex.	**36%**	**30%**	**26%**	**19%**	**43%**	**51%**
17	Weibull-Modell	flex.	**16%**	**13%**	**17%**	**14%**	**18%**	**20%**
22	Autoregressives Sharif-Kabir-Modell	flex.	4%	**14%**	**17%**	**9%**	**18%**	**21%**
24	Log-logistisches Modell	flex.	**16%**	**17%**	**18%**	**18%**	**26%**	**27%**
26	SBB	flex.	1%	2%	2%	1%	1%	3%
28	NUI-Modell	flex.	**20%**	**16%**	**16%**	**20%**	**16%**	**14%**
29	NSRL-Modell	flex.	**9%**	**11%**	**9%**	**16%**	**12%**	**15%**

Fett gedruckte Werte: Anteil ist größer als bei Unabhängigkeit

Tabelle V-10: Anteil bester Prognosen für die „eigenen“ Zeitreihen - Einzelmodelle

Dies hat zur Konsequenz, dass der Ansatz von Meade und Islam (1998), der auf der impliziten Annahme basiert, dass die Identifikation des dem wahren DGP entsprechenden Modells zur höchsten Prognosegüte führt, in der vorliegenden Arbeit nicht bestätigt werden kann. Der Vollständigkeit halber wird zusätzlich geprüft, zu welchem

Anteil die wahre Modellkategorie (symmetrisch, nicht-symmetrisch, flexibel) die höchste Prognosegüte erreicht und ob somit die Identifikation der richtigen Modellkategorie zu mehrheitlich besten Prognosen führen würde.

Tabelle V-11 zeigt, dass auch die Identifikation der wahren Modellkategorie anstelle der Einzelmodelle keine zufriedenstellende Alternative im Hinblick auf die Prognosegüte bietet. Selbst wenn es gelänge, die dem Datengenerierungsprozess entsprechende Modellkategorie zu identifizieren, beträgt in erster Linie bei symmetrischen und nicht-symmetrischen Modellen, der Anteil zu dem die Prognose eines der Kategorie zugehörigen Modells die beste Prognose erreicht, deutlich unter 50%. Die durchgängig hohen Werte für flexible Modelle sind dahingehend zu relativieren, dass 9 der 17 betrachteten Modelle in diese Kategorie fallen und daher bei Unabhängigkeit in ~53% der Fälle ein flexibles Modell die höchste Prognosegüte erreichen würde. Insbesondere der geringe Anteil symmetrischer Modelle, die auf den „eigenen“ Datensätzen die besten Prognosen erzielen, führt zu einem überproportionalen Erfolg der flexiblen Modelle.

		Diffusionsrate Anteil bester MAPE			**Diffusionsgrad** Anteil bester MAPE		
		Datengenerierungsprozess			Datengenerierungsprozess		
Prognose-horizont	Modellkategorie	flex.	n-sym.	sym.	flex.	n-sym.	sym.
	flexibel	**72%**	**60%**	**69%**	**65%**	**56%**	**60%**
1	nicht-symmetrisch	16%	**29%**	12%	19%	**33%**	16%
	symmetrisch	10%	10%	15%	13%	10%	20%
	flexibel	**67%**	**55%**	**64%**	**68%**	52%	**59%**
5	nicht-symmetrisch	20%	**35%**	13%	19%	**40%**	16%
	symmetrisch	11%	9%	19%	9%	7%	22%
	flexibel	**64%**	51%	**58%**	**71%**	52%	**60%**
10	nicht-symmetrisch	20%	**39%**	13%	18%	**43%**	16%
	symmetrisch	14%	9%	**26%**	8%	4%	21%

Fett gedruckte Werte: Anteil ist größer als bei Unabhängigkeit

Tabelle V-11: Anteil bester Prognosen für die „eigenen“ Zeitreihen - Modellkategorien

Das gute Abschneiden der flexiblen Modelle ist durchaus nicht unerwartet, da sie in der Lage sind eine Vielzahl unterschiedlicher symmetrischer und nicht-symmetrischer Verlaufsformen abzubilden. Besonders vor diesem Hintergrund erscheint der Anspruch von Meade und Islam (1998), die datengenerierende Modellkategorie auch für symmetrische und nicht-symmetrische Datengenerierungsprozesse zu identifizieren, unrealistisch, da die flexiblen Modelle immer auch eine Alternative zur unflexiblen, wahren Verlaufsform darstellen.

Insgesamt bleibt festzuhalten, dass die Identifikation des datengenerierenden Modells oder auch nur der entsprechenden Modellkategorie nicht mehrheitlich auch die höchste Prognosegüte zur Folge hätte. Statt des Vorgehens von Meade und Islam (1998) erscheint es angesichts dieses Zwischenergebnisses sinnvoller, eine an der tatsächlichen Anpassungs- und Prognosegüte innerhalb der Teststichprobe orientierte Modellauswahl durchzuführen, ohne Anspruch auf Identifikation des wahren Modells oder auch einer bestimmten Modellkategorie. Ein entsprechendes Vorgehen wird im folgenden Abschnitt vorgestellt.

15.2 Strategien zur Modellauswahl und Prognosekombination

Während im vorangegangenen Abschnitt die zeitreihenübergreifende Prognosegüte der betrachteten Modelle analysiert wurde, werden im Folgenden unterschiedliche Strategien zur zeitreihenspezifischen Modellauswahl entwickelt und überprüft. Da die betrachteten Zeitreihen durchweg kurz sind und daraus eine hohe Unsicherheit resultiert, werden nicht nur unterschiedliche Strategien zur Auswahl einzelner Modelle bewertet, sondern wie bei Meade und Islam (1998) auch Prognosekombinationen betrachtet. Durch die Kombination verschiedener Modelle soll dabei analog zur Portfoliooptimierung eine Varianzreduktion erreicht werden (Küsters 2004).

15.2.1 Potenzielle Modellauswahlkriterien

Geeignete Modellauswahlkriterien zeichnen sich dadurch aus, dass sie, auf Basis der zum Zeitpunkt der Prognoseerstellung verfügbaren Informationen, zur Auswahl von

Modellen mit einer hohen Ex-ante-Prognosegüte führen. Auswahlkriterien sind also dann besonders geeignet, wenn sie den Zusammenhang zwischen den verfügbaren Informationen zum Zeitpunkt der Prognose und der Prognosegüte im Mittel möglichst gut abbilden. Im Kontext der aktuellen Untersuchung kommen die Anpassungsgüte in der Kalibrationsstichprobe und die Prognosegüte in der Teststichprobe als Auswahlkriterien in Frage.

Als Indikator zur Bestimmung potenzieller Modellauswahlkriterien wird in Tabelle V-12 dargestellt, mit welcher Häufigkeit ein Modell, das für eine bestimmte Zeitreihe hinsichtlich der Anpassungsgüte bzw. der Prognoseevaluation unter den besten 3 Modellen liegt, ebenfalls bei der Out-of-Sample-Prognose in der Validierungsstichprobe einen Rang unter den besten 3 Modellen erreicht.[91] Die entsprechenden Ränge für die Anpassungsgüte in der Kalibrationsstichprobe werden für Diffusionsgrad und -rate getrennt anhand des Bestimmtheitsmaßes berechnet, während die Rangfolge für die Prognoseevaluation anhand des RMSE ermittelt wird.[92] Zum Ranking der Out-of-Sample-Prognosen wird ebenfalls der RMSE verwendet. Dabei wird sowohl zwischen Prognosen der Diffusionsrate und des Diffusionsgrades als auch zwischen verschiedenen Prognosehorizonten $h = 1, \ldots, H$ unterschieden.

[91] Zur Bewertung des Zusammenhangs werden Rangzahlen verwendet, da diese bei der Prognose einzelner Zeitreihen in praktischen Anwendungen unproblematisch ermittelt werden können.

[92] Da hier nur jeweils eine Zeitreihe betrachtet wird, ist der RMSE das bevorzugte Fehlermaß, da er als absolutes Maß nicht so sensibel auf absolut kleine Abweichungen bei niedrigem Zeitreihenniveau reagiert, wie dies beispielsweise beim MAPE der Fall ist. Verzerrungen durch unterschiedliche Niveaus der Zeitreihen treten nicht auf, da für die Bildung der Ränge jeweils nur eine Zeitreihe betrachtet wird.

Berechnungsgrundlage		Zugrundeliegendes Fehlermaß	Diffusionsrate – Prognosehorizont 1	5	10	Diffusionsgrad – Prognosehorizont 1	5	10
Kalibrationsstichprobe	Diffusionsrate	R^2	**39%**	**38%**	**38%**	36%	**41%**	**39%**
	Diffusionsgrad	R^2	37%	36%	35%	**42%**	**41%**	38%
Teststichprobe	Diffusionsrate	RMSE	33%	34%	35%	28%	32%	34%
	Diffusionsgrad	RMSE	**40%**	**40%**	**40%**	**45%**	**47%**	**44%**

Tabelle V-12: Häufigkeiten Top-3-Rang für Anpassungsgüte bzw. Prognoseevaluation bei gleichzeitigem Top-3-Rang für die Ex-ante-Prognose

Anhand von Tabelle V-12 wird deutlich, dass kein starker Zusammenhang zwischen der Anpassungsgüte bzw. der Prognosegüte in der Teststichprobe und der Out-of-Sample-Prognosegüte in der Validierungsstichprobe besteht. Nur in ~40% der Fälle führt ein Top-3-Rang in Kalibrations- oder Teststichprobe auch zu einem Rang unter den besten 3 Modellen hinsichtlich der Out-of-Sample-Prognosegüte.[93] Nach der vorliegenden Auswertung bildet eine Platzierung unter den besten 3 Modellen im Rahmen der Prognoseevaluation den durchgängig stärksten Indikator für einen Top-3-Rang bei der Out-of-Sample-Prognose des Diffusionsgrades. Für die Diffusionsrate ist eine Top-3-Positionierung in der Kalibrationsstichprobe der stärkste Hinweis auf einen Top-3-Rang der Ex-ante-Prognose. Obwohl die berechneten Zusammenhänge relativ schwach sind, sollen im folgenden Abschnitt verschiedene auf dem Ranking in Ka-

[93] Die höchsten Häufigkeiten für Indikatoren aus der Kalibrationsstichprobe und der Teststichprobe sind in Tabelle V-12 jeweils fett gedruckt.

librations- und Teststichprobe basierende Modellauswahl- und –kombinationsstrategien verglichen werden.

15.2.2 Vergleich unterschiedlicher Strategien zur Modellauswahl und Prognosekombination

Unter Berücksichtigung der verfügbaren Informationen und der bisherigen Erkenntnisse, werden im Folgenden verschiedene Modellauswahl und -kombinationsverfahren entwickelt und hinsichtlich ihrer Ex-ante-Prognosegüte bewertet. Zur Beurteilung der Prognosegüte werden die einzelnen Prognosen jeweils mit zwei Referenzprognosen verglichen:

1. Vergleich mit der jeweils besten Prognose für eine bestimmte Zeitreihe gemessen anhand des RMSE für $h = 1,\ldots,10$. Da für die Validierungsstichprobe die wahre Zeitreihe bekannt ist, kann dieser Referenzwert einfach ermittelt werden.
2. Vergleich mit der Prognose des zum Datengenerierungsprozess korrespondierenden Modells. Dieses Vorgehen wird von Meade und Islam (1998) verwendet und soll daher ebenfalls zum Einsatz kommen, um eine Gegenüberstellung der Ergebnisse zu ermöglichen.[94] Als Vergleichsmaßstab wird ebenfalls der RMSE für ein- bis zehnstufige Prognosen verwendet.

Zum Vergleich wird analog zu Meade und Islam (1998) jeweils der RMSE des ausgewählten Modells bzw. der ausgewählten Prognosekombination zur Referenzgröße in der Form

$$\frac{RMSE_{\text{DGP/Beste Prognose}}}{RMSE_{\substack{\text{Ausgewähltes Modell/}\\ \text{Prognosekombination}}}} \cdot 100\%$$

[94] Die Verwendung des dem Datengenerierungsprozess entsprechenden Modells hat zur Konsequenz, dass im Folgenden nur noch Zeitreihen betrachtet werden, für die die Schätzung des korrespondieren Modells durchgängig erfolgreich war.

ins Verhältnis gesetzt. Dieser Quotient wird für jede betrachtete Zeitreihe berechnet und im Anschluss über alle Zeitreihen durch den geometrischen Mittelwert gemittelt. Der für eine Modellauswahl- oder -kombinationsstrategie resultierende Gesamtwert drückt aus, um wieviel Prozent der RMSE des verwendeten Verfahrens im Mittel besser oder schlechter als das Referenzverfahren abschneidet. Werte über 100% bedeuten einen besseren Prognoseerfolg des betrachteten Verfahrens im Vergleich zur jeweiligen Referenzgröße. Dies gilt dementsprechend in umgekehrter Weise für Werte kleiner als 100%.

Anhand des dargestellten Verfahrens sollen die folgenden unterschiedlichen Strategien zur Modellauswahl und Prognosekombination bewertet und verglichen werden:

1. Prognosekombination als einfaches arithmetisches Mittel der Prognosen aller erfolgreich geschätzten Modelle
2. Auswahl des Modells mit dem höchsten Bestimmtheitsmaß in der Kalibrationsstichprobe
   a) Für die Diffusionsrate
   b) Für den Diffusionsgrad
3. Prognosekombination aus den „x besten" Modellen im Hinblick auf die Anpassungsgüte (Bestimmtheitsmaß) in der Kalibrationsstichprobe
   a) Für die Diffusionsrate
   b) Für den Diffusionsgrad
4. Auswahl des Modells mit dem geringsten RMSE in der Teststichprobe
   a) Für die Diffusionsrate
   b) Für den Diffusionsgrad
5. Prognosekombination aus den „x besten" Modellen im Hinblick auf den RMSE in der Teststichprobe
   a) Für die Diffusionsrate
   b) Für den Diffusionsgrad

6. Prognosekombination aus den „x besten“ Modellen aus der rollierenden Prognosesimulation und den „x besten“ Modellen aus der Within-Sample-Analyse. Dabei wird für die Anpassungsgüte der Rang auf der Diffusionsrate und für die Prognosesimulation der Rang auf dem Diffusionsgrad als ausschlaggebend angesehen, da sich beide Kriterien in der Analyse erfolgreicher als das jeweilige Pendant herausgestellt haben (siehe Ergebnisse in Tabelle V-13).

Die Anzahl der jeweils zur Prognosekombination verwendeten „x besten“ Modelle wird im Rahmen dieser Analyse sukzessiv erhöht, bis das Optimum hinsichtlich des Quotienten der RMSE gefunden ist. Bei der unter Punkt 6 angegeben Kombinationsstrategie wird die Anzahl der „x besten“ Modelle jeweils gleichmäßig erhöht. Bei den hier vorgenommenen Prognosekombinationen werden alle Modelle bzw. Prognosen gleich gewichtet, da eine mit zunehmendem Rang abnehmende Gewichtung zu einer schlechteren Gesamtprognosegüte führte.

In Tabelle V-13 werden die Ergebnisse der einzelnen Modellauswahl und -kombinationsstrategien im Überblick aufgeführt. Als Referenz werden Prognosen der dem Datengenerierungsprozess entsprechenden Modelle verwendet. Es ist zu erkennen, dass keine der angewendeten Auswahl- und Kombinationsprinzipien durchgängig bessere Ergebnisse als das korrekte Modell erreicht. Als erfolgreichstes Verfahren hat sich die gleichgewichtete Kombination der 4 besten Prognosen bzw. der 4 besten Modelle für den Diffusionsgrad in der Teststichprobe erwiesen (fett gedruckte Werte). Diese Prognosekombination erreicht für die Diffusionsrate durchgängig Werte über 90% für den Vergleichsquotienten, für einstufige Prognosen des Diffusionsgrades ist die Kombination sogar besser als das entsprechende datengenerierende Modell. Diese Ergebnisse erreichen nicht ganz das Niveau von Meade und Islam (1998), die für ein- bis zehnstufige Prognosen einen Vergleichsquotienten von im Mittel 96% berichten. Jedoch berichten Meade und Islam auch wesentlich trennschärfere Kriterien für Kalibrations- und Teststichprobe, die in der vorliegenden Arbeit nicht bestätigt werden konnten. Ursache dafür ist möglicherweise, dass Meade und Islam (1998) das Sättigungsniveau der Modelle fest auf $m := 1$ setzen und somit vereinfachte Modelle verwenden. Durch diese Festlegung ist eventuell eine genauere Identifikation von Prozessen möglich, die durch unflexible symmetrische oder nicht-symmetrischen Modelle generiert wurden. In der vorliegenden Arbeit konnten vor allem die symmetrischen aber auch die nicht-symmetrischen Modelle die „eigenen" Daten nur in der Minderheit der Fälle anhand der Anpassungsgüte oder der Prognoseevaluation identifizieren. Die hohen Anteile bester Werte für die „eigenen" Daten, die Meade und Islam (1998) berichten, konnten – wahrscheinlich wegen der um den Parameter des Sättigungsniveaus erweiterten Modelle – nicht reproduziert werden. Angesichts des realistischeren Versuchsaufbaus mit zu schätzendem Sättigungsniveau ist aber ein Wert von >90% für den Vergleichsquotienten durchaus als Erfolg zu bewerten.

		Diffusionsrate			**Diffusionsgrad**		
Zugrunde-liegende Strategie	Max. Anzahl kombinierter Modelle	Prognosehorizont			Prognosehorizont		
		1	5	10	1	5	10
1)	--	75%	82%	83%	48%	63%	65%
2a)	--	88%	83%	80%	85%	77%	70%
2b)	--	85%	78%	76%	94%	73%	64%
3a)	6	91%	90%	88%	84%	82%	77%
3b)	4	90%	87%	86%	101%	83%	75%
4a)	--	59%	67%	69%	41%	49%	51%
4b)	--	89%	84%	82%	97%	80%	73%
5a)	10	75%	82%	83%	53%	65%	66%
5b)	4	**95%**	**92%**	**90%**	**102%**	**90%**	**82%**
6)	8	94%	**92%**	**90%**	96%	88%	82%

Tabelle V-13: Modellauswahl- und -kombinationsstrategien im Vergleich zu Prognosen des datengenerierenden Modells

Zugrunde-liegende Strategie	Max. Anzahl kombinierter Modelle	Diffusionsrate			Diffusionsgrad		
		Prognosehorizont			Prognosehorizont		
		1	5	10	1	5	10
1)	--	20%	59%	63%	14%	32%	32%
2a)	--	23%	59%	61%	25%	40%	35%
2b)	--	22%	56%	57%	28%	38%	32%
3a)	6	24%	64%	67%	25%	43%	38%
3b)	4	24%	63%	65%	30%	43%	37%
4a)	--	16%	48%	52%	12%	25%	25%
4b)	--	24%	60%	62%	29%	42%	36%
5a)	10	20%	59%	63%	16%	34%	33%
5b)	4	**25%**	**66%**	68%	**30%**	**46%**	**41%**
6)	8	25%	**66%**	**69%**	28%	**46%**	41%

Tabelle V-14: Modellauswahl- und -kombinationsstrategien im Vergleich zur besten Prognose

Wie jedoch in den vorangegangenen Abschnitten bereits an verschiedenen Stellen thematisiert wurde, erreichen auch die dem Datengenerierungsprozess entsprechenden Modelle nur in der Minderheit der Fälle auch die besten Prognosen für die zugehörigen Zeitreihen. Von daher sollten auch die Modellselektions- und -kombinationsverfahren nicht nur den Prognosen der zum DGP korrespondierenden Modelle gegenüber gestellt, sondern auch mit den tatsächlich besten Prognosen für die einzelnen Zeitreihen verglichen werden. Die analog zu Tabelle V-13 aufgebaute Tabelle V-14 zeigt das Ergebnis dieses Vergleichs. Wiederum werden zwar mit der Strategie 5b) mehrheitlich die besten Ergebnisse erzielt, diese fallen jedoch deutlich schlechter aus, als beim Vergleich mit den datengenerierenden Modellen. Besonders für Prognosen des Diffusionsgrades ist der Vergleichsquotient mit unter 50% sehr niedrig. Das Ergebnis verdeutlicht, dass zwar durch Prognosekombinationen Verbesserungen erzielt werden können, insgesamt wird aber auch klar, dass es extrem schwierig bleibt, der Prognosegüte des bestprognostizierenden Modells nahe zu kommen. Erwartungsgemäß schneiden auch die dem Datengenerierungsprozess entsprechenden Modelle im Vergleich zu den besten Prognosen nicht erheblich besser ab. Für ein- bis zehnstufige Prognosen der Diffusionsrate erreichen die wahren Modelle einen Vergleichsquotienten von ~75%, für den Diffusionsgrad knapp 50%. Diese Werte bestätigen noch einmal die Feststellung, dass die dem Datengenerierungsprozess entsprechenden Modelle nicht mehrheitlich die höchste Prognosegüte erreichen.

16 *Fazit*

Die wesentlichen Ergebnisse der vorliegenden Untersuchung zur Modellauswahl und Prognosekombination lassen sich in den folgenden Punkten zusammenfassen:

- Die Anpassungsgüte in der Kalibrationsstichprobe ist wenig aussagekräftig im Hinblick auf die Prognosegüte. So erzielt beispielsweise das NUI-Modell (28) das höchste Bestimmtheitsmaß auf der Kalibrationsstichprobe, erreicht aber gleichzeitig für die Ex-ante-Prognosen nur durchschnittliche bzw. schlechte Ergebnisse. Der Zusammenhang zwischen einem Ranking hinsichtlich der Anpassungsgüte und der Ex-ante-Prognosegüte ist relativ schwach. Auch erweisen sich Modellselektions- und Kombinationsstrategien, die auf der Within-Sample-Analyse basieren, anderen Ansätzen unterlegen.

- Die Ergebnisse der dynamischen Prognosesimulation haben nur einen begrenzten Nutzen für die Modellauswahl gezeigt. So erreichen zwar Modellauswahlstrategien, die auf den Resultaten der Prognosesimulation basieren, im Vergleich zum datengenerierenden Modell einen Vergleichsquotienten von durchgängig über 90%, allerdings fällt der Vergleich zur besten Prognose vor allem für den Diffusionsgrad deutlich schlechter aus.

- Insgesamt die höchste Ex-ante-Prognosegüte erzielen die 3-parametrischen flexiblen bzw. teilflexiblen Modelle. Vor allem das log-logistische Modell (24) aber auch das Sharif-Kabir-Modell (22) und das NSRL-Modell (29) erreichen überdurchschnittlich gute MAPE-Werte. Unter den symmetrischen Modellen haben sich die einfache (6) und die lokale logistische Funktion (10) im Mittel als besonders gut geeignet erwiesen. Einfache (11) und autoregressive Gompertz-Kurve (14) haben aus der Gruppe der nicht-symmetrischen Modelle die besten Prognosen erreicht.

- Weiterhin hat sich ergeben, dass durch die Kombination von Prognosen gegenüber der Auswahl eines einzigen Modells im Mittel bessere Prognosen erreicht werden können. Eine Gegenüberstellung der Vergleichsquotienten zeigt jedoch, dass sich die Unterschiede zwischen der Auswahl eines einzelnen Modells auf Basis der Prognoseevaluation gegenüber einer entsprechenden Prognosekombination im Mittel nur im Bereich von 5%-10% bewegen.

- Ob durch den Einsatz komplexerer Auswahl- und Kombinationsverfahren, beispielsweise die Verwendung von Diskriminanzanalyse (Meade und Islam 1998) oder Logit-Modellen, bessere Resultate hinsichtlich der Modellauswahl und Prognosekombination erreicht werden können, ist fraglich, da die Anpassungsgüte und auch die Ergebnisse der Prognosesimulation nur in geringem Zusammenhang zur Ex-ante-Prognosegüte stehen.

- Die dem Datengenerierungsprozess entsprechenden Modelle erreichen nicht mehrheitlich die höchste Prognosegüte. Das bedeutet, die Identifikation der wahren Modellform, sofern sie möglich wäre, würde im Mittel nicht die beste Prognose gewährleisten.

VI Schlussbetrachtung

Im Rahmen des einleitenden Modellüberblicks wurde zunächst die Vielzahl der unterschiedlichen Modelle erörtert und systematisiert. Im Anschluss daran wurden Anwendungssituationen und -gebiete für Wachstumskurvenmodelle kategorisiert und die durch die Modellform bedingte besondere Relevanz von Wachstumskurvenmodellen thematisiert. Hinsichtlich der betriebswirtschaftlichen Anwendung und Relevanz bleibt festzuhalten, dass Prognosen mit Wachstumskurvenmodellen einen wichtigen Input für die Marketingplanung einzelner Produkte und Produktkategorien bilden. Neben der reinen Absatz- und Marktplanung unterstützen sie eine effektive zeitliche und quantitative Planung von Marketing-Mix-Variablen für die einzelnen Produktlebenszyklus-Phasen. Nachgelagert haben sie damit auch Bedeutung für die Produktions- und Logistikplanung. Wachstumskurvenmodelle sind jedoch ausdrücklich nicht geeignet, den grundsätzlichen Markterfolg von Innovationen vor Markteinführung zu prognostizieren. Hier und bei Prognosen in der Markteinführungsphase besteht weiterer Forschungsbedarf bezüglich des Zusammenspiels mit geeigneten befragungsgestützten Ansätzen.

Hinsichtlich der Hauptziele der Arbeit, d.h. (1) der Definition eines konsistenten Prognoseprozesses sowie der Untersuchung von (2) Modellschätzung und (3) Modellauswahl, wurden die im Folgenden aufgeführten Kernergebnisse herausgearbeitet.

Definition eines Prognoseprozesses für Neuproduktprognosen mit Wachstumskurvenmodellen

Durch die Definition eines an die Besonderheiten der Prognose mit Wachstumskurvenmodellen angepassten Prognoseprozesses wurden die vielfach singulären Konzepte und Ansätze aus der Literatur in ein einheitliches Gesamtkonzept eingebettet. Der definierte Prognoseprozess führt in fünf Schritten von der (1) Dateninspektion über (2) Datentransformation, (3) Modellselektion, (4) Modellschätzung / tentative Prognose und (5) Modelldiagnostik & Prognoseevaluation zur finalen Prognose. Für die einzelnen Prozessphasen wurden die zur Erstellung von erfolgreichen Neuproduktprognosen erforderlichen Analysen und Operationen beschrieben und Problemfelder erörtert. Mit diesem Prozess existiert somit erstmals ein konsistenter Rahmen und Leitfaden für Neuproduktprognosen mit Wachstumskurvenmodellen, der dem Anwender bei der Erstellung von Prognosen Orientierung für die einzelnen Prozessschritte bietet.

Vergleich unterschiedlicher Schätzverfahren

In der Untersuchung zum Vergleich unterschiedlicher Schätzverfahren bezüglich ihres Einflusses auf die Prognosegüte werden die wichtigsten und meist verbreiteten Verfahren (OLS, MLE sowie NLS auf Diffusionsrate und -grad) erstmalig systematisch anhand einer aussagekräftigen Anzahl von Zeitreihen (6250 Datensätze) unterschiedlicher Charakteristika (5 Zeitreihenlängen, 3 Penetrationsniveaus, 2 Wendepunktlagen) vergleichend betrachtet.

Als Kernergebnis dieser Untersuchung in Teil IV ist festzuhalten, dass nicht-lineare Kleinste-Quadrate-Schätzung der Diffusionsrate (NLS) im Mittel die höchste Ex-ante-Prognosegüte für Diffusionsrate und Diffusionsgrad erzielt. Allerdings ist die Prognosegüte der ML-Schätzung nur marginal geringer.

Besonders die gewöhnliche Kleinste-Quadrate-Schätzung hat sich im Einklang mit der Literatur als wenig geeignet herausgestellt. Auch die nicht-lineare Kleinste-Quadrate-Schätzung des Diffusionsgrades erreicht im Mittel sowohl für die Diffusionsrate als auch für den Diffusionsgrad eine deutlich geringere Prognosegüte.

Interaktionseffekte derart, dass einzelne Schätzverfahren für bestimmte Zeitreihenkategorien oder Prognosehorizonte besonders geeignet sind, existieren nur in sehr geringem Umfang. Insbesondere die Zeitreihenlänge und der Prognosehorizont haben keinen erkennbaren Einfluss auf die Rangfolge der Schätzverfahren. Lediglich bei Zeitreihen mit erkennbar geringer Penetration zum Prognoseursprung erzielt die ML-Schätzung marginal bessere Prognosen als die NLS-Schätzung der Diffusionsrate.

Neben den insgesamt besten Ergebnissen im direkten Vergleich sprechen auch die einfachere Handhabbarkeit und die gegenüber der ML-Schätzung realistischeren Standardfehler dafür, der NLS-Schätzung den Vorzug gegenüber der ML-Schätzung zu geben.

Generell sollte die Modellschätzung auf Basis aller zum Prognoseursprung verfügbaren Informationen restringiert werden, um massive Fehlprognosen insbesondere des Sättigungsniveaus zu vermeiden.

Modellauswahl und Prognosekombination

In der Simulationsstudie zur Modellauswahl und Prognosekombination werden, anknüpfend an die Arbeit von Meade und Islam (1998) für vereinfachte Modelle mit fixem Sättigungsniveau $(m = 1)$, zum ersten Mal Modellauswahl und Prognosekombination für nicht-vereinfachte Modelle mit zu schätzendem Sättigungsniveau anhand einer großen Zahl von simulierten Zeitreihen (6.800 Datensätze) unterschiedlicher Eigenschaften (17 Datengenerierungsprozesse, 2 Zeitreihenlängen sowie 2 Penetrationsniveaus) analysiert.

Auf Basis dieser in Teil V durchgeführten Untersuchung und unter Berücksichtigung der Erkenntnisse aus der Literatur, lassen sich die folgenden „Principles“ zur Modellauswahl festhalten:

- Es existiert kein bestes Modell für alle Prozesse.
- Parametersparende Prognosemodelle tendieren zu besseren Prognosen als komplexe.
- Die insgesamt höchste Ex-ante-Prognosegüte erzielen im Rahmen der durchgeführten Untersuchung die 3-parametrischen flexiblen bzw. teilflexiblen Modelle (insbesondere Sharif-Kabir-, log-logistisches und NSRL-Modell). Das weitverbreitete einfache Bass-Modell erreicht nur durchschnittliche Resultate.

- Bei deterministisch identischen Modellen hat die repräsentationsabhängige Fehlerstruktur Einfluss auf die Prognosegüte.
- Der Prognosehorizont ist ohne erkennbaren systematischen Einfluss auf die Rangfolge der Modelle.
- Es existiert nur ein schwacher Zusammenhang zwischen Anpassungs- und Prognosegüte. Modellselektions- und Kombinationsstrategien, die auf der Anpassungsgüte als Kriterium basieren, zeigen sich einem auf Prognosesimulationen beruhenden Vorgehen unterlegen.
- Eine zuverlässige Identifikation des datengenerierenden Modells bzw. der entsprechenden Modellkategorie anhand von Within- und Out-of-Sample-Analyse hat sich als nicht möglich erwiesen. Als besonders überraschendes Ergebnis hat sich herausgestellt, dass die dem Datengenerierungsprozess entsprechenden Modelle nicht mehrheitlich die besten Prognosen erzielen. Diese Erkenntnis, die im Widerspruch zu den theoretischen Erwartungen steht, hat zur Konsequenz, dass eine erfolgreiche Identifikation der wahren Modellform im Mittel nicht die höchste Prognosegüte gewährleisten würde. Damit ist auch der Ansatz von Meade und Islam (1998) zur Modellauswahl, der darauf zielt, die dem Datengenerierungsprozess entsprechende Modellkategorie zu identifizieren, in Frage gestellt.
- Modellauswahl und Prognosekombination basierend auf den jeweils besten Modellen aus einer dynamischen Prognosesimulation erreichen die höchste Prognosegüte. Im Mittel erzielt eine Kombination der 4 besten Modelle gegenüber der Prognose des besten Einzelmodells eine 5%-10% bessere Prognosegüte. Im Vergleich zum datengenerierenden Modell erreicht die Prognosekombination einen RMSE-Vergleichsquotienten von durchgängig über 90%; im Vergleich zur jeweils besten Prognose hingegen nur ~65% (für Prognosen der Diffusionsrate).

Nicht im Rahmen dieser Arbeit untersucht wurde die Prognosegüte der betrachteten Modelle im Vergleich zu alternativen Verfahren wie befragungsgestützten Marktforschungsverfahren (Testmarktmodelle einschließlich Paneln sowie Produkt- oder Konzepttests), Diffusionsmodellen auf individueller Ebene bzw. Discrete Choice Modellen. Hier besteht jedoch nicht nur weiterer Forschungsbedarf hinsichtlich des Vergleichs der Prognosegüte, sondern auch bezüglich möglicher Interaktion und Kombination mit derartigen Verfahren in der praktischen Anwendung. Insbesondere für Prognosen vor Markteinführung oder in der Markteinführungsphase ist die Kombination bzw. Interaktion mit befragungsgestützten Verfahren unverzichtbar.

Anhang A.1: Herleitung Bass-Modell[95]

Das Bass-Modell (Abschnitt II-2.2)

$$\begin{aligned}\frac{dX(t)}{dt} &= \left(p+q\frac{X(t)}{m}\right)(m-X(t))\\ &= pm+(q-p)X(t)-\frac{q}{m}X(t)^2\end{aligned}$$

ergibt unter Berücksichtigung von $X(t)=mF(t)$, $x(t)=mf(t)$ und $\frac{dF(t)}{dt}=f(t)$

die Ausgangsgleichung

$$f(t)=\frac{dF(t)}{dt}=p+(q-p)F(t)-qF(t)^2$$

für die Lösung der Differentialgleichung. Ziel ist es nun, das unbestimmte Integral dieser Funktion zu bilden. Durch die Umformungen

$$\begin{aligned}&\frac{dF(t)}{dt}=p+(q-p)F(t)-qF(t)^2\\ \Leftrightarrow\ &-\frac{1}{q}\frac{dF(t)}{dt}=\underbrace{F(t)^2+\frac{p-q}{q}F(t)-\frac{p}{q}}_{(F(t)-1)(F(t)+p/q)}\end{aligned}$$

erhält man die Normalform einer quadratischen Gleichung, die mit den Nullstellen $N_1=1$ und $N_2=-p/q$ als Produkt $(F(t)-1)(F(t)+p/q)$ dargestellt werden kann.

---

95 Dank gebührt Dipl.-Math. Bernhard Brandel für die Unterstützung bei der Lösung der Differentialgleichung des Bass-Modells.

Mit

$$-\frac{1}{q}\frac{dF(t)}{dt} = \left(F(t)-1\right)\left(F(t)+\frac{p}{q}\right)$$

$$\Leftrightarrow \frac{dF(t)}{dt} = q\left(-F(t)+1\right)\left(F(t)+\frac{p}{q}\right) \quad \Bigg| \cdot \frac{dt}{\left(-F(t)+1\right)\left(F(t)+\frac{p}{q}\right)}$$

$$\Leftrightarrow \frac{1}{\left(-F(t)+1\right)\left(F(t)+\frac{p}{q}\right)} dF(t) = q\,dt$$

resultiert ein analytisch integrierbarer Ausdruck, dessen unbestimmtes Integral

$$\int \frac{1}{\left(-F(t)+1\right)\left(F(t)+\frac{p}{q}\right)} dF(t) = \int q\,dt + C$$

die Lösung

$$\frac{1}{1+\frac{p}{q}} \ln\left(\frac{F(t)+\frac{p}{q}}{-F(t)+1}\right) = qt + C$$

$$\Leftrightarrow \ln\left(\frac{F(t)+\frac{p}{q}}{-F(t)+1}\right) = qt + pt + \left(1+\frac{p}{q}\right)C$$

hat (Bronstein et al. 1993, S. 743, Nr. 32). Dabei gelten $\frac{F(t)+p/q}{-F(t)+1} > 0$, $1+p/q > 0$ (wegen $0 \le F(t) \le 1,\ p,q > 0$) sowie $\lim\limits_{F(t)\to 1} \frac{F(t)+p/q}{-F(t)+1} = +\infty$. Die Anwendung der Exponentialfunktion auf beide Seiten ergibt weiter:

$$\frac{F(t)+\frac{p}{q}}{-F(t)+1} = e^{(p+q)t+\left(1+\frac{p}{q}\right)C}$$

$$\Leftrightarrow F(t)+\frac{p}{q} = e^{(p+q)t+\left(1+\frac{p}{q}\right)C} - F(t)e^{(p+q)t+\left(1+\frac{p}{q}\right)C}$$

$$\Leftrightarrow F(t)\left(1+e^{(p+q)t+\left(1+\frac{p}{q}\right)C}\right) = -\frac{p}{q} + e^{(p+q)t+\left(1+\frac{p}{q}\right)C}$$

$$\Leftrightarrow F(t) = \frac{-\frac{p}{q} + e^{(p+q)t+\left(1+\frac{p}{q}\right)C}}{1+e^{(p+q)t+\left(1+\frac{p}{q}\right)C}}.$$

Diese Funktion enthält den Parameter C der Stammfunktion des unbestimmten Integrals. Durch die Nebenbedingung $F(0)=0$ folgt für den Zähler für $t=0$

$$-\frac{p}{q}+e^{\left(1+\frac{p}{q}\right)C}=0$$

$$\Leftrightarrow \ln\left(\frac{p}{q}\right)=\left(1+\frac{p}{q}\right)C$$

$$\Leftrightarrow C=\frac{\ln\left(\frac{p}{q}\right)}{1+\frac{p}{q}}.$$

Einsetzen dieses Ergebnisses für C ergibt

$$F(t)=\frac{-\frac{p}{q}+e^{(p+q)t+\ln\left(\frac{p}{q}\right)}}{1+e^{(p+q)t+\ln\left(\frac{p}{q}\right)}}$$

$$\Leftrightarrow F(t)=\frac{-\frac{p}{q}+\frac{p}{q}e^{(p+q)t}}{1+\frac{p}{q}e^{(p+q)t}}$$

und Erweitern des Bruches mit $\frac{q}{p}e^{-(p+q)t}$ führt zum Ergebnis

$$F(t)=\frac{1-e^{-(p+q)t}}{1+\frac{q}{p}e^{-(p+q)t}}.$$

Die Multiplikation mit dem Marktsättigungsniveau m resultiert in der bereits in Abschnitt II-2.2 dargestellten Funktion für die kumulative Zahl der Adopter

$$X(t)=m\left[\frac{1-e^{-(p+q)t}}{1+\frac{q}{p}e^{-(p+q)t}}\right].$$

Anhang A.2: Modellübersicht

Modell	Nr.	Repräsentation	Formel	Parameter	Anz. Para-meter	Kategorie Modell-struktur	Symmetrie	Wende-punkt in % von m	Sättigungs-niveau muss bekannt sein	OLS mög-lich?
Bass-Modell	1	Einfaches Bass-Modell	$X(t)=m\left[\frac{1-\exp(-(p+q)t)}{1+\frac{q}{p}\exp(-(p+q)t)}\right]$	$p,q>0$	3	1	Beschränkt flexibel	[0-50%]	Nein	Nein
	2	Autoregressives Bass-Modell	$X_t - X_{t-1} = pm + (q-p)X_{t-1} - \frac{q}{m}X_{t-1}^2$	$p,q>0$	3	3	Beschränkt flexibel	[0-50%]	Nein	Ja
	3	Extended Logistic	$X(t)=\frac{m-c_1\exp(-bt)}{1+c_2\exp(-bt)}$	$b,c_1,c_2\geq 0$	4	1	Beschränkt flexibel	[0-50%]	Nein	Nein
Exponential-funktion	4	Modified Exponential (2 Parameter)	$X(t)=m(1-\exp(-ct))$	$c>0$	2	1	NS	Kein Wende-punkt	Nein	Nein
	5	Modified Exponential (3 Parameter)	$X(t)=m-d\exp(-ct)$	$c,d>0$	3	1	NS	Kein Wende-punkt	nein	Nein
Logistische Funktion	6	Einfache logistische Funktion	$X(t)=\frac{m}{1+c\exp(-b\cdot t)}$	$b,c>0$	3	1	S	50%	Nein	Nein
	7	Linearisierte logistische Funktion	$\ln\left(\frac{X(t)}{m-X(t)}\right)=c+bt$	$b>0$, $c<0$	3	2	S	50%	Ja	Ja
	8	Reziproke logistische Funktion	$\frac{1}{X(t)}=\mu+\delta\exp(-bt)$	$\mu=1/m>0$, $\delta=c^*/m>0$	3	4	S	50%	Nein	Nein
	9	Autoregressive logistische Funktion	$X_t - X_{t-1} = \frac{b}{m}X_{t-1}(m-X_{t-1})$	$b>0$	2	3	S	50%	Nein	Ja
	10	Lokale logistische Funktion	$X_t=\frac{mX_{t-1}}{X_{t-1}+(m-X_{t-1})\exp(-b)}$	$b>0$	2	3	S	50%	Nein	Nein
Gompertz-Kurve	11	Einfache Gompertz-Kurve	$X(t)=m\cdot\exp(-c\cdot\exp(-b\cdot t))$	$b,c>0$	3	1	NS	~37%	Nein	Nein
	12	Linearisiertes Gompertz-Modell	$-\ln\left(-\ln\left(\frac{X(t)}{m}\right)\right)=c+bt$	$b>0$	3	2	NS	~37%	Ja	Ja
	13	Log-Gompertz-Modell	$\ln(X(t))=\tilde{m}-c\exp(-bt)$	$b,c>0$	3	4	NS	~37%	Nein	Nein
	14	Autoregressive Gompertz-Kurve	$X_t - X_{t-1} = bX_{t-1}(\ln(m)-\ln(X_{t-1}))$	$b>0$	2	3	NS	~37%	Nein	Ja

Modell	Nr.	Repräsentation	Formel	Parameter	Anz. Parameter	Kategorie Modellstruktur	Symmetrie	Wendepunkt in % von m	Sättigungsniveau muss bekannt sein	OLS möglich?
Normalverteilungsmodell	15		$X(t)=m\int_{\infty}^{t}\frac{1}{\sqrt{2\pi\sigma^2}}\exp\left(-\frac{(y-\mu)^2}{2\sigma^2}\right)dy$	$\mu,\sigma>0$	3	1	S	50%	Nein	Nein
Log-Normalverteilungsmodell	16		$X(t)=m\int_{0}^{t}\frac{1}{y\sqrt{2\pi\sigma^2}}\exp\left(-\frac{(\ln(y)-\mu)^2}{2\sigma^2}\right)dy$	$\sigma>0$	3	1	NS	(0-50%)	Nein	Nein
Weibull-Modell	17	Weibull-Modell	$X(t)=m\left(1-\exp\left(-\left(\frac{t}{\alpha}\right)^{\beta}\right)\right)$	$\alpha>0$, $\beta>0$	3	1	Beschränkt flexibel	[0-63%)	Nein	Nein
	18	Linearisiertes Weibull-Modell	$\ln\left(\ln\left(\frac{m}{m-X(t)}\right)\right)=\beta\ln(\alpha)+\beta\ln(t)$	$\alpha,\beta>0$	3	2	Beschränkt flexibel	[0-63%)	Ja	Ja
Floyd-Modell	19	Floyd-Modell	$\ln\left(\frac{X(t)}{m-X(t)}\right)+\frac{m}{m-X(t)}=c+bt$	$b>0$	3	2	NS	33%	Ja	Ja
	20	Autoregressives Floyd-Modell	$X_t-X_{t-1}=\beta X_{t-1}(m-X_{t-1})^2$	$\beta=b/m^2>0$	2	3	NS	33%	Nein	Nein
Sharif-Kabir-Modell	21	Lineares Sharif-Kabir-Modell	$\ln\left(\frac{X(t)}{m-X(t)}\right)+\sigma\left(\frac{m}{m-X(t)}\right)=c+bt$	$0\le\sigma\le1$	4	2	Beschränkt flexibel	[33-50%]	Ja	Wenn σ gegeben
	22	Autoregressives Sharif-Kabir-Modell	$X_t-X_{t-1}=\frac{\beta X_{t-1}(m-X_{t-1})^2}{m-(\sigma-1)X_{t-1}}$	$\beta=b/m>0$ $0\le\sigma\le1$	3	3	Beschränkt flexibel	[33-50%]	Nein	Nein
Jeuland-Modell	23		$X_t=\left(p+q\cdot\frac{X_{t-1}}{m}\right)\cdot(m-X_{t-1})^{1+\gamma}$	$p,q>0$, $\gamma>-1$	4	3	Beschränkt flexibel	[0-50%]	Nein	Nein
Log-logistisches Modell	24		$X(t)=\frac{m}{1+c\exp(-b\ln(t))}$	$b,c>0$	3	1	Beschränkt flexibel	[0-50%)	Nein	Nein
Erweitertes Riccati-Modell	25		$\frac{X_t-X_{t-1}}{X_{t-1}}=a+bX_{t-1}+c\frac{1}{X_{t-1}}+d\ln(X_{t-1})$	$b,c>0$, $a+b+c=0$	4	4	Beschränkt flexibel	[0-50%]	Nein	Ja

Modell	Nr.	Repräsentation	Formel	Parameter	Anz. Para-meter	Kategorie Modell-struktur	Symmetrie	Wende-punkt in % von m	Sättigungs-niveau muss bekannt sein	OLS mög-lich?
SBB	26		$X_t = X_{t-1}\exp(b - cX_{t-1})$	$b > 0$	2	3	Beschränkt flexibel	(43-50%)	Nein	Nein
Log-reziprokes Modell	27		$X(t) = m\exp\left(-\frac{1}{bt}\right)$	$b > 0$	2	1	NS	~13,5%	Nein	Nein
NUI-Modell	28		$X_t - X_{t-1} = p(m - X_{t-1}) + q\left(\frac{X_{t-1}}{m}\right)^{\delta}(m - X_{t-1})$	$p,q > 0$, $\delta \geq 0$	4	3	Flexibel	[0-100%]	Nein	Nein
NSRL-Modell	29		$X_t - X_{t-1} = q\left(\frac{X_{t-1}}{m}\right)^{\delta}(m - X_{t-1})$	$q > 0 \ \delta \geq 0$	3	3	Flexibel	[0-100%]	Nein	Nein
Bertalanffy-Modell	30	Bertalanffy-Modell	$X(t) = m\left(1 - \exp(-(c + qt))\right)^{1/(1-\theta)}$	$q,\theta \geq 0 \ \theta \neq 1$	4	1	Flexibel	[0-100%)	Nein	Nein
	31	Generalisierte logistische Funktion	$X(t) = \frac{m}{\left[1 + c^{*}\exp(-qt)\right]^{1/\phi}}$	$\phi \geq -1 \ \phi \neq 0$ $q > 0 \ c^{*}\phi > 0$	4	1	Flexibel	[0-100%)	Nein	Nein
	32	Harvey-Modell	$\ln(X_t - X_{t-1}) = \beta_0 + \beta_1 t + \beta_2 \ln(X_{t-1})$	$\beta_0 = \ln\left(\frac{qc^{*}}{\phi m^{\phi}}\right)$ $\beta_1 = -q$ $\beta_2 = \ln(1+\phi)$	4	4	Flexibel	[0-100%)	Nein	Ja
FLOG	33	Generelles FLOG-Modell	$X(t) = \frac{m}{1 + \exp\left(-c - b\frac{(1+kt)^{\mu/k} - 1}{\mu}\right)}$	$b,c > 0$ $k \neq 0, \mu \neq 0$	5	1	Flexibel	[0-100%]	Nein	Nein
	34	FLOG – IPT	$X(t) = \frac{m}{1 + \exp\left(-c - b\left((1+kt)^{1/k} - 1\right)\right)}$	$b,c > 0$ $k \neq 0, \mu = 1$	4	1	Flexibel	[0-100%]	Nein	Nein
	35	FLOG – LIPT	$X(t) = \frac{m}{1 + \exp\left(-c - \frac{b}{k}\ln(1+kt)\right)}$	$b,c > 0$ $k \neq 0, \mu \rightarrow 0$	4	1	Flexibel	[0-100%]	Nein	Nein

Modell	Nr.	Repräsentation	Formel	Parameter	Anz. Parameter	Kategorie Modellstruktur	Symmetrie	Wendepunkt in % von m	Sättigungsniveau muss bekannt sein	OLS möglich?
FLOG	36	FLOG – ELOG	$X(t)=\frac{m}{1+\exp\left(-c-b\frac{\exp(\mu t)-1}{\mu}\right)}$	$b,c>0$ $k\to 0,\ \mu\neq 0$	4	1	Flexibel	[0-100%]	Nein	Nein
	37	FLOG – Box-Cox	$X(t)=\frac{m}{1+\exp\left(-c-b\frac{(1+t)^{\mu}-1}{\mu}\right)}$	$b,c>0$ $k=1,\ \mu\neq 0$	4	1	Flexibel	[0-100%]	Nein	Nein
FLOG	38	Transformiertes FLOG-Modell	$\ln\left(\frac{X(t)}{m-X(t)}\right)=c+b\frac{(1+kt)^{\mu/k}-1}{\mu}$	$b,c>0$ $k\neq 0,\ \mu\neq 0$	5	4	Flexibel	[0-100%]	Nein	Nein
	39	Transformiertes FLOG – IPT	$\ln\left(\frac{X(t)}{m-X(t)}\right)=c+b\left((1+kt)^{1/k}-1\right)$	$b,c>0$ $k\neq 0,\ \mu=1$	4	4	Flexibel	[0-100%]	Nein	Nein
	40	Transformiertes FLOG – LIPT	$\ln\left(\frac{X(t)}{m-X(t)}\right)=c+b\frac{\ln(1+kt)}{k}$	$b,c>0$ $k\neq 0,\ \mu\to 0$	4	4	Flexibel	[0-100%]	Nein	Nein
	41	Transformiertes FLOG – ELOG	$\ln\left(\frac{X(t)}{m-X(t)}\right)=c+b\frac{\exp(\mu t)-1}{\mu}$	$b,c>0$ $k\to 0,\ \mu\neq 0$	4	4	Flexibel	[0-100%]	Nein	Nein
	42	Transformiertes FLOG – Box-Cox	$\ln\left(\frac{X(t)}{m-X(t)}\right)=c+b\frac{(1+t)^{\mu}-1}{\mu}$	$b,c>0$ $k=1,\ \mu\neq 0$	4	4	Flexibel	[0-100%]	Nein	Nein

Tabelle A.2: Modellübersicht

Literaturverzeichnis

Afuah, A. (2003): *Innovation management: strategies, implementation, and profits.* 2. Auflage, Oxford Univ. Press, New York und Oxford, USA.

Albers, S. und Litfin, T. (2001): Adoption und Diffusion. In: Albers, S., Clement, M., Peters, K. und Skiera, B.: *Marketing mit interaktiven Medien: Strategien zum Markterfolg*, 3. Auflage, Frankfurt, Deutschland, S. 116-130.

Albers, S. und Peters, K. (1999): Diffusion interaktiver Medien. In: Albers, S., Clement, M. und Peters, K.: *Marketing mit interaktiven Medien: Strategien zum Markterfolg*, 2. Auflage, Frankfurt, Deutschland, S. 109-122.

Armstrong, J.S. (2001): Evaluating Forecasting Methods. In: Armstrong, J.S.: *Principles of Forecasting – A Handbook for Researches and Practitioners*, Norwell, MA, USA, S. 443-472.

Armstrong, J.S. und Collopy, F. (1992): Error Measures For Generalizing About Forecasting Methods: Empirical Comparisons. *International Journal of Forecasting*, Vol. 8, S. 69-80.

Bähr-Seppelfricke, U. (1999): *Diffusion neuer Produkte: Der Einfluß von Produkteigenschaften*, Deutscher Universitäts-Verlag, Wiesbaden, Deutschland.

Bain, A.D. (1963): Demand for new commodities. *The Journal of the Royal Statistical Society*, Series A, 126, S. 285-299.

Bass F.M., Gordon, K., Ferguson, T.L. und Githens, M.L. (2001): DIRECTV: Forecasting Diffusion of a New Technology Prior to Product Launch. *INTERFACES*, Vol. 31, No. 3, S. 82-S93.

Bass, F.M. (1969): A new product growth for model consumer durables. *Management Science*, Vol. 15, No. 5, S. 215-227.

Bass, F.M. (1986): The adoption of a marketing model: Comments and observations, in: Mahajan , V. und Wind, Y.: *Innovation Diffusion of New Product Acceptance*. Ballinger, Cambridge, USA, S. 27-33.

Bass, F.M., Jain, D.C. und Krishnan, T.V. (2000): Modeling the marketing-mix influence in new-product diffusion; in: Mahajan, V. et al.: *New-product diffusion models*. Kluwer Acad. Publishers, Norwell, USA, S. 99-122.

Bass, F.M., Krishnan, T.V. und Jain, D.C. (1994): Why the Bass model fits without decision variables. *Marketing Science*, Vol. 13, S. 203-223.

Bayus, B.L. (1987): Forecasting sales of new contingent products: An application to the compact disc market. *Journal of Product Innovation Management*, Vol. 4, S. 243-255.

Bayus, B.L. (1988): Accelerating the durable replacement cycle with marketing mix variables. *Journal of Product Innovation Management*, Vol. 5, S. 216-226.

Bayus, B.L. (1993): High-Definition Television: Demand Forecasts for a Next-Generation Consumer Durable. *Management Science*, Vol. 39, S. 1319-1333.

Bayus, B.L. und Carlstrom, C.C. (1990): Grouping Durable Goods. *Applied Economics*, Vol. 22, S. 759-773.

Bayus, B.L., Hong, S. und Labe, R.P. (1989): Developing and using forecasting models of consumer durables. *Journal of Product Innovation Management*, Vol. 6, S. 5-19.

Bayus, B.L., Kim, N. und Shocker, A.D. (2000): Growth models for multiproduct interactions: current status and new directions; in: Mahajan, V. et al.: *New-product diffusion models*. Kluwer Acad. Publishers, Norwell, USA, S. 141-163.

Bertalanffy, von, L. (1957): Quantitative laws in metabolism and growth. *The Quarterly Review of Biology*, Vol 32, S. 217-231.

Bettersworth, M.A., Grulick, L. und Vanston, J. (2002): *Forecasting Technical Program Needs*. 2001-2002 Mid-Year Karl D. Perkins Grant Report, Texas State Technical College System, Waco, TX, USA.

Beweley, R. und Fiebig, D.G. (1988): A flexible logistic growth model with applications in telecommunications. *International Journal of Forecasting*, Vol. 4, S. 177-192.

Beweley, R. und Griffiths, W.E. (2003): The penetration of CDs in the sound recording market: issues in specification, model selection und forecasting. *International Journal of Forecasting*, Vol. 19, S. 111-121.

Bhargava, S.C., Bhargava, R.K. und Jain, A. (1991): Requirement of dimensional consistency in model equations: Diffusion models incorporating price and their applications. *Technological Forecasting and Social Change*, Vol. 41, S. 177-188.

Blackmann, A. (1974): The market dynamics of technological substitution. *Technological Forecasting and Social Change*, Vol. 6, S. 41-63.

Borchert, J., Goos, P. und Hagenhoff, S. (2003): Innovations- und Technologiemanagement: Eine Bestandsaufnahme; in Schumann, M.: *Arbeitsbericht Nr. 4/2003*, Institut für Wirtschaftsinformatik, Universität Göttingen.

Bottomley, P.A. und Fildes, R. (1998): The role of prices in models of innovation diffusion. *Journal of Forecasting*, Vol. 17, S. 539-555.

Box, G.E.P. und Jenkins, G.M. (1970): *Time Series Analysis: Forecasting and Control.* Holden-Day, San Francisco, C.A., USA.

Box, G.E.P., Jenkins, G.M. und Reinsel, G.C. (1994): *Time Series Analysis: Forecasting and Control.* Prentice Hall, Englewood Cliffs, N.J., USA.

Bremmaor, A.C. (1994): Modeling the Diffusion of New Durable Goods: Word-of-Mouth Effect Versus Customer Heterogenity; in Laurent, G., Lilien, G.L. und Pras, B.: *Research Traditions in Marketing*, Kluwer, Boston, M.A., USA, S. 201-223.

Bremmaor, A.C. und Lee, J. (2002): The Impact of Heterogenity and Ill-Conditioning on Diffusion Model Parameter Estimates. *Marketing Science*, Vol. 21, S. 209-220.

Bronštein, I.N, Semendjajew, K.A., Musiol, G, und Mühlig, H. (1993): *Taschenbuch der Mathematik.* Völlig neu bearb. Aufl. auf Basis der letzten russ. Orig.-Fassung, Harri Deutsch, Frankfurt a.M., Deutschland.

Broyden, C.G. (1970): The Convergence of a Class of Double-Rank Minimisation Algorithms. *Journal of the Institute for Mathematics and Applications*, Vol. 6, S. 222-231.

Bulte, van den, C. (2000): New Product Diffusion Acceleration: Measurement and Analysis. *Marketing Science*, Vol. 19, No. 4, S. 366-380.

Bulte, van den, C. und Lilien, G.L. (1997): Bias and Systematic Change in the Parameter Estimates of Macro-Level Diffusion Models. *Marketing Science*, Vol. 16, S. 338-353.

Bundesnetzagentur (2008): *Jahresbericht 2007*. Bonn, Deutschland.

Bundesverband der Phonographischen Wirtschaft (1994 – 2000): *Jahrbuch*. Josef Keller Verlag, Starnberg, Deutschland.

Bundgaard-Nielsen, M. (1976): The international diffusion of new technology. *Technological Forecasting and Social Change*, Vol. 8, S. 365-370.

Byrd, R.H., Lu, P., Nocedal, J. und Zhu, C. (1995): A limited memory algorithm for bound constrained optimization. *SIAM J. Scientific Computing*, Vol. 16, S. 1190–1208.

Chambers, J.M., Cleveland, W.S., Kleiner, B. und Tukey, P. A. (1983): *Graphical Methods for Data Analysis*. Wadsworth & Brooks/Cole, Bellmont, CA, USA.

Choffray, J.M. und Lilien, G.L. (1986): A decision-support system for evaluating sales prospects and launch strategies for new products. *Industrial Marketing Management*, Vol. 15, S. 75-85.

Chow, G.C. (1967): Technological change and the demand for computers. *American Economic Review*, Vol. 57, S. 1117-1130.

Cleveland, R.B., Cleveland, W.S., McRae, J.E. und Terpenning, I. (1990): STL: A Seasonal-Trend Decomposition Procedure Based on Loess. *Journal of Official Statistics*, Vol. 6, S. 3–73.

Cohen, M.A., Ho, T.H. und Matsuo, H. (2000): Operations Planning in the Presence of Innovation-Diffusion Dynamics; in: Mahajan, V. et al.: *New-product diffusion models*. Kluwer Acad. Publishers, Norwell, USA, S. 237-259.

Cox, D.R. und Oakes, D. (1984): *Analysis of Survival Data*, Chapman and Hall, London, UK.

Dagum, E.B. (1988): *X-11-ARIMA/88 Seasonal Adjustment Method: Foundations and Users Manual*. Statistics Canada.

Danaher, P., Hardie, B. und Putsis, W. (2001): Incorporating Marketing Mix Variables in Models of the Diffusion of Successive Generations of Technological Innovations. *Journal of Marketing Research*, Vol. 38, S. 501-514.

Davidson, R und MacKinnon, J.G. (1981): Several Tests for Model Specification in the Presence of Alternative Hypotheses. *Econometrica*, Vol. 49, S. 781-793.

Davidson, R und MacKinnon, J.G. (1993): *Estimation and Inference in Econometrics*. Oxford Universtiy Press, New York, USA.

Diebold, F.X. (2004): *Elements of Forecasting*. 3. Auflage, Thomson/South-Western, Mason, Ohio, USA.

Easingwood, C.J., Mahajan, V. und Muller, E. (1981): A nonsymmetric responding logistic model for forecasting technological substitution. *Technological Forecasting and Social Change*, Vol. 20, S. 199-213.

Easingwood, C.J., Mahajan, V. und Muller, E. (1983): A nonuniform influence innovation diffusion model of new product acceptance. *Marketing Science*, Vol. 2, S. 273-295.

Eimeren, van, B. und Frees, B. (2008): ARD/ZDF-Online-Studie 2008, Internetverbreitung: Größter Zuwachs bei den Silver-Surfern, *Mediaperspektiven*, 7/2008, S. 330-344.

Findley, D.F., Monsell, B.C., Bell, W.R., Otto, M.C. und Chen, B.-C. (1997): New Capabilities and Methods of the X-12-ARIMA Seasonal Adjustment Program. *Journal of Business & Economic Statistics*, Vol. 16, No. 2 (Apr., 1998), S. 127-152.

Fisher, J.C. und Pry, R.H. (1971): A simple substitution model of technological change. *Technological Forecasting and Social Change*, Vol. 3, S. 75-88.

Fletcher, R. (1970): A New Approach to Variable Metric Algorithms. *Computer Journal*, Vol. 13, S. 317-322.

Floyd, A. (1968): Trend Forecasting: A methodology for figure of merit; in: Bright, J.: *Technological forecasting for industry and government: Methods and applications*. Prentice-Hall, Inglewood Cliffs, USA, S. 95-109.

Fourt, L.A. und Woodlock, J.W. (1960): *Early prediction of market success for grocery products*. Journal of Marketing, Vol. 25, S. 31-38.

Gallant, A.R. (1987): *Nonlinear Statistical Models*. Wiley, New York, USA.

Gatignon, H. und Robertson, T.S. (1985): A Propositional Inventory for New Diffusion Research. *Journal of Consumer Research*, Vol. 11, No. 4, S. 849-867.

Gatignon, H., Eliashberg, J. und Robertson, T.S. (1989): Modeling multinational diffusion patterns: An efficient methodology. Marketing Science, Vol. 8, S. 231-247.

Giovanis, A.N. und Skiadas, C.H. (1999): A Stochastic Logistic Innovation Diffusion Model Studying the Electricity Consumption in Greece and the United States. *Technological Forecasting and Social Change*, Vol. 61, S. 235-246.

Goffe, W.L., Ferrier, G.D. und Rogers, J. (1994): Global optimization of statistical functions with simulated annealing. *Journal of Econometrics*, Vol. 60, S 65-99.

Goldfarb, D. (1970): A Family of Variable-Metric Methods Derived by Variational Means. *Mathematics of Computation*, Vol. 24, S. 23-26.

Goodwin, P. und Lawton, R. (1999): On the Asymmetry of the Symmetric MAPE. *International Journal of Forecasting*, Vol. 15, S. 405–408.

Green, P.E. und Srinivasan, V. (1978): Conjoint Analysis in Consumer Research: Issues and Outlook. *The Journal of Consumer Research*, Vol. 5, S. 103-122.

Greene, W.H. (2003): *Econometric Analysis*. 5. Auflage, Prentice Hall, Upper Saddle River, NJ, USA.

Gregg, J.V., Hassel, C.H. und Richardson, J.T. (1964): *Mathematical trend curves: an aid to forecasting*. Oliver and Boyd, Edinburgh, Scotland.

Gustafsson, A., Herrmann, A. und Huber, F. (Hrsg.) (2007): Conjoint Measurement: Methods and Applications. 4. Aufl., Springer, Berlin, Deutschland.

Hardie, B.G.S., Fader, P.S. und Wisniewski, M. (1998): An Empirical Comparison of New Product Trial Forecasting Models. *Journal of Forecasting*, Vol. 17, S. 209-229.

Harrison, P.J. und Johnston, F.R. (1984): Discounted weighted Regression. *Journal of the Operational Research Society*, Vol. 35, S. 923-932.

Harrison, P.J. und Pearce, S.F. (1972): The use of trend curves: An aid to forecasting. *Industrial Marketing Management*, Vol. 2, S. 149-170.

Hartung, J., Elpelt, B. und Klösener, K-H. (1995): Statistik: *Lehr- und Handbuch der angewandten Statistik*. 10., durchges. Auflage, Oldenbourg, München und Wien.

Harvey, A. und Collier, P. (1977): Testing for Functional Misspecification in Regression Analysis. *Journal of Econometrics*, vol. 6, 103–119.

Harvey, A.C. (1984): Time series forecasting based on the logistic curve. *Journal of the Operational Research Society*, Vol. 35, S. 641-646.

Hauschildt, J. (2004): *Innovationsmanagement*. 3. Auflage, Vahlen, München, Deutschland.

Heeler, R.M. und Hustad, T.P. (1980): Problems in Prediction New Product Growth for Consumer Durables. *Management Science*, 26 (October), S. 1007-1020.

Hendry, I. (1972): The three parameter approach to long range forecasting. *Long Range Planning*, Vol 51, S. 40-45.

Horsky, D. (1990): A diffusion model incorporating product benefits, price, income and information. *Marketing Science*, Vol. 9, S. 342-365.

Horsky, D. und Simon, S. (1983): Advertising and the diffusion of new products. *Marketing Science*, Vol. 2, S. 1-18.

Huet, S., Bouvier, A. Poursat, M.-A. und Jolivet, E. (2004): *Statistical tools for nonlinear regression: A practical guide with S-PLUS and R*. 2. Auflage, Springer, New York, USA.

Islam, T. (1996): *Modelling and Forecasting the Diffusion of Innovations*. Imperial College of Science, Technology and Medicine, London, GB.

Islam, T. und Meade, N. (1997): The diffusion of successive generations of a technology: A more general model. *Technological Forecasting and Social Change*, Vol. 56, S. 49-60.

Islam, T. und Meade, N. (2000): Modelling diffusion and replacement. *European Journal of Operational Research*, Vol. 125, S. 551-570.

Jain, D.C. und Rao, D.C. (1990): Effect of price on the demand for durables: Modeling, Estimation, and Findings. *Journal of Business and Economic Statistics*, Vol. 8, S. 163-170.

Jeuland, A.P. (1981): Parsimonious Models of Diffusion of Innovation: Part A, derivations and comparisons. *Working paper*, Graduate School of Business, University of Chicago.

Jones, J.M. und Ritz, C.J. (1991): Incorporating distribution into new product diffusion models. *International Journal of Research in Marketing*, Vol. 8, S. 91-112.

Kaas, K.P. (1973): *Diffusion und Marketing: Das Konsumverhalten bei der Einführung neuer Produkte*, Poeschel Verlag, Stuttgart, Deutschland.

Kalbfleisch, J.D. und Prentice, R.L. (1980): *The Statistical Analysis of Failure Time Data*, Wiley, New York, USA.

Kalish, S. (1985): A new product adoption model with pricing, advertising and uncertainty. *Management Science*, Vol. 31, S. 1569-1585.

Kalish, S. und Lilien, G.L. (1986): Optimal price subsidy for accelerating the diffusion of innovations. *Marketing Science*, Vol. 2, S. 407-420.

Kamakura, W.A. und Balasubramanian, S.K. (1987): A long-term forecasting with innovation diffusion models: The impact of replacement purchase. *Journal of Forecasting*, Vol. 6, S. 1-19.

Kamakura, W.A. und Balasubramanian, S.K. (1988): Long-Term View of the Diffusion of Durables: A Study of the Role of Price and Adoption Influence Process via Tests of Nested Models. *International Journal of Research in Marketing*, Vol. 5, S. 1-13.

Kendall, M.G. und Stuart, A. (1977): *The advanced theory of statistics*. Vol. 1, Griffin, London, Großbritannien.

Kendall, M.G., Stuart, A. und Ord, J.K. (1983): *The advanced theory of statistics*. 4. Aufl., vol. 3, Macmillan, New York, USA.

Koehler, A.B. (2001): The Asymmetry of the sAPE Measure and other Comments on the M3-Comeptition. *International Journal of Forecasting*, Vol. 17, S. 570-574.

Kotler, P. und Bliemel, F. (1999): *Marketing-Management: Analyse, Planung und Umsetzung der Steuerung*, 9. Auflage, Schäffer-Poeschel, Stuttgart, Deutschland.

Kumar, U. und Kumar, V. (1992): Technological Innovation Diffusion: The Proliferation of Substitution Models and Easing the User Dilemma. *IEEE Transactions on Engineering Management*, Vol. 39, S. 158-168.

Küsters, U (2004): Evaluation, Kombination und Auswahl betriebswirtschaftlicher Prognoseverfahren, in: Mertens, P und Rässler, S.: *Prognoserechnung*. 6., vollst. überarb. und erw. Auflage, Physica-Verlag, Heidelberg, Deutschland, S. 367-404.

Küsters, U. (1987): *Hierarchische Mittelwert- und Kovarianzstrukturmodelle mit nichtmetrischen endogenen Variablen*. Arbeiten zur angewandten Statistik, Bd. 31, Physica-Verlag, Heidelberg, Deutschland.

Küsters, U. (2006): *Statistische Prognoseverfahren für Betriebswirte: Eine Einführung*. Unveröffentlichter Foliensatz, Kath. Universität Eichstätt-Ingolstadt, Ingolstadt, Deutschland.

Lackman, C.L. (1978): Gompertz curve forecasting: A new product application. Journal of the Marketing Research Society, Vol. 20, S. 45-47.

Lawrence, K.D. und Lawton, W.H. (1981): Applications of Diffusions Models: Some Empirical Results, in: Wind, Y., Mahajan, V., Cardozo, R.C.: *New Product Forecasting: Models and Applications*, Lexington, USA, S. 529-541.

Lee, J., Boatwright, P. und Kamakura, W.A. (2003): A Bayesian Model for Prelaunch Sales Forecasting of Recorded Music. *Management Science*, Vol. 49, S. 179–196.

Lekvall, P. und Wahlbin, C. (1973): A study of some assumptions underlying innovation diffusion functions. *Swedish Journal of Economics*, Vol. 75, S. 362-377.

Lenk, P.J. und Rao, A.G. (1990): New Models from old: Forecasting Product Adoption by Hierarchical Bayes Procedures. *Marketing Science*, Vol. 9, S. 42-57.

Levenbach, H. und Reuter, B.E. (1976): Forecasting trending time series with relative growth rate models. *Technometrics*, Vol. 18, S. 261-272.

Lilien, G.L, Rangaswamy, A. und van den Bulte, C. (2000): Diffusion models: Managerial Applications and Software; in: Mahajan, V. et al.: *New-product diffusion models*. Kluwer Acad. Publishers, Norwell, USA, S. 295-311.

Lilien, G.L., Kotler, P. und Moorthy, K.S. (1992): *Marketing Models*. Prentice Hall, Englewood Cliffs, USA.

Litfin, T. (2000): *Adoptionsfaktoren: Empirische Analyse am Beispiel eines innovativen Telekommunikationsdienstes*. Dt. Universitäts-Verlag, Wiesbaden, Deutschland.

Madalla, G.S. (1983): *Limited-dependent and qualitative variables in econometrics*. Cambridge, UK.

Mahajan, V. und Peterson, R.A. (1978): Innovation diffusion in a dynamic potential adopter population. *Management Science*, Vol. 24, S. 1589-1597.

Mahajan, V. und Peterson, R.A. (1985): *Models for innovation diffusion.* Sage University Paper Series on Quantitative Applications in Social Sciences, Nr. 07-048, Beverly Hills und London.

Mahajan, V. und Sharma, S. (1986): A Simple Algebraic Estimation Procedure for Innovation Diffusion Models of New Product Acceptance. *Technological Forecasting and Social Change*, Vol. 30, S. 331-345.

Mahajan, V., Mason, C.H. und Srinivasan, V. (1986): An Evaluation of Estimation Procedures for New-Product Diffusion Models; in: Mahajan, V. und Wind, Y.: *Innovation Diffusion Models of New-Product Acceptance.* Ballinger, Cambridge, MA, USA, S. 203-232.

Mahajan, V., Muller, E. und Bass, F.M. (1993): New-Product Diffusion Models; in: Eliashberg, J. und Lilien, G.L.: *Marketing: Handbooks in Operations Research & Management Science, Vol. 5*. North-Holland, Amsterdam, Niederlande, S. 349-408.

Mahajan, V., Muller, E. und Srivastava, R.K. (1990): Using innovation diffusion models to develop adopter categories. *Journal of Marketing Research*, Vol. 27, S. 37-50.

Makridakis, S.G. (1993): Accuracy measures: Theoretical and practical concerns. *International Journal of Forecasting*, Vol. 9, S. 527-529.

Makridakis, S.G., Wheelwright, S.C. und Hyndman, R.J. (1998): *Forecasting: Methods and Applications*, 3. Auflage, John Wiley & Sons, NY, USA.

Malhotra, N.K. und Birks, D.F. (2003): *Marketing Research: An applied approach*, 2nd European Edition, Prentice Hall, Essex, England.

Mansfield, E. (1961): Technical change and the rate of imitation. *Econometrica*, Vol. 29, No. 4, S. 741-766.

Mar-Molinero, C. (1980): Tractors in Spain: A logistic analysis. *Journal of the Operational Research Society*, Vol. 31, S. 141-152.

McCarthy, C. und Ryan, J. (1976): An econometric model of television ownership. *Economic and Social Review (Dublin)*, Vol. 7, S. 256-277.

Meade, N. (1984): The Use of Growth Curves in Forecasting Market Development – a Review and Appraisal. *Journal of Forecasting*, Vol. 3, S. 429-451.

Meade, N. (1985): Forecasting using growth curves: An adaptive approach. *Journal of the Operational Research Society*, Vol. 36, S. 1103-1115.

Meade, N. (1988): A modified logistic model applied to human populations. *Journal of the Royal Statistical Society, Series A*, Vol. 151, S. 491-498.

Meade, N. und Islam, T. (1995a): Forecasting with growth curves: An empirical comparison. *International Journal of Forecasting*, Vol. 11, S. 199-215.

Meade, N. und Islam, T. (1995b): Prediction Intervals for Growth Forecasts. *Journal of Forecasting*, Vol. 14, S. 413-430.

Meade, N. und Islam, T. (1998): Technological Forecasting – Model Selection, Model Stability, and Combining Models. *Management Science*, Vol. 44, No. 8, S. 1115-1130.

Meade, N. und Islam, T. (2001): Forecasting the diffusion of innovations: Implications for time-series extrapolation; in Armstrong, J.S.: *Principles of Forecasting: A Handbook for Researchers and Practitioners*. Kluwer Acad. Publishers, Norwell, USA, S. 577-595.

Meade, N. und Islam, T. (2006): Modelling and forecasting the diffusion of innovation – A 25-year review, *International Journal of Forecasting*, Vol. 22, Seiten 519 – 545.

Meffert, H., (2000): *Marketing: Grundlagen marktorientierter Unternehmensführung: Konzepte – Instrumente – Praxisbeispiele*. 9. Auflage, Gabler, Wiesbaden, Deutschland.

Mertens, P. und Falk, J. (2004): Mittel- und langfristige Absatzprognose auf der Basis von Sättigungsmodellen; in Mertens, P. und Rässler, S.: *Prognoserechnung*. 6., vollst. überarb. und erw. Auflage, Physica-Verlag, Heidelberg, Deutschland, S. 169-203.

Mohamed, Z. und Bodger, P.S. (2005): Forecasting electricity consumption in New Zealand using economic and demographic variables. *Energy*, Vol. 30, S. 1833-1843.

Nelder, J.A. (1962): An alternative from a generalized logistic equation. *Biometrics*, Vol. 18, S. 614-616.

Nelder, J.A. (1971): The fitting of a generalisation of the logistic curve. *Biometrica*, Vol. 17, S. 89-110.

Nelder, J.A. und Mead, R. (1965): A simplex algorithm for function minimization. *Computer Journal*, Vol. 7, S. 308–313.

Norton, J.A. und Bass, F.M. (1987): A Diffusion theory model of adoption and substitution for successive generations of high-technology products. *Management Science*, Vol. 33, S. 1069-1086.

Oates, T.A. und Spencer, M.H. (1962): A System of Retirement Frequencies for Depreciable Assets. *The Accounting Review*, 37, S. 452-459.

Olson, J.A. und Choi, S. (1985): A product-diffusion model incorporating repeat purchases. *Technological Forecasting and Social Change*, Vol. 27, S. 385-397.

Pankratz, A. (1991): *Forecasting with Dynamic Regression Models*. John Wiley and Sons, New York, USA.

Parker, P.M. (1992): Price elasticity dynamics over the adoption life cycle. *Journal of Marketing Research*, Vol. 29, S. 273-287.

Parker, P.M. (1994): Aggregate diffusion forecasting models in marketing: A critical review. *International Journal of Forecasting*, Vol. 10, S. 353 – 380.

Peterson, R. und Mahajan, V. (1978): Multi-product growth models; in: Sheth, J.: *Research in Marketing*, Vol. 1, JAI Press, S. 201-231.

Press, W.H., Teukolsky, S.A., Vetterling, W.T. und Flannery, B.P. (2002): *Numerical Recipes in C++: The Art of Scientific Computing*. 2.Aufl., Cambridge University Press, Cambridge, UK.

Putsis, W.P. (1996): Temporal Aggregation in Diffusion Models of First-Time Purchase: Does Choice of Frequency Matter? *Technological Forecasting and Social Change*, Vol. 51, S. 265-279.

Putsis, W.P. und Srinivasan, V. (2000): Estimation Techniques for Macro Diffusion Models; in: Mahajan, V. et al.: *New-product diffusion models*. Kluwer Acad. Publishers, Norwell, USA, S. 263-291.

R Development Core Team (2008): *R: A language and environment for statistical computing*. URL http://www.R-project.org, R Foundation for Statistical Computing, Wien, Österreich.

Ratchford, B.T., Balasubramanian, S.K. und Kamakura, W.A. (2000): Diffusion models with replacement and multiple purchases; in: Mahajan, V. et al.: *New-product diffusion models*. Kluwer Acad. Publishers, Norwell, USA, S. 123-140.

Roberts, J.H. und Lattin, J.M. (2000): Disaggregate-Level Diffusion Models; in: Mahajan, V. et al.: *New-product diffusion models*. Kluwer Acad. Publishers, Norwell, USA, S. 207-236.

Robertson, T.S. (1967): Determinants of innovative behavior; in: Moyer, R.: *Proceedings of the American Marketing Association*. American Marketing Association, Chicago, USA, S. 328-332.

Robertson, T.S. (1971): *Innovative Behavior and Communication*. Holt, Rinehart and Winston, New York, USA.

Robinson, B. und Lakhani, C. (1975): Dynamic price models for new product planning. *Management Science*, Vol. 21, S. 1113-1122.

Rogers, E.M. (1962): *Diffusion of innovations*. The Free Press, New York, USA.

Rogers, E.M. (1983): *Diffusion of innovations*. 3. Auflage, The Free Press, New York, USA.

Schmittlein, D.C. und Mahajan, V. (1982): Maximum Likelihood Estimation for an Innovation Diffusion Model of New Product Acceptance. *Marketing Science*, Vol. 1, S. 57-78.

Schumpeter, J.A. (1912): *Theorie der wirtschaftlichen Entwicklung*. Duncker & Humblot, Leipzig, Deutschland.

Schumpeter, J.A. (1931): *Theorie der wirtschaftlichen Entwicklung: Eine Untersuchung über Unternehmergewinn, Kapital, Kredit, Zins und Konjunkturzyklus*. 3. Aufl., Duncker & Humblot, Leipzig, Deutschland.

Shanno, D.F. (1970): Conditioning of Quasi-Newton Methods for Function Minimization. *Mathematics of Computation*, Vol. 24, S. 647-656.

Sharif, N.M. und Islam, M.N. (1980): The Weibull Distribution as a Change Model for Forecasting Technological Change. *Technological Forecasting and Social Change*, Vol. 18, S. 247-256.

Sharif, N.M. und Kabir, C. (1976): A Generalized Model for Forecasting Technological Substitution. *Technological Forecasting and Social Change*, Vol. 8, S. 353-364.

Sharma, L., Basu, A. und Bhargava, C. (1993): A new model for innovation diffusion. *Journal of Scientific & Industrial Research*, Vo. 52, S. 151-158.

Shiskin, J., Young, A.H. und Musgrave, J.C. (1967): *The X-11 Variant of the Census II Method Seasonal Adjustment Program*. Bureau of the Census, Technical Paper No. 15.

Simon, H. und Sebastian, K. (1987): Diffusion and advertising: The German telephone company. *Management Science*, Vol. 33, S. 451-466.

Sinha, R.K. und Chandrashekaran, M. (1992): A split hazard model for Analysing the diffusion of innovations. *Journal of Marketing Research*, Vol. 29, S. 116-127.

Specht, D. und Möhrle, M.G. (2002): *Gabler Lexikon Technologiemanagement: Management von Innovationen und neuen Technologien im Unternehmen*. Gabler, Wiesbaden, Deutschland.

Speece, M. und MacLachlan (1992): Forecasting fluid milk package type with multigeneration new-product diffusion model. *IEEE Transactions on Engineering Management*, Vol. 39, S. 169-175.

Speece, M. und MacLachlan (1995): Application of a mulit-generation diffusion model to milk container technology. *Technological Forecasting and Social Change*, Vol. 49, S. 281-295.

Srinivasan, V. und Mason, C.H. (1986): Nonlinear Least Squares Estimation of New Product Diffusion Models. *Marketing Science*, Vol. 5, No. 2, Spring, S. 169-178.

Srivastava, R.K., Mahajan, V., Ramaswami, S.N. und Cherian, J. (1985): A multiattribute diffusion model for forecasting the adoption of investment alternatives for consumers. *Technological Forecasting and Social Change*, Vol. 28, S. 325-333.

Stapleton, E. (1976): The Normal Distribution as a Model for Forecasting Technological Substitution. *Technological Forecasting and Social Change*, Vol. 8, S. 325-334.

Steffens, P.R. (2003): A Model of Multiple Ownership as a Diffusion Process. *Technological Forecasting and Social Change*, Vol. 70, S. 901-917.

Sultan, F., Farley, J.U. und Lehmann, D.R. (1990): A Meta-Analysis of Applications of Diffusion Models. *Journal of Marketing Research*, Vol. 27, S. 70-77.

Tanner, J.C. (1978): Long term forecasting of vehicle ownership and road traffic. *Journal of the Royal Statistical Society, Series A*, Vol. 141, S. 14-63.

Tanny, S.M. und Derzko, N.A. (1988): Innovators and imitators in innovation diffusion modelling. *Journal of Forecasting*, Vol. 7, S. 225-231.

Tashman, L.J. (2000): Out-of-sample tests of forecasting accuracy: an analysis and review. *International Journal of Forecasting*, Vol. 16, S. 437–450.

Thomas, R.J. (1985): Estimating Growth for New Products: An Analogical Diffusion Model Approach. *Journal of Product Innovation Management*, Vol. 2, S. 45-55.

Varian, H.R. (1996): *Intermediate Microeconomics: A Modern Approach*. 4. Auflage, Norton, New York, USA.

Venkatesan, R. und Kumar, V. (2002): A genetic algorithms approach to forecasting of wireless subscribers. *International Journal of Forecasting*, Vol. 18, S. 625-646.

Wintz, T. (2001): *Prognosekonfidenzintervalle in ausgewählten Wachstumskurvenmodellen*. Unveröffentlichte Diplomarbeit, Universität Eichstätt-Ingolstadt, Ingolstadt, Deutschland.

Xie, J., Song, M., Sirbu, M. und Wang, Q. (1997): Kalman filter estimation of new product diffusion models. *Journal of Marketing Research*, Vol. 34, S. 378-393.

Young, P. (1993): Technological Growth Curves: A Competition of Forecasting Models. *Technological Forecasting and Social Change*, Vol. 44, S. 375-389.

Young, P. und Ord, J.K. (1989): Model selection and estimation for technological growth curves. *International Journal of Forecasting*, Vol. 5, S. 501-513.

QUANTITATIVE ÖKONOMIE

Herausgegeben von Prof. Dr. Eckart Bomsdorf, Köln, Prof. Dr. Wim Kösters, Bochum, Prof. Dr. Winfried Matthes, Wuppertal, und Prof. Dr. Mark Trede, Münster

Band 156
Dana Schüler
Macroeconomic and Microeconomic Effects of Migration
Lohmar – Köln 2009 • 236 S. • € 56,- (D) • ISBN 978-3-89936-769-0

Band 157
Christoph Scheicher
Armut, Reichtum, Umverteilung: Begriff und statistische Messung
Lohmar – Köln 2009 • 184 S. • € 48,- (D) • ISBN 978-3-89936-808-6

Band 158
Karl-Kuno Kunze
Persistenz und Antipersistenz im deutschen Aktienmarkt – Eine empirische Untersuchung
Lohmar – Köln 2009 • 256 S. • € 57,- (D) • ISBN 978-3-89936-811-6

Band 159
Martin Noppenberger
Kostenminimierung in Speichernetzwerken
Lohmar – Köln 2009 • 248 S. • € 56,- (D) • ISBN 978-3-89936-862-8

Band 160
Elisabeth Meyer
New Perspectives on the Role of Information in Health Economics
Lohmar – Köln 2009 • 160 S. • € 47,- (D) • ISBN 978-3-89936-864-2

Band 161
Tobias Wintz
Neuproduktprognose mit Wachstumskurvenmodellen – Prognoseprozess, Modellauswahl und Schätzung
Lohmar – Köln 2010 • 344 S. • € 63,- (D) • ISBN 978-3-89936-915-1

JOSEF EUL VERLAG